教育部高等学校电子信息类专业教学指导委员会规划教材
高等学校电子信息类专业系列教材·新形态教材

模拟电子技术

新形态版

魏春英　郭中华　汤秀芬　王荣　编著

清华大学出版社
北京

内容简介

本书对模拟电子技术通用经典教材的内容进行了精练、融合与有机整合,并配以多媒体形式多视角呈现。本书以模拟电子基础知识、基本理论为主线,结合各种新技术,培养学生的理论和实践能力,结合新工科背景,加强理论与工程应用结合。

本书主要介绍模拟电子系统,内容涉及半导体二极管及其基本应用电路、半导体三极管及其应用、放大电路基础、集成运算放大电路、负反馈放大电路、波形发生与变换电路、直流稳压电源。本书注重基础理论的同时兼顾技术的先进性;为了便于读者深入理解教材内容,每章开篇有重难点提示,章末有知识结构图,增加了富有启发性的讨论题、自测题,并附有自测题参考答案,每章都有主要知识点视频、实验仿真视频等,知识点由简到繁,难点分散,便于教师实施混合式教学,也方便学生进行个性化自主学习。

本书适合作为高等学校电子信息、通信工程、电气自动化等专业的"模拟电子技术"课程的教材,也适合作为高等职业院校电子类专业相关课程的参考教材。

版权所有,侵权必究。举报: 010-62782989, beiqinquan@tup.tsinghua.edu.cn。

图书在版编目(CIP)数据

模拟电子技术:新形态版/魏春英等编著. -- 北京:清华大学出版社,2025.1.
(高等学校电子信息类专业系列教材). -- ISBN 978-7-302-68176-2

Ⅰ.TN710.4

中国国家版本馆 CIP 数据核字第 2025JG2285 号

责任编辑:曾 珊 李 晔
封面设计:李召霞
责任校对:王勤勤
责任印制:杨 艳

出版发行:清华大学出版社
网　　址:https://www.tup.com.cn,https://www.wqxuetang.com
地　　址:北京清华大学学研大厦 A 座　　邮　编:100084
社 总 机:010-83470000　　邮　购:010-62786544
投稿与读者服务:010-62776969,c-service@tup.tsinghua.edu.cn
质量反馈:010-62772015,zhiliang@tup.tsinghua.edu.cn
课件下载:https://www.tup.com.cn,010-83470236

印 装 者:三河市君旺印务有限公司
经　　销:全国新华书店
开　　本:185mm×260mm　　印 张:13　　字　数:316 千字
版　　次:2025 年 3 月第 1 版　　印　次:2025 年 3 月第 1 次印刷
印　　数:1~1500
定　　价:49.00 元

产品编号:099674-01

前言
FOREWORD

"模拟电子技术"课程是高等工科院校电子信息工程、通信工程、自动化、电子信息科学与技术等专业的核心基础课,主要介绍模拟电路基本器件、基本电路和基本分析与设计方法及典型应用。

本书是编者在多年"模拟电子技术基础"课程的教学实践基础上,在宁夏高校专业类课程思政教材研究基地的支持下,并参阅了大量国内外优秀教材后,编写而成的,适用于本科电气信息和电子信息类专业,可作为"模拟电子技术基础""电子线路"等课程的教材或教学参考书,也可供电子技术工程技术人员参阅。

本书以模拟电子技术基础的基本概念、基本理论和基本分析方法为教学重点,在内容安排上,力求保证基础、突出重点、深入浅出、便于教学。每章以重难点提示开篇,以知识结构图结尾,以"器件、电路、方法"逐步推进,引导学生发现问题、研究问题、解决问题。

本书第1章为绪论,概括地介绍了电信号与电子系统的概念、放大的概念与放大电路的性能指标,使读者对本课程有初步了解;第2~4章分别介绍二极管及其应用电路、晶体三极管及其基本放大电路、场效应管及其应用分析,这部分是本课程的基本内容,通过基本器件、基本电路的介绍,使读者建立模拟电子技术的基本概念,掌握基本理论和基本分析方法;第5和第6章由内及外介绍集成运算放大电路及其应用,对各种实用运算放大电路、差分放大电路、功率放大电路进行定性分析、定量计算,体现了模拟电子技术的工程性和应用性;第7章介绍反馈的概念、分类、组态判别方法、深度负反馈的计算等,使读者了解各种负反馈对放大电路性能的影响,并能根据实际需求选择合适的反馈放大电路;第8章介绍波形产生和变换电路,介绍正弦波振荡电路工作原理和非正弦波产生方法;第9章为直流稳压电源,介绍线性和开关稳压电源的原理和应用,进一步体现模拟电子技术的工程实践性。

为了方便读者学习,本书在各章前介绍了本章主要内容和重难点,使读者在学习过程中做到心中有数;章节后的讨论题可以加深对基本概念的理解,便于启发读者理解和掌握基本概念、基本电路和基本方法。章后的知识结构图可帮助读者理清本章知识脉络;自测题和习题方便读者复习、巩固所学内容,便于自行检查学习效果;还有一定数量的分析计算和综合应用题用于培养综合分析能力。本书每章都有一定数量的微课视频对重点知识进行讲解,便于读者及时查漏补缺。仿真实验微课视频可展示动手过程,增强理论联系实际的能力,有利于培养读者的工程实践和创新能力。

本书由魏春英负责组织和全书统稿,与郭中华、汤秀芬、王荣共同编著而成,其中魏春英编写第1、2、7章,郭中华编写第5、6章,汤秀芬编写第3、9章,王荣编写第4、8章。魏春英提供第1~7、9章课程微课视频,王荣提供第8章课程微课视频和仿真实验视频。

本书得到了宁夏高校专业类课程思政教材研究基地秘书长汤全武教授的鼎力帮助和支持,在此表示由衷的感谢。在本书的编写过程中参考了诸多文献资料,在此向文献资料的作者们表示衷心的感谢!并对与本书相关的工作人员致以诚挚的感谢!

本书是宁夏高校专业类课程思政教材研究基地的研究成果之一,并获得宁夏大学教材出版基金的资助。

教材研究基地

由于编者水平有限,时间仓促,书中难免存在不足和错误之处,敬请读者提出宝贵意见。

编　者

2024 年 12 月

学习建议
LEARNING SUGGESTIONS

本课程的授课对象为电气、电子、信息、通信工程类专业的本科生，课程类别属于电子信息必修课。参考学时为96学时，包括课程理论教学环节64课时和实验教学环节32课时。理论教学以课堂讲授为主，部分内容可以通过学生自学加以理解和掌握。课程的主要任务是使学生了解模拟电子技术的发展概况，获得适应信息时代电子电路的基本理论、基本知识、基本分析方法和基本设计技能；具备模拟电路读图分析能力，能识别复杂电子系统中的模拟电路，分析其功能和原理，估算其性能指标；具备模拟电路选型设计的能力，能根据复杂电子系统功能要求选择合适的模拟电路，并设计电路参数。本课程旨在培养学生初步的工程实践观念、综合应用能力、创新能力以及解决复杂工程问题的能力，为今后深入学习和从事电子技术的相关工作奠定基础。

本课程的主要知识点、要求及课时分配见表1。

表1 本课程的主要知识点、要求及课时分配

各章序号	知识单元	知识点	要求	课时分配
1	绪论	电信号	了解	4
		电子系统的基本概念	理解	
		放大的概念和放大电路的性能指标	掌握	
2	二极管及其应用电路	半导体的基本知识	了解	6
		PN结的形成及其特性	掌握	
		半导体二极管	掌握	
		二极管的基本电路及其分析方法	理解	
		特殊二极管	掌握	
3	晶体三极管及其基本放大电路	晶体三极管	理解	12
		晶体管放大电路的工作原理及基本分析方法	掌握	
		晶体管放大电路的3种接法	掌握	
		多级放大电路	掌握	
4	场效应管及其应用分析	场效应管	理解	6
		场效应管基本放大电路	掌握	
5	集成运算放大电路	集成运算放大器概述	理解	10
		集成运放中的电流源	掌握	
		差分放大电路	掌握	
		功率放大电路	掌握	
		集成运放的原理电路	掌握	
		集成运算放大器的主要技术指标和种类	了解	
		集成运算放大器的使用注意事项	了解	

续表

各章序号	知识单元	知识点	要求	课时分配
6	集成运算放大器基本应用电路	集成运算放大器的电路符号和模型	掌握	6
		理想运放	掌握	
		比例运算电路	了解	
		加减法运算电路	掌握	
		微积分运算电路	了解	
		电压比较器	了解	
7	放大电路中的反馈	反馈的基本概念和分类	理解	10
		负反馈放大电路增益的一般表达式	掌握	
		负反馈对放大电路性能的影响	了解	
		深度负反馈条件下的计算	理解	
		负反馈放大电路的应用引入原则	了解	
		负反馈放大电路自激振荡及消除方法	掌握	
8	信号的处理与产生电路	有源滤波电路	了解	6
		正弦波振荡电路	掌握	
		非正弦信号产生电路	理解	
9	直流稳压电源	直流电源概述	了解	4
		单相整流电路	掌握	
		滤波电路	掌握	
		稳压电路	掌握	

微课视频清单
VIDEO LIST

视 频 名 称	时　　长	位　　置
视频 1 放大的概念与性能指标	7′38″	1.3 节节首
视频 2 本征半导体	4′49″	2.1.1 节节首
视频 3 杂质半导体	4′08″	2.1.3 节节首
视频 4 PN 结及其单向导电性	4′39″	2.2.2 节节首
视频 5 二极管的结构与类型	3′50″	2.3.2 节节首
视频 6 二极管的应用电路	5′11″	2.4.3 节节首
视频 7 二极管半波整流实验	1′59″	2.4.3 节节尾
视频 8 晶体三极管的结构及符号	3′41″	3.1.1 节节首
视频 9 晶体三极管的工作原理	6′40″	3.1.2 节节首
视频 10 晶体三极管的伏安特性曲线	4′06″	3.1.4 节节首
视频 11 基本共射极放大电路	5′35″	3.2.1 节节首
视频 12 BJT 的图解分析法	6′51″	3.2.3 节节首
视频 13 BJT 的小信号模型分析法	4′36″	3.2.4 节节首
视频 14 基极分压共射极放大电路	9′46″	3.3.1 节节首
视频 15 单管共射极放大电路仿真实验	7′25″	3.3.1 节节尾
视频 16 共集电极放大电路	9′17″	3.3.2 节节首
视频 17 共基极放大电路	5′11″	3.3.3 节节首
视频 18 三种 BJT 放大电路的比较	5′19″	3.3.4 节节首
视频 19 增强型 MOS 管	5′50″	4.1.2 节节首
视频 20 耗尽型 MOS 管	4′58″	4.1.2 节节首
视频 21 MOS 管的伏安特性	5′09″	4.1.2 节节首
视频 22 MOS 管的应用	6′32″	4.1.3 节节首
视频 23 MOS 管放大电路	6′30″	4.2.2 节节首
视频 24 集成运放的结构	4′00″	5.1.2 节节首
视频 25 电流源电路	8′07″	5.2.1 节节首
视频 26 差分放大电路的 4 种接法	7′53″	5.3.3 节节首
视频 27 功率放大电路	7′26″	5.4.1 节节首
视频 28 甲类功率放大电路	3′44″	5.4.2 节节首
视频 29 乙类功率放大电路	3′42″	5.4.4 节节首
视频 30 反相比例运算电路	6′06″	6.3.1 节节首
视频 31 同相比例运算电路	4′06″	6.3.2 节节首
视频 32 加减运算电路	9′24″	6.4.1 节节首
视频 33 集成运放放大电路仿真实验	6′51″	6.4.1 节节尾
视频 34 一般单限比较器实验	4′45″	6.6.1 节节尾
视频 35 反馈的基本概念	4′05″	7.1.1 节节首
视频 36 直流反馈与交流反馈	5′05″	7.1.2 节节首

续表

视频名称	时　　长	位　　置
视频 37 正反馈与负反馈	4′26″	7.1.2 节节首
视频 38 串联反馈与并联反馈	3′33″	7.1.2 节节首
视频 39 电压反馈与电流反馈	3′22″	7.1.2 节节首
视频 40 负反馈的 4 种组态	8′29″	7.1.3 节节首
视频 41 负反馈对放大电路性能的影响	8′25″	7.3.1 节节首
视频 42 深度负反馈条件下的计算	5′06″	7.4.1 节节首
视频 43 有源低通滤波电路基础知识	4′29″	8.1.1 节节首
视频 44 有源低通滤波电路	10′06″	8.1.2 节节首
视频 45 正弦波振荡的条件	5′37″	8.2.1 节节首
视频 46 *RC* 正弦波振荡电路	7′30″	8.2.2 节节首
视频 47 *LC* 正弦波振荡电路	10′51″	8.2.3 节节首
视频 48 直流稳压电源	4′29″	9.1 节节首
视频 49 半波整流及全波整流电路	4′54″	9.2.1 节节首
视频 50 桥式整流电路	3′33″	9.2.2 节节首
视频 51 滤波电路	2′47″	9.3 节节首
视频 52 串联稳压电路的工作原理	6′30″	9.4.2 节节首

目 录
CONTENTS

第 1 章　绪论 ·· 1
  1.1　电信号 ··· 1
    1.1.1　什么是电信号 ··· 1
    1.1.2　模拟信号和数字信号 ·· 2
  1.2　电子系统的基本概念 ··· 2
    1.2.1　电子系统的基本结构 ·· 2
    1.2.2　电子系统的设计原则 ·· 3
    1.2.3　电子系统的分析方法 ·· 3
  1.3　放大的概念和放大电路的性能指标 ·· 4
    1.3.1　放大的概念 ··· 4
    1.3.2　放大电路的性能指标 ·· 5
  本章知识结构图 ··· 8
  自测题 ·· 8

第 2 章　二极管及其应用电路 ··· 10
  2.1　半导体的基本知识 ··· 10
    2.1.1　半导体材料 ··· 10
    2.1.2　本征半导体 ··· 11
    2.1.3　杂质半导体 ··· 12
  2.2　PN 结的形成及其特性 ··· 13
    2.2.1　PN 结的形成 ··· 13
    2.2.2　PN 结的单向导电性 ·· 13
    2.2.3　PN 结的伏安特性 ··· 14
    2.2.4　PN 结的反向击穿特性 ·· 15
    2.2.5　PN 结的电容特性 ··· 15
  2.3　半导体二极管 ··· 16
    2.3.1　二极管的结构 ·· 16
    2.3.2　二极管的伏安特性 ·· 17
    2.3.3　二极管的主要参数 ·· 18
  2.4　二极管的基本电路及其分析方法 ·· 19
    2.4.1　二极管的图解分析法 ·· 19
    2.4.2　二极管的等效电路模型分析法 ··· 20
    2.4.3　二极管的基本应用电路 ·· 22
  2.5　特殊二极管 ··· 24
    2.5.1　齐纳二极管 ··· 24
    2.5.2　变容二极管 ··· 26
    2.5.3　肖特基二极管 ·· 26

2.5.4　光电二极管 ·· 27
　　　2.5.5　发光二极管 ·· 27
　本章知识结构图 ·· 28
　自测题 ·· 28

第3章　晶体三极管及其基本放大电路 ·· 31

　3.1　晶体三极管 ·· 31
　　　3.1.1　晶体管的结构及类型 ·· 31
　　　3.1.2　晶体管的工作原理 ·· 32
　　　3.1.3　晶体管基本放大电路的电流增益 ·· 33
　　　3.1.4　晶体管的特性曲线 ·· 35
　　　3.1.5　晶体管的主要参数 ·· 36
　　　3.1.6　温度对晶体管特性及参数的影响 ·· 37
　　　3.1.7　晶体管的命名方法 ·· 38
　3.2　晶体管放大电路的工作原理及基本分析方法 ·· 40
　　　3.2.1　放大电路的工作原理 ·· 40
　　　3.2.2　放大电路的静态分析方法 ·· 42
　　　3.2.3　放大电路的动态分析方法一：图解法 ··· 43
　　　3.2.4　放大电路的动态分析方法二：等效电路法 ··· 48
　3.3　晶体管放大电路的3种接法 ··· 52
　　　3.3.1　共射组态放大电路 ·· 52
　　　3.3.2　共集组态放大电路 ·· 56
　　　3.3.3　共基组态放大电路 ·· 59
　　　3.3.4　3种组态放大电路的比较 ··· 60
　3.4　多级放大电路 ··· 61
　　　3.4.1　多级放大电路耦合方式与动态分析 ·· 61
　　　3.4.2　组合放大电路 ·· 64
　本章知识结构图 ·· 66
　自测题 ·· 67

第4章　场效应管及其应用分析 ·· 70

　4.1　场效应管 ·· 70
　　　4.1.1　结型场效应管的结构、工作原理及伏安特性 ····································· 70
　　　4.1.2　MOS场效应管的结构、工作原理及伏安特性 ···································· 72
　　　4.1.3　场效应管的主要参数 ·· 75
　4.2　场效应管基本放大电路 ··· 75
　　　4.2.1　场效应管放大电路静态分析 ·· 76
　　　4.2.2　场效应管的交流等效模型 ·· 77
　　　4.2.3　共源放大电路的动态分析 ·· 77
　　　4.2.4　共漏放大电路的动态分析 ·· 78
　　　4.2.5　场效应放大电路与晶体管放大电路的比较 ··· 79
　本章知识结构图 ·· 80
　自测题 ·· 80

第5章　集成运算放大电路 ··· 82

　5.1　集成运算放大器概述 ··· 82
　　　5.1.1　集成运放的特点 ·· 82
　　　5.1.2　集成运放的结构框图 ·· 82
　5.2　集成运放中的电流源 ··· 83

5.2.1 基本电流源电路 ……………………………………………………………… 83
  5.2.2 多路电流源 ……………………………………………………………………… 84
  5.2.3 改进型电流源 …………………………………………………………………… 85
  5.2.4 电流源作有源负载的放大电路 ………………………………………………… 86
 5.3 差分放大电路 …………………………………………………………………………… 87
  5.3.1 基本差分放大电路的组成及输入输出方式 …………………………………… 87
  5.3.2 长尾式差分放大电路 …………………………………………………………… 88
  5.3.3 差分放大电路的4种接法 ……………………………………………………… 90
  5.3.4 具有恒流源的差分放大电路 …………………………………………………… 92
 5.4 功率放大电路 …………………………………………………………………………… 93
  5.4.1 功率放大电路概述 ……………………………………………………………… 93
  5.4.2 甲类功率放大电路 ……………………………………………………………… 94
  5.4.3 乙类互补对称功率放大电路 …………………………………………………… 96
  5.4.4 甲乙类互补对称功率放大电路 ………………………………………………… 98
 5.5 集成运放的原理电路 …………………………………………………………………… 100
 5.6 集成运算放大器的主要技术指标和种类 ……………………………………………… 102
  5.6.1 集成运放的主要技术指标 ……………………………………………………… 102
  5.6.2 集成运放的种类 ………………………………………………………………… 104
 5.7 集成运算放大器的使用注意事项 ……………………………………………………… 105
  5.7.1 集成运算放大器的选用 ………………………………………………………… 105
  5.7.2 集成运放的静态调试 …………………………………………………………… 106
  5.7.3 集成运放的保护电路 …………………………………………………………… 107
 本章知识结构图 ……………………………………………………………………………… 108
 自测题 ………………………………………………………………………………………… 108
第6章 集成运算放大器基本应用电路 ………………………………………………………… 110
 6.1 集成运算放大器的电路符号和模型 …………………………………………………… 110
 6.2 理想运放 ………………………………………………………………………………… 111
  6.2.1 理想运放的技术指标 …………………………………………………………… 111
  6.2.2 理想运放工作在线性区和非线性区的特点 …………………………………… 111
 6.3 比例运算电路 …………………………………………………………………………… 112
  6.3.1 反相比例运算电路 ……………………………………………………………… 113
  6.3.2 同相比例运算电路 ……………………………………………………………… 113
 6.4 加减法运算电路 ………………………………………………………………………… 115
  6.4.1 求和运算电路 …………………………………………………………………… 115
  6.4.2 减法运算电路 …………………………………………………………………… 116
 6.5 微积分运算电路 ………………………………………………………………………… 117
  6.5.1 积分运算电路 …………………………………………………………………… 118
  6.5.2 微分运算电路 …………………………………………………………………… 119
 6.6 电压比较器 ……………………………………………………………………………… 121
  6.6.1 电压比较器的电压传输特性 …………………………………………………… 121
  6.6.2 集成运放的非线性工作区 ……………………………………………………… 122
  6.6.3 单限电压比较器 ………………………………………………………………… 122
  6.6.4 滞回电压比较器 ………………………………………………………………… 124
 本章知识结构图 ……………………………………………………………………………… 128
 自测题 ………………………………………………………………………………………… 129

第7章 放大电路中的反馈 ··· 131

7.1 反馈的基本概念和分类 ·· 131
7.1.1 反馈的基本概念 ·· 131
7.1.2 反馈的判断方法 ·· 132
7.1.3 交流反馈的4种组态 ·· 136

7.2 负反馈放大电路增益的一般表达式 ·· 140
7.2.1 负反馈放大电路的一般表达式 ··· 140
7.2.2 负反馈放大电路的放大倍数和反馈系数的量纲 ··································· 141

7.3 负反馈对放大电路性能的影响 ·· 142
7.3.1 提高放大倍数的稳定性 ·· 142
7.3.2 减小非线性失真 ·· 143
7.3.3 扩展通频带 ··· 144
7.3.4 对输入输出电阻的影响 ·· 145

7.4 深度负反馈条件下的计算 ··· 148
7.5 负反馈放大电路的应用引入原则 ·· 151
7.5.1 负反馈放大电路的类型选择 ·· 151
7.5.2 负反馈放大电路的元件参数确定 ··· 151

7.6 负反馈放大电路自激振荡及消除方法 ··· 152
7.6.1 负反馈放大电路产生自激振荡的原因 ··· 152
7.6.2 负反馈放大电路稳定性的判定 ··· 153
7.6.3 负反馈放大电路防止及消除自激振荡的方法 ······································ 154

本章知识结构图 ·· 155
自测题 ·· 156

第8章 信号的处理与产生电路 ·· 159

8.1 有源滤波电路 ··· 159
8.1.1 滤波电路基础知识 ··· 159
8.1.2 有源低通滤波器 ·· 160
8.1.3 有源高通滤波器 ·· 161
8.1.4 有源带通滤波器 ·· 161
8.1.5 有源带阻滤波器 ·· 162

8.2 正弦波振荡电路 ·· 162
8.2.1 正弦波振荡的条件 ··· 162
8.2.2 RC 正弦波振荡电路 ·· 163
8.2.3 LC 正弦波振荡电路 ·· 165
8.2.4 石英晶体正弦波振荡电路 ·· 167

8.3 非正弦信号产生电路 ·· 169
8.3.1 方波产生电路 ··· 169
8.3.2 三角波产生电路 ·· 169
8.3.3 锯齿波产生电路 ·· 170

本章知识结构图 ·· 171
自测题 ·· 171

第9章 直流稳压电源 ··· 173

9.1 直流电源概述 ··· 173
9.2 单相整流电路 ··· 173
9.2.1 半波整流电路 ··· 174

		9.2.2 桥式整流电路 ………………………………………………………… 175
9.3	滤波电路 …………………………………………………………………… 177
9.4	稳压电路 …………………………………………………………………… 179
	9.4.1 稳压电源的主要性能指标 …………………………………………… 179
	9.4.2 线性稳压电路 ……………………………………………………… 180
	9.4.3 三端集成稳压器 …………………………………………………… 181
	9.4.4 开关稳压电路 ……………………………………………………… 185

本章知识结构图 …………………………………………………………………… 188

自测题 ……………………………………………………………………………… 188

附录 A　常用符号说明 …………………………………………………………… 191

参考文献 ………………………………………………………………………… 193

第 1 章 绪 论

CHAPTER 1

电子技术飞速发展,广泛应用于各个领域,本书在介绍基本电子器件的基础上,着重讨论一些基本电子电路的工作原理、主要特性、性能指标、分析和设计方法。

作为绪论,本章介绍电信号的概念分类、数字信号和模拟信号、电子系统的概念、结构和分析方法;放大电路的概念和性能指标,对后继各章的学习起到引导性作用。

本章重难点:电子系统的结构和分析方法;放大电路的概念和性能指标。

1.1 电信号

1.1.1 什么是电信号

自然界中包含着各种信息,例如,环境中的温度、气压,工业控制中的压力、流量等,人类生命体征中的血压、脉搏、体温等。信号是信息的载体。信息需要借助某些物理量的变化来传递和处理。目前最便于实现的就是电信号,非电信号物理量也很容易转换成电信号,例如,老师讲课用的扩音器,就是先通过话筒(微音器)将声音信号转换成电信号,再通过放大电路、滤波电路处理后,通过驱动扬声器发出,学生就能清晰地听到老师的声音。能将各种非电信号转换成电信号的器件称为传感器,例如,通过温度传感器可以将温度信号转换成电信号,也可以通过压力传感器将重量信号转换成电信号,例如电子秤。上述的话筒(微音器)就是一个将声音信号转换成电信号的传感器。因此,传感器输出的信号可以视为信号源。根据电路分析知识,电路中的信号都可以等效为如图 1.1.1 所示的两种形式,其中图 1.1.1(a)是**戴维南**(**Thevenin**)**等效电路**,即理想电压源串联电源内阻的等效形式,图 1.1.1(b)是**诺顿**(**Norton**)**等效电路**,即理想电流源并联电源内阻的形式。这两种电路可以相互进行等效变换。在实际中,应根据具体场合选用不同的信号源形式。

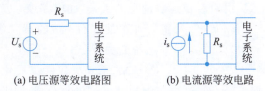

(a) 电压源等效电路图　　(b) 电流源等效电路

图 1.1.1　两种等效电路

电信号是时间的函数,一般指随时间而变化的电压 u 或电流 i,数学上将其表示为 $u=f(t)$ 或 $i=f(t)$,并可以通过波形图形象地体现出其随时间变化的规律。

电子电路中的信号均为电信号,在本书中为了简便,都简称为信号。

1.1.2 模拟信号和数字信号

信号的形式和种类很多,从不同的角度有不同的分类方式。常以信号所具有的时间函数特性来加以分类。这样,信号可以分为确定信号与随机信号、连续时间信号与离散时间信号、周期信号与非周期信号、能量信号与功率信号、实信号与复信号等。而在电子电路中,则将信号分为模拟信号和数字信号。

模拟信号是指在时间和幅度上都连续的信号,数学上称为连续函数。自然界中的大多数物理量都是模拟信号,如气温、风速、气压、语音信号等。在进行信号处理时,首先通过相应的传感器将这些物理量转换成电信号,然后输入到电子系统中。处理模拟信号的电路称为模拟电路。模拟信号示意图如图 1.1.2 所示。

数字信号是指时间和幅度上都离散的信号。数字信号幅度只有高电平和低电平两个状态,分别用逻辑 1 和逻辑 0 表示。数字信号示意图如图 1.1.3 所示,处理数字信号的电路称为数字电路。模拟信号和数字信号可以相互转换,将模拟信号转换为数字信号的电路称为模数转换(Analog to Digital,A/D)电路;反之,将数字信号转换为模拟信号的电路称为数模转换(Digital to Analog,D/A)。本书主要讨论模拟电子的基本概念、基本原理、基本分析方法及基本应用。

图 1.1.2 模拟信号示意图 　　　　图 1.1.3 数字信号示意图

> 讨论:
> (1) 气温信号是模拟信号还是数字信号?是连续信号还是离散信号?
> (2) 天气预报采集的温度信息是连续信号还是离散信号?

1.2 电子系统的基本概念

"系统"是指相互依赖、相互作用的若干事物组成的具有特定功能的整体,广泛存在于自然界、人类社会和工程技术等各个领域。将电子元器件按一定规律和功能要求组成的电路叫作电子系统,也常简称为电路。

信号、电路与系统之间有着十分密切的联系。离开了信号,电路与系统都将失去意义。信号作为传输消息的表现形式,可以看作运载消息的工具,而电路或系统则是为传送信号或对信号进行加工处理而构成的某种组合,图 1.2.1 表示了信号与系统的关系。

图 1.2.1 信号与系统的关系

近年来,由于大规模集成化技术的发展以及各种复杂系统部件的直接应用,使系统、网络、电路等这些名词的划分成了困难,它们当中许多问题互相渗透,需要统一分析、研究和处理。在本书中,系统、网络与电路等名词通用。

1.2.1 电子系统的基本结构

利用电子元器件可以设计具有不同功能的电子系统,电子系统的基本结构框图如图 1.2.2

所示,在信息化时代,一个电子系统中既有模拟部分,又有数字部分,图1.2.2中虚线框内就是模拟电子系统。首先通过传感器或接收器采集信号,在实际系统中,这些采集来的信号中往往混杂着噪声和干扰,因此需要通过滤波、隔离等电路进行信号的预处理,然后进行放大。放大后的信号再进行信号的运算、转换、比较等加工。最后,将加工后的信号送到功率放大电路以驱动负载执行相应的操作。在数字化时代,信号经过预处理后,通过A/D转换将模拟信号转换成数字信号,送给数字系统,经过数字系统处理后直接驱动负载或通过D/A转换将数字信号转换成模拟信号,再经过功率放大电路放大后去驱动负载,构成数模混合系统。

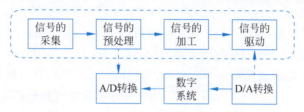

图1.2.2 电子系统的基本结构框图

本书主要介绍模拟电子系统中的电路,对模拟信号进行采集、预处理、放大、变换等。模拟系统对于电子系统的性能保障至关重要。

1.2.2 电子系统的设计原则

在电子系统设计中,不但要考虑系统预期功能的实现和系统性能指标,而且要兼顾系统的可测性和可靠性。可测性是指电子系统不仅要有方便测试的合适的测试点,还要有自检电路和测试激励信号,以便于在实际应用中检测和维修。可靠性是指电子系统在复杂工作环境下能够稳定运行,具有一定的抗干扰能力。在进行电子系统设计时,一般要综合考虑性能指标、质量指标以及系统的稳定性,应尽量做到以下几点:

(1) 必须满足系统要求的性能指标和质量指标,如增益、输入输出电阻、频率响应、失真度等。

(2) 电路要尽可能简单。电路简单,元器件、连线和焊点就越少,系统的可靠性就越高。选择器件时,要综合考虑规格、型号、价格、性能,鼓励采用新技术、新工艺、新器件,要有创新。尽量选用集成模块,尽量选用标准接口。

(3) 电磁兼容性不容忽视。电子系统中不可避免地混杂着来自系统外部和内部的各种干扰和噪声。比如市电扰动、温度变化、电磁感应与辐射等。采用抗干扰技术,对于微弱信号尤其重要。在电子系统中,多采用屏蔽、接地、浮置、滤波、去耦等技术提高电路的抗干扰能力;此外,选用抗干扰能力强的元器件,并采用合适的连接方式,可达到抑制干扰的目的。

(4) 尽量提高性价比。在不影响系统功能的情况下,应合理权衡成本、体积、功耗等指标,这是电子产品具有市场竞争力的重要指标。

(5) 要考虑系统调试与工艺的问题。电子电路的设计完成后就要着手电路制作了,电子制作是电子工程技术人员的基本功。工艺不合理或不过关会严重影响产品的性能。我国的电路设计水平并不落后,我国的电子产品与国外相比差距就在于工艺的落后。因此,在新工科背景下,在教学过程中要对学生提出更高的要求,对于提高未来工程师精益求精的工匠精神尤为重要。

1.2.3 电子系统的分析方法

实际的电子系统往往比较复杂,为了从理论上更快、更好地掌握电子系统的功能,通常采用等效模型分析方法。首先对于实际的非线性器件进行线性化处理,根据系统的工作状态和特征进行线性化等效,忽略一些次要因素,只抓主要矛盾,简化电路模型,再利用基本电路定律、定理进行分析。

随着电子系统的计算机辅助设计分析和设计软件的不断开发和完善,电子设计自动化(Electronic Design Automation,EDA)技术实现了硬件设计软件化。EDA 使电子电路和电子系统的设计发生了飞跃性的变化,是电子领域发展史上的重大变革。常用的软件有 SPICE(Simulation Program with Integrated Circle Emphasis),SPICE 由美国加利福尼亚大学伯克利分校于 1972 年研制成功,1975 年推出实用化版本,之后不断更新,1998 年被定为美国国家工业标准。同时出现了各种以 SPICE 为核心的商用仿真软件。Pspice 软件是出色的 EDA 软件,可以对模拟电路和数字电路进行混合仿真,应用十分广泛。Multisim 具有图像化界面,易于学习,方便掌握,支持模拟和数字混合电路的设计。EDA 软件具有庞大的元器件模型参数库和齐全的仪器仪表库,可以把电路原理图的输入、仿真和分析紧密结合起来,可以提高学生的综合能力和实践能力,很适合教学。掌握了 EDA 技术,就获得了电子电路和系统的现代化分析和设计手段。学生可以通过学习 EDA 资源,进行实验仿真。

> 讨论:
> (1) 在电子系统的分析和设计中,需要注意哪些问题?
> (2) 常用的 EDA 仿真软件有哪些?

视频 1
放大的概念
与性能指标

1.3 放大的概念和放大电路的性能指标

在模拟电子系统中,用来对电信号进行放大的电路称为放大电路。放大电路是构成其他比如滤波、运算、信号发生和转换、稳压等功能电路的基本单元,因此放大电路是模拟电子技术基础的核心电路。放大电路的种类很多,按功能用途分为电压放大电路(又称小信号放大电路)和功率放大电路(又称大信号放大电路);按结构分为由分立元件构成的基本放大电路、差分放大电路和功率放大电路;按采用的器件不同又有晶体管放大电路、场效应管放大电路、集成器件放大电路。这些电路形式和性能指标不完全相同,但基本工作原理是一样的。

本节就先介绍放大的基本概念,然后介绍放大电路的性能指标。

1.3.1 放大的概念

扩音器是典型的放大器应用电路,可将微弱信号放大成能推动扬声器工作的大功率信号,其结构图如图 1.3.1 所示,声音信号通过话筒(传感器)转换为电信号,经过扩音器(放大电路)放大后去驱动执行机构(扬声器)。单级放大电路往往达不到实际的音质需求,实际的放大电路通常由多级构成,包括前置放大电路、音调放大电路、功率放大电路。话筒将声音信号转换为电信号,送给前置放大电路,完成对微弱小信号的放大,一般要求输入阻抗高,输出阻抗低,频带宽,噪声小;音调控制器主要实现对输入信号高音、低音的提升和衰减,需要根据一定的规律控制调节放大器的频率响应,更好地满足人耳的听觉特性;功率放大电路决定了整机的输出功率、非线性失真系数等指标,要求效率高,失真尽可能小,输出功率大。将三级电路连接起来,通过扬声器输出扩音后的清晰悦耳的声音。直流电源是供电电源,放大电路控制直流电源将声音转换的 20~20kHz(音频)的电信号按一定倍数放大后作用于扬声器,也可以说,直流电源通过放大电路将直流能量转换为随声音变化的交流能量输出到扬声器。

由此可见,电子电路中放大的本质是能量的控制和转换,将信号源提供的较小能量转换成

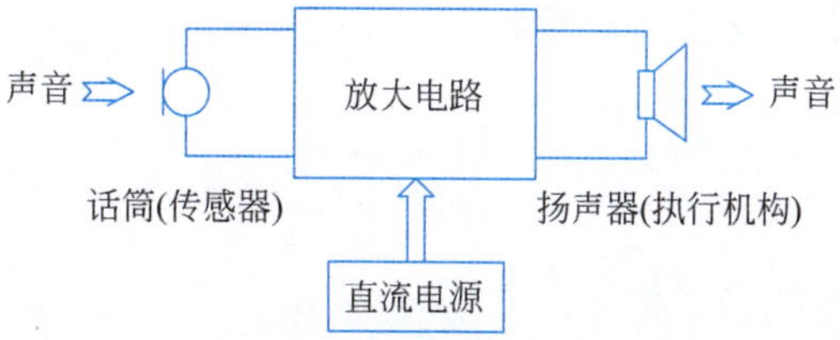

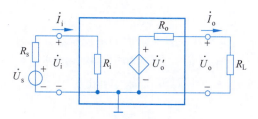

图 1.3.1　扩音器结构图

负载上的较大能量,因而电子电路放大的基本特征是功率放大。这里所说的放大是指线性放大,也就是放大电路输出信号中包含的信息与输入信号完全相同,不会增加新的频率成分,只改变信号的幅度或功率大小。

由傅里叶级数的特性可知,任何周期信号都可以分解成若干不同频率正弦信号之和,所以常用正弦波作为放大电路的测试信号。

1.3.2　放大电路的性能指标

放大只有在不失真的前提下才有意义。因此放大电路的性能指标是衡量放大电路品质优劣的标准,并决定其适用范围。

通常把小信号放大电路等效为一个线性有源二端口网络模型,最常见的就是如图1.3.2所示的放大电路模型。因为放大电路的输出信号具有与输入信号频率相同的波形,仅幅度或极性有所变化。因此,各变量都采用复数相量来表示。

图 1.3.2　放大电路模型图

从图 1.3.2 可以看出,从输入端口看进去可以等效为一个电阻 R_i,被称为放大器的输入电阻。输出端口可以等效为一个受输入电压控制的电压源 $\dot{U}_o' = A_{vo} \dot{U}_i$ 串联电阻 R_o 的模型。这个串联电阻 R_o 称为输出电阻。A_{vo} 表示电压增益。$\dot{I}_i$ 为放大电路的输入电流,$\dot{I}_o$ 为输出电流,$\dot{U}_o$ 是负载 R_L 上的电压,称为输出电压。

放大电路的性能指标主要有放大倍数、输入电阻、输出电阻、通频带、最大输出功率和效率等。

1. 放大倍数

放大倍数是衡量放大电路放大能力的重要指标。根据输入和输出量的不同,增益为电压、电流、互阻、互导等。

输出电压与输入电压之比,定义为电压增益:

$$\dot{A}_u = \frac{\dot{U}_o}{\dot{U}_i} \tag{1.3.1}$$

输出电流与输入电流之比,定义为电流增益:

$$\dot{A}_i = \frac{\dot{I}_o}{\dot{I}_i} \tag{1.3.2}$$

输出电压与输入电流之比,定义为互阻增益:

$$\dot{A}_r = \frac{\dot{U}_o}{\dot{I}_i} \tag{1.3.3}$$

输出电流与输入电压之比,定义为互导增益:

$$\dot{A}_g = \frac{\dot{I}_o}{\dot{U}_i} \tag{1.3.4}$$

其中,电压增益$\dot{A}_u$、电流增益$\dot{A}_i$为常量,无量纲;互阻增益$\dot{A}_r$的单位为欧姆(Ω),互导增益$\dot{A}_g$的单位为西门子(S)。

2. 输入电阻和输出电阻

1) 输入电阻 R_i

放大电路设计的重点之一就是电路的输入端与信号源之间的匹配和电路输出与负载之间的匹配,输入电阻 R_i 是从放大电路输入端看进去的等效电阻,定义为输入电压的有效值$\dot{U}_i$和输入电流$\dot{I}_i$有效值之比,即

$$R_i = \frac{U_i}{I_i} \tag{1.3.5}$$

输入电阻 R_i 的大小影响了实际加在放大器输入端的信号 U_i 的大小,则有

$$U_i = \frac{R_i}{R_s + R_i} U_s \tag{1.3.6}$$

所以输入电阻越大,表明放大电路从信号源索取的电流越小。输入信号越接近信号源信号。

想测量放大电路的输入电阻 R_i 时,一般可假定在输入端外加一测试电压 u_t,如图 1.3.3(a)所示,根据产生的测试电流 i_t,就可以计算出输入电阻

$$R_i = \frac{u_t}{i_t} \tag{1.3.7}$$

在实验中也可以采用测电压的方法,在输入回路串联一个已知电阻 R,如图 1.3.3(b)所示,测得电压 u_t,由公式 $R_i = \frac{u_i}{u_t - u_i} R$ 计算得到 R_i 的值。

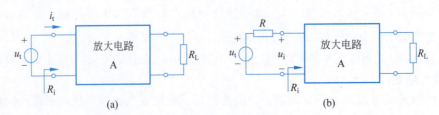

图 1.3.3 放大电路的输入电阻

2) 输出电阻 R_o

从放大电路输出端看进去的等效电阻称为输出电阻 R_o,如图 1.3.2 所示,设 U'_o 为空载时输出电压有效值,U_o 为带负载后的输出电压的有效值,则

$$U_o = \frac{R_L}{R_o + R_L} U'_o \tag{1.3.8}$$

输出电阻

$$R_{\mathrm{o}} = \left(\frac{U'_{\mathrm{o}}}{U_{\mathrm{o}}} - 1\right) R_{\mathrm{L}} \qquad (1.3.9)$$

在实验中,通常采用这种测量电压的方法,先测得放大电路开路时输出电压 U'_{o},再接上已知负载 R_{L},测得输出电压 U_{o},由式(1.3.9)可计算得到 R_{o}。

放大电路的输出电阻 R_{o} 的大小将影响其带负载能力。所谓带负载能力,是指放大电路输出量随负载变化的程度。当负载 R_{L} 变化时,输出量 U_{o} 变化很小或基本不变表示带负载能力强。当定量分析放大电路的输出电阻时,可采用如图1.3.4所示的方法。在信号源($U_{\mathrm{s}}=0$,但保留 R_{s})和负载开路($R_{\mathrm{L}}=\infty$)的条件下,在放大电路的输出端加一测试电压 u_{t},相应地产生一测试电流 i_{t},于是输出电阻为

$$R_{\mathrm{o}} = \left.\frac{u_{\mathrm{t}}}{i_{\mathrm{t}}}\right|_{u_{\mathrm{s}}=0, R_{\mathrm{L}} \to \infty} \qquad (1.3.10)$$

根据这个关系,即可算出各种放大电路的输出电阻(见图1.3.4)。

注意,以上讨论的放大电路的输入和输出电阻不是直流电阻,而是线性运用情况下的交流电阻,用符号 R 带有小写字母下标 i 和 o 来表示。

图 1.3.4 放大电路的输出电阻

3. 通频带

通频带用于衡量放大电路对不同频率信号的放大能力。由于放大电路中通常含有电抗元件(放大电路中的电感、电容及半导体中的结电容),因此,当输入信号频率较低或较高时,放大倍数的数值会下降并产生相移。放大电路的放大倍数是信号频率的函数。放大倍数的幅度与信号频率的关系,称为幅频特性,放大倍数的相移与信号频率的关系称为相频特性。幅频特性与相频特性总称为放大电路的频率特性或频率响应。如图1.3.5所示为放大电路的典型电压增益幅频特性曲线。从图1.3.5中可以看出,频率范围可以划分为3个区域。中间较宽的频率范围内,曲线平坦,即 $|\dot{A}_{\mathrm{m}}|$ 不随频率而变,称为中频段,在此频率范围内,所有的电容的影响忽略不计。当频率小于 f_{L} 称为低频段,当频率大于 f_{H} 称为高频段,在放大倍数下降到低频段和高频段放大倍数都将下降,当放大倍数下降到 $|\dot{A}| \approx 0.7|\dot{A}_{\mathrm{m}}|$ 时的两个频率分别为下限频率和上限频率,分别用 f_{H} 和 f_{L} 表示。f_{H} 和 f_{L} 之间的频率范围称为放大电路的通频带,通频带的宽度用 BW 表示:

$$\mathrm{BW} = f_{\mathrm{H}} - f_{\mathrm{L}} \qquad (1.3.11)$$

放大电路所需的通频带由输入信号的频带来确定,为了不失真地放大信号,要求放大线路的通频带应与信号的频带相适应。若信号的频谱分布很广,而电路的通频带不够宽,则不能使不同频率的信号放大同样的倍数,输出波形就不能重现原来的形状,也就是输出信号产生了失真。这种失真称为放大电路的频率失真,由于它是由线性电抗元件引起的,在输出信号中并不产生新的频率成分,仅是原有的各频率分量的相应大小和相位发生了变化。这种不产生新的频率成分的失真称为线性失真,这种失真既有幅度上的,又有相位上的,即在原有各频率分量的相对大小和相位发生了变化。产生新的频率成分的失真称为非线性失真。

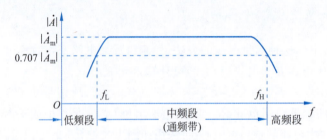

图 1.3.5　放大电路的幅频特性曲线

4. 最大输出功率和效率

放大电路的最大输出功率是指信号在基本不失真的情况下,向负载提供的最大功率,用 P_{om} 表示。若直流电源提供的功率为 P,则放大电路的输出功率为 P_o,则放大电路的效率为

$$\eta = \frac{P_o}{P} \tag{1.3.12}$$

η 越大,放大电路的效率越高,电源的利用率也就越高。

本章知识结构图

$$\text{绪论}\begin{cases}\text{电信号}\begin{cases}\text{模拟信号:时间和幅度上都连续的信号}\\\text{数字信号:时间和幅度上都离散的信号}\end{cases}\\\text{电子系统}\begin{cases}\text{基本结构:信号采集、预处理、加工、驱动等}\\\text{设计原则:综合考虑性能指标和质量指标以及系统的稳定性}\\\text{分析方法:非线性器件线性化,忽略次要因素,抓主要矛盾,简化电路模型}\end{cases}\\\text{放大电路的概念}\begin{cases}\text{放大电路的结构}\\\text{放大电路的性能指标}\begin{cases}\text{放大倍数:电压增益、电流增益、互阻增益、互导增益}\\\text{输入电阻:从放大电路输入端看进去的等效电阻}\\\text{输出电阻:从放大电路输出端看进去的等效内阻}\\\text{通频带:}BW=f_H-f_L\\\text{最大输出功率和效率:}\eta=\dfrac{P_o}{P}\end{cases}\end{cases}\end{cases}$$

自测题

1. 填空题

(1) 电信号是指随_____而变化的电压或电流。

(2) 模拟信号在时间和数值上均具有_____性,数字信号在时间和数值上均具有_____性。

(3) 模拟电路是处理_____信号的电路。

(4) 放大电路的输入电压为 $U_i = 10\text{mV}$,输出电压为 $U_o = 1\text{V}$,该放大电路的电压放大倍数为_____。

(5) _____电阻反映了放大电路对信号源或前级电路的影响;_____电阻反映了放大电路带负载的能力。

(6) 为了不失真地放大信号,要求放大电路的通频带_____信号带宽。

(7) 放大电路的输入信号频率升高到上限频率时,放大倍数幅值下降到中频放大倍数的_____倍。

(8) 某放大电路接入一个内阻为零的信号源时,测得输出电压为10V,当信号源内阻增大到1kΩ,其他条件不变,测得输出电压为8V,说明该放大电路的输入电阻为_____。

(9) 已知某放大电路输出电阻为2kΩ,在接有3kΩ负载电阻时,测得输出电压为3V,在输入电压不变的条件下,断开负载,输出电压将上升到_____。

(10) 放大电路的最大输出功率是指信号在基本不失真的情况下,向负载提供的_____。

2. 判断题

(1) 模拟电路的特点是具有连续性。(   )

(2) 电路中各电量的交流成分是交流信号提供的。(   )

(3) 放大倍数是指输出电压与输入电压之比。(   )

(4) 通频带是指上限频率与下限频率的差值。(   )

(5) 输入电阻是从放大电路输入端看进去的交流等效电阻。(   )

3. 选择题

(1) 电压放大电路输出端1kΩ负载时,电压放大电路输出电压比负载开路时输出电压减少20%,则该放大电路的输出电阻为_____。

  A. 200Ω   B. 250Ω   C. 800Ω   D. 100Ω

(2) 放大电路随着信号频率上升到一定程度,放大倍数下降到中频放大倍数0.707倍时,对应的频率称为_____。

  A. 上限频率   B. 谐振频率   C. 下限频率   D. 中心频率

(3) 对于具有内阻的信号源电压进行放大时,放大电路的输入端电压值_____信号源电压值。

  A. 小于   B. 等于   C. 大于   D. 无法确定

(4) 对同一个输出电阻不为零的放大电路,带负载时的输出电压值_____空载时的输出电压值。

  A. 大于   B. 等于   C. 小于   D. 无法确定

(5) 频率失真不产生新的频率分量,属于_____。

  A. 幅度失真   B. 非线性失真   C. 相位失真   D. 线性失真

第1章　自测题答案   第1章　习题

第 2 章 二极管及其应用电路
CHAPTER 2

半导体器件在电子学领域占有重要的地位,是当代信息技术的重要组成部分。由 PN 结构成的半导体二极管具有单向导电性和恒压特性,可以构成整流、限幅、开关、稳压等实用功能电路,具有广泛的应用。

本章重难点:半导体基本知识;PN 结的形成及其特性;半导体二极管结构工作原理;二极管的基本电路及其分析方法;特殊二极管。

2.1 半导体的基本知识

半导体器件是构成电子电路的核心元件,因具有体积小、重量轻、使用寿命长、输入功率小和功率转换效率高等优点而被广泛应用。半导体是制作晶体管的核心材料,常用的半导体器件包含半导体二极管(也称作晶体二极管)及晶体三极管,本章介绍半导体二极管及其特性、二极管基本电路及其分析方法以及一些特殊二极管的应用。在学习二极管之前,首先学习半导体的相关知识,以便更好地理解二极管的内部结构及工作原理。

2.1.1 半导体材料

半导体是导电性能介于导体和绝缘体之间的物质,通常可以采用电阻率来对 3 种物质进行区分,导体的电阻率低于 $10^{-5}\Omega \cdot cm$,导电性能好,如各种金属材料。绝缘体的电阻率为 $10^{14} \sim 10^{22}\Omega \cdot cm$,导电性能差,如橡胶、陶瓷等。半导体的电阻率为 $10^{-2} \sim 10^{9}\Omega \cdot cm$。常用的元素半导体材料主要有硅(Si)、锗(Ge),化合物半导体有砷化镓(GaAs)、硫化锌(ZnS)等。其中,硅(Si)和锗(Ge)均为四价元素,最外层都有 4 个价电子,硅的原子序数为 14,锗的原子序数为 32,硅和锗原子结构模型如图 2.1.1(a)、图 2.1.1(b)所示。为了突出价电子对半导体导电性能的影响,将原子中除外层电子的内层电子和原子核统称为习惯核,硅和锗的习惯核都带 4 个正电子电量,也就是 4 个价电子,其简化原子结构模型如图 2.1.1(c)所示。

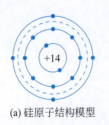
(a) 硅原子结构模型

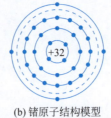
(b) 锗原子结构模型

(c) 硅和锗原子简化模型

图 2.1.1 硅和锗原子结构模型

2.1.2 本征半导体

1. 本征半导体的晶体结构

本征半导体是化学成分纯净的晶体结构的半导体,本征半导体的原子排列有一定规律。在硅和锗的单晶中,每个原子和相邻的 4 个原子形成**共价键**结构,将相邻原子紧密结合在一起。晶体的原子结构实际上是三维的四面体结构,如图 2.1.2(a)所示。为了简化分析过程,常采用二维结构描述,如图 2.1.2(b)所示。

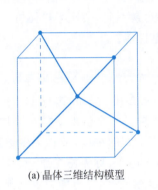
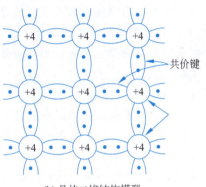

(a) 晶体三维结构模型　　　　　(b) 晶体二维结构模型

图 2.1.2　晶体结构模型

2. 本征半导体中的两种载流子

半导体的共价键结构使最外层处于 8 电子的稳定状态,在常温下,仅有极少数的价电子由于热激发获得足够的热振动能量,挣脱共价键的束缚变成**自由电子**。这种现象被称为**本征激发**。挣脱束缚的价电子移走后在原来位置上留下一个空位,称为**空穴**。在本征半导体中,自由电子和空穴总是成对产生,因此,二者数量、浓度相等,如图 2.1.3 所示。

本征半导体在外电场作用下,自由电子将定向移动形成电子电流,与此同时,价电子将按照一定的方向依次填补空穴,相当于空穴也定向移动,形成空穴电流。自由电子和空穴所带电荷极性不同,因而运动方向相反,本征半导体中的电流是电子电流和空穴电流之和。

带负电荷的自由电子和带正电荷的空穴定向移动运载电荷,这种运载电荷的粒子被称为**载流子**。导体中只有自由电子一种载流子参与导电,而半导体中有自由电子和空穴两种载流子参与导电,这是半导体导电原理的主要特点,也是半导体区别于导体的主要特殊之处。

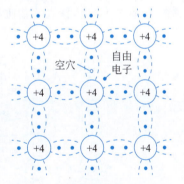

图 2.1.3　本征半导体中的自由电子和空穴

3. 本征半导体中的载流子浓度

在本征半导体中,一方面自由电子和空穴以一定速率成对出现,这个过程叫作**载流子的产生**;另一方面自由电子和空穴相遇后就会填补空穴,又会导致自由电子和空穴成对消失,这个过程称为**载流子的复合**。在一定的温度下,本征激发产生的自由电子-空穴对,与复合的自由电子-空穴对数量总是相等的,即达到动态平衡。也就是说,在一定的温度条件下,本征半导体中的载流子浓度是一定的,且自由电子和空穴的浓度相等。当温度变化时,本征半导体中载流子的浓度会达到新的动态平衡状态。温度升高时,在热能激发下,将产生更多的自由电子-空穴对,这意味着载流子浓度升高,半导体导电能力也会随之增强。因此可以看出,本征半导体的导电能力随温度的升高而增加。

综上所述,本征半导体中载流子浓度很低,导电能力很弱,而载流子的浓度与环境温度有关,导电性能与温度密切相关。半导体材料性能随温度变化的特性称为半导体的温度特性,半导体温度稳定性差,但利用温度特性可以制作热敏元件。常温下,本征半导体导电能力有限,无法满足实际需求,通常采用在本征半导体中掺入杂质的方式,构成杂质半导体。

2.1.3 杂质半导体

通过扩散工艺,在本征半导体中掺入适量的杂质元素,会使半导体的导电性能显著变化,得到的半导体材料叫作**杂质半导体**。根据掺入的杂质元素不同,杂质半导体可分为 **N 型半导体**和 **P 型半导体**,通过控制掺杂浓度来控制半导体导电性能。

1. N 型半导体

在本征半导体中掺入少量的五价元素(如磷、锑、砷等),就形成 **N 型半导体**。杂质原子最外层有 5 个价电子,在和周围的四价原子形成共价键时将多出一个价电子,这个多出的价电子受到热激发获得能量成为自由电子,如图 2.1.4 所示。失去一个价电子的杂质原子变成不能移动的正离子。在 N 型半导体中,自由电子的浓度大于空穴的浓度,故称为**多数载流子**,简称**多子**;空穴为**少数载流子**,简称**少子**。杂质原子提供自由电子,称为**施主原子**。N 型半导体主要靠多子(自由电子)导电,掺入的杂质越多,多子的浓度就越高,导电能力也越强。

2. P 型半导体

在本征半导体中掺入少量的三价元素(如硼、铝、铟等),就形成 **P 型半导体**。杂质原子最外层有 3 个价电子,在和周围的四价原子形成共价键时将多出一个空位,相邻的共价键上的电子受到热激发获得能量,就有可能填补这个空位,如图 2.1.5 所示。被填补了空位的杂质原子变成不能移动的负离子。在 P 型半导体中,空穴的浓度大于自由电子的浓度,因此空穴为多数载流子,自由电子为少数载流子。杂质原子接受自由电子,称为**受主原子**。P 型半导体主要靠多子(空穴)导电,掺入的杂质越多,空穴的浓度就越高,导电能力也越强。

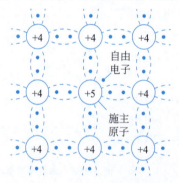

图 2.1.4 N 型半导体结构示意图

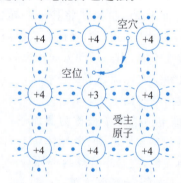

图 2.1.5 P 型半导体结构示意图

综上所述,杂质半导体的多子浓度约等于所掺杂质的浓度,与温度无关。少子的浓度主要取决于热激发,与温度和光照等外界因素有关。杂质半导体本征激发产生的载流子数量远小于掺杂产生的载流子数量,其导电性能主要取决于掺杂程度。少子的浓度随温度变化的特点影响半导体的稳定性。

讨论:
(1) 本征半导体和杂质半导体中的载流子有何不同?
(2) 杂质半导体的导电性能有什么特点?

2.2 PN结的形成及其特性

通过不同的掺杂工艺,在一块纯净半导体材料上,一边掺杂三价元素做成P型半导体,一边掺杂五价元素做成N型半导体,二者的交界面就形成PN结。

2.2.1 PN结的形成

当P型半导体和N型半导体交界时,P区有大量的空穴,N区有大量的自由电子,而物质总是从浓度高的地方往浓度低的地方运动,这种物质因浓度差而产生的运动称为**扩散运动**。因此P区的空穴会向N区扩散,N区的自由电子也会向P区扩散,如图2.2.1(a)所示。在P区和N区的交界处,由N区扩散到P区的自由电子与P区的空穴复合,由P区扩散到N区的空穴与N区的自由电子复合,在P区留下大量带负电荷的负离子,在N区留下大量带正电荷的正离子,正离子区和负离子区构成**空间电荷区**,产生内电场。如图2.2.1(b)所示,其中P区标有"一"号的小圆圈表示负离子(受主原子),N区标有"+"的小圆圈表示正离子(施主原子),正负离子都是不能移动的。扩散运动使靠近接触面P区的空穴浓度降低、靠近接触面N区的自由电子浓度降低,在P区和N区的交界处这两种多子几乎耗尽了,空间电荷区有一定的宽度,正负电荷的电量相等,电流为零,因此空间电荷区又称为**耗尽层**。随着扩散运动的进行,空间电荷区加宽,内电场增强,电场方向由N区指向P区,阻碍扩散运动的进行。

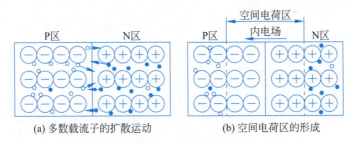

(a) 多数载流子的扩散运动　　(b) 空间电荷区的形成

图2.2.1　PN结的形成

在内电场作用下少数载流子向浓度高的区域的运动称为**漂移运动**。当空间电荷区形成后,在内电场的作用下,少子产生漂移运动,空穴由N区向P区运动,而自由电子则从P区向N区运动。在不加外电场的情况下,参与扩散的多数载流子数目等于参与漂移运动的少数载流子数目,从而达到动态平衡,形成**PN结**。PN结是构成半导体器件的基础。

2.2.2 PN结的单向导电性

在PN结两端加外电场,多子的扩散运动和少子的漂移运动的平衡状态就会被打破,PN结上将有电流流过。外加电压极性不同时,PN结的导电特性也会截然不同。

视频4
PN结及其
单向导电性

1. PN结加正向电压

当外加电压的正极与PN结的P区相连,而负极与N区相连,即当外加电压使PN结中P区的电位高于N区的电位时,称为加正向电压,也叫**正向偏置**,简称**正偏**。此时,外电场和内电场方向相反,在外电场作用下,P区的多数载流子空穴和N区的多数载流子自由电子都向交界方向移动,导致PN结的空间电荷区变窄,也就是耗尽层变窄,扩散运动加剧,而漂移运动减弱。由于外电源的作用,扩散运动源源不断地进行,形成正向电流,PN结导通,如图2.2.2所示。图2.2.2中的电阻R为限流电阻,防止PN结因正向电流过大而损坏。

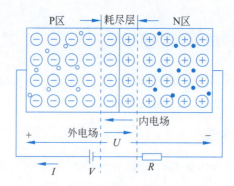

图 2.2.2 PN 结加正向电压时导通

2. PN 结加反向电压

当外加电压的正极与 PN 结的 N 区相连,而负极与 P 区相连,即当外加电压使 PN 结中 N 区的电位高于 P 区的电位时,称为加反向电压,也叫作反向偏置,简称反偏。此时,外电场和内电场方向相同,在外电场作用下,原来扩散运动和漂移运动的平衡被打破,漂移运动加强,扩散运动减弱。P 区的多子空穴和 N 区的多子自由电子都向交界处相反的方向移动,导致 PN 结的空间电荷区变宽,也就是耗尽层变宽,加强了内电场,从而进一步阻碍扩散运动,促进漂移运动,形成**反向电流**,也称**漂移电流**。因为参与漂移运动的少数载流子数目极少,所形成的反向电流也很小,在近似计算中常将其忽略不计,近似认为反向偏置时 PN 结电流为零,PN 结处于截止状态。如图 2.2.3 所示。

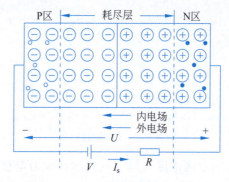

图 2.2.3 PN 结加反向电压时截止

综上所述,PN 结外加正向电压时导通,加反向电压时截止,PN 结具有**单向导电性**。单向导电性是 PN 结的重要特性。

2.2.3 PN 结的伏安特性

由半导体理论分析可知,PN 结外加正向偏压时电流较大,外加反向偏压时,电流较小,端电压 u 和流过的电流的关系可用式(2.2.1)描述:

$$i = I_s(e^{\frac{u}{U_T}} - 1) \tag{2.2.1}$$

式中,I_s 是反向饱和电流,u 是外接在 PN 结两端的电压,i 是 PN 结上流过的电流,U_T 是温度的电压当量

$$U_T = \frac{kT}{q} \tag{2.2.2}$$

其中,q 是电子电量,k 是玻耳兹曼常数,T 为热力学温度。常温下,$T = 300\text{K}$,$U_T = 26\text{mV}$

时有

$$i \approx I_s e^{\frac{u}{U_T}} \tag{2.2.3}$$

当 PN 结反向偏置时,u 小于 0V,当 $|u| \gg U_T$ 时,有

$$i \approx -I_s \tag{2.2.4}$$

u 和 i 的关系曲线如图 2.2.4 所示,称为 PN 结的伏安特性。其中,当 u 小于 PN 结的接触电位 U_{on} 时,正向电流很小,几乎是零;当正向偏压大于触电位 U_{on} 时,正向电流快速增加。但 PN 结两端的电压只有微小的增加。$u>0$ 的部分称为正向特性,$u<0$ 的部分称为反向特性,由于 I_s 很小,因此反向特性曲线几乎与横轴重合。

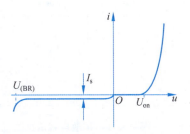

图 2.2.4 PN 结的伏安特性曲线

2.2.4 PN 结的反向击穿特性

当 PN 结的反向电压增大到一定值时,反向电流突然增加,这个现象称为 PN 结的**反向击穿**。发生击穿所需的反向电压 U_{BR} 称为反向击穿电压。反向击穿分为**电击穿**和**热击穿**,电击穿是可逆的,减小 PN 结的反向偏置电压,PN 结仍可正常工作。热击穿不可逆,是 PN 结因温度过高而烧毁,是永久性损坏,所以应尽可能避免。PN 结发生电击穿的原因有两个:**雪崩击穿**和**齐纳击穿**。

1. 雪崩击穿

当 PN 结的反向电压增大时,空间电荷区随之变宽,内电场增强。少子漂移运动增强,动能增大,与晶体原子发生碰撞,从而打破共价键的束缚,形成电子-空穴对,这种现象称为**碰撞电离**。新产生的电子和空穴在强电场作用下,继续碰撞电离,又产生新的电子-空穴对,这就是载流子的倍增效应。当反向电压增大到一定程度后,载流子的数量急剧增加,就像陡峭的雪山上发生雪崩一样,反向电流也急剧增加,PN 结被击穿,因此称为**雪崩击穿**。

2. 齐纳击穿

当 PN 结加有较高的反向电压时,PN 结的空间电荷区建立了一个很强的电场,强电场能够破坏共价键,分离出电子-空穴对,这个过程称为**场致激发**。场致激发使电子移向 N 区,空穴移向 P 区,形成较大的反向电流,这种击穿称为**齐纳击穿**。

由此可见,齐纳击穿和雪崩击穿的机理和过程完全不同,一般整流二极管掺杂浓度较低,多发生雪崩击穿。齐纳击穿多出现在特殊二极管中,如本章后面要讲到的稳压二极管,就是应用了 PN 结的这个反向击穿特性,因此也称为**齐纳二极管**。另外,对于硅材料的 PN 结,当 $U_{BR}>7V$ 时,发生雪崩击穿;当 $U_{BR}<5V$ 时,发生齐纳击穿;当 U_{BR} 为 $5\sim 7V$ 时,两种击穿都存在。

2.2.5 PN 结的电容特性

PN 结偏置电压的变化导致 PN 结空间电荷区电荷数量及两侧区域载流子的数量均发生变化,这种现象类似于电容特性,称为 **PN 结的电容效应**。PN 结的电容效应根据产生机理的不同分为**扩散电容**和**势垒电容**。

1. 扩散电容

PN 结正向偏置时,P 区的多子空穴将会向 N 区扩散,N 区的多子自由电子也会向 P 区扩散,扩散导致多数载流子在靠近 PN 结边缘的浓度高于距结稍远的浓度,形成浓度差。当 PN

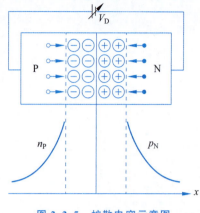

图 2.2.5 扩散电容示意图

结正向偏压增大时,载流子的浓度增大,正向电流增大,当 PN 结正向偏压减小时,载流子的浓度减小,正向电流减小。因此,扩散过程中载流子的变化是电荷积累和释放的过程,与电容的充放电过程类似,把这种 PN 结呈现出的与正向电流大小成正比的电容效应,称为扩散电容,用符号 C_D 来表示,如图 2.2.5 所示。图 2.2.5 中 n_P、p_N 分别表示 N 区的空穴浓度和 P 区的自由电子浓度。外加正向电压增量 ΔV,多子扩散运动在结附近产生的电荷增量 ΔQ,二者之比为扩散电容 $\Delta Q/\Delta V$,取微增量,表示

$$C_D = \frac{dQ}{dV_d} \qquad (2.2.5)$$

PN 结正向偏置时,积累在 N 区的空穴和 P 区自由电子随正向电压的增加而迅速增加,扩散电容较大,正向偏置时,载流子数目较少,扩散电容数值很小,基本可以忽略。

2. 势垒电容

PN 结反向偏置时,空间电荷区(势垒区)的宽度随外加电压的大小而改变,当外加电压增加时,势垒电位增加,结电场增强,多子被拉出远离 PN 结;反之,外加电压减小时,势垒区变窄。势垒区的电荷量随外加电压而增加或减少,类似于电容器的充放电过程。此时,PN 结呈现出的电容效应称为势垒电容 C_B,C_B 是非线性的,与结面积、势垒区宽度、半导体介电常数及外加电压都有关。利用 C_B 随外加反向电压 u 的变化而变化的特性,可制成本章后面要讲到的变容二极管。

PN 结的结电容是扩散电容 C_D 和势垒电容 C_B,对于低频信号呈现出很大的容抗,作用可以忽略不计,但在高频运用时,必须考虑 PN 结的影响。PN 结处于正偏时,结电容较大,以扩散电容为主;PN 结处于反偏时,结电容较小,以势垒电容为主。

> **讨论:**
> (1) 空间电荷区是如何形成的?为何又称为耗尽区或势垒区?
> (2) PN 结正向偏置和反向偏置外加电压极性分别如何连接?空间电荷区的宽度如何变化?
> (3) PN 结的电击穿和热击穿有何不同?
> (4) PN 结的电容效应是怎么产生的?

2.3 半导体二极管

将 PN 结用外壳封装起来,并在两端加上引线就构成了半导体二极管,也称为晶体二极管,简称二极管,本节主要介绍二极管的结构、伏安特性及其主要参数。

2.3.1 二极管的结构

根据二极管半导体材料的不同,可以将其分为**硅二极管**和**锗二极管**;根据内部结构不同,又可以将二极管分为以下 3 种类型。

1. 点接触型二极管

采用一根很细的三价元素金属触丝和一块 N 型半导体的表面经过特殊工艺牢固地焊在

视频 5
二极管的结构与类型

一起,三价元素与 N 型材料就构成了 PN 结,如图 2.3.1(a)所示。由于结面积小,只能通过较小的电流,结电容小,一般在 1pF 以下,工作频率高,可达 100MHz 以上。适用于高频检波、混频及小电流整流电路中。

2. 面接触型二极管

如图 2.3.1(b)所示,面接触型二极管采用合金工艺或扩散工艺制成的。PN 结面积大,能够流过较大电流,但结电容大,因而只能工作在低频大电流电路,可用于整流电路。

3. 平面型二极管

如图 2.3.1(c)所示,平面型二极管采用扩散工艺制成。结面积较大的可以用于大功率整流电路中,结面积小的可作为开关管用于脉冲电路中。

二极管的符号如图 2.3.1(d)所示,其中 P 区引线为阳极(正极),N 区引线为阴极(负极),箭头方向为正电流方向。

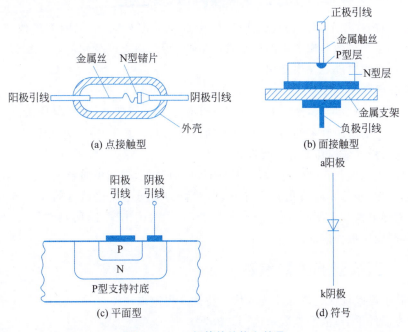

图 2.3.1 二极管的结构和符号

2.3.2 二极管的伏安特性

二极管的核心为 PN 结,因此和 PN 结一样也具有单向导电性。其详细特性可通过伏安特性来说明。伏安特性是指二极管两端电压与电流之间的关系。图 2.3.2(a)、(b)分别为硅二极管和锗二极管的伏安特性曲线。

1. 正向特性

从图 2.3.2 可以看出,在正向电压大于 U_{th} 时,二极管才能正向导通,这是因为足够强的外电场才能克服 PN 结内电场阻碍多子扩散运动而产生的电流,U_{th} 称为**门槛电压**或**死区电压**。室温下硅管的死区电压约为 0.5V,锗管的死区电压约为 0.1V。在正向电压大于 U_{th} 后,内电场明显削弱,电流急速增大,二极管导通,伏安特性曲线几乎陡直。硅管的导通压降一般取 0.7V,锗管取 0.2V。

2. 反向特性

在 PN 结中,P 型半导体中的少数载流子(自由电子)和 N 型半导体中的少数载流子(空

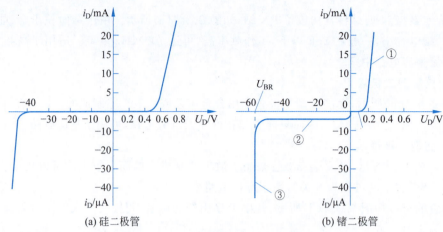

(a) 硅二极管　　(b) 锗二极管

图 2.3.2　二极管的伏安特性曲线

穴),在反向电压的作用下很容易通过 PN 结,形成反向饱和电流,但因为少数载流子数量很少,反向电流很小。少数载流子是由热激发产生的,所以当温度变化时,少数载流子的数目会发生变化,反向电流也随之发生变化。

3. 反向击穿特性

当反向电压进一步增大,达到 U_{BR} 时,反向电流急剧增加,二极管反向击穿,U_{BR} 称为反向击穿电压,U_{BR} 的值因管子的结构、材料不同存在较大的差异,一般为几十伏,有的甚至达到几千伏。普通二极管应避免工作在反向击穿区。

综上所述,当二极管正常工作时,正向导通,反向截止,具有单向导电性。从图 2.3.2(a)、(b)上也可以看出,锗管比硅管更易于导通,但硅管的反向电流比锗管的反向电流小得多,因而硅管的单向导电性和温度特性都比较好,另外,硅管的耐击穿性、耐热性等综合性能都优于锗管,因此实际应用更为广泛。

2.3.3　二极管的主要参数

二极管除了可以用伏安特性曲线或伏安特性方程来描述外,还可以用参数来表述其性能,实践中通过查器件手册,依据参数来选用二极管。

1. 最大整流电流 I_F

I_F 指二极管长期运行时允许通过的最大正向电流的平均值。其值与 PN 结面积及外部散热等条件有关。在规定的散热条件下,二极管正向平均电流如果超过这个值,则结温过高,二极管会烧毁。

2. 反向击穿电压 U_{BR}

U_{BR} 指二极管反向击穿时的电压值。击穿后,反向电流急剧增加,二极管的单向导电性被破坏,甚至会因温度过高被烧坏。通常手册上给出的最高工作电压约为反向击穿电压的一半,以确保二极管安全运行。

3. 最大反向工作电压 U_R

U_R 指二极管工作时允许外加的最大反向电压,超过此值,二极管可能会因反向击穿而损坏。为防止发生热击穿,要串接限流电阻。

4. 最大反向工作电流 I_R

I_R 指二极管未击穿时的反向电流。I_R 越小,管子的单向导电性越好。I_R 对温度非常敏感,所以使用时要注意温度的影响。

5. 最高工作频率 f_M

f_M 指二极管工作的上限频率。超过这个值,由于结电容的作用,二极管将不能很好地体现单向导电性。其值主要由 PN 结的结电容大小决定。结面积越小,最高工作率越高。

6. 极间电容 C_D

前面已经讲过,PN 结存在着扩散电容和势垒电容 C_D,极间电容 C_B 是能够体现二极管中 PN 结电容效应的参数,因此 $C_d = C_D + C_B$,在高频或开关电路中,必须要考虑极间电容的影响。

应当指出,由于制造工艺所限,半导体器件参数具有分散性,同一型号管子参数会有比较大的差距,因而手册上往往给出的是参数的上限值、下限值或范围。另外,使用时应特别注意每个参数的测试条件。

> 讨论:
> (1) 点接触型二极管和面接触型二极管有何异同,分别用在什么场合?
> (2) 硅二极管和锗二极管的性能有何异同,为何在工程实践中硅二极管应用更为广泛?
> (3) 在二极管使用过程中应注意哪些参数?

2.4 二极管的基本电路及其分析方法

在电子技术中,利用二极管的单向导电和恒压特性,可以构成许多应用电路,如整流电路、限幅电路、开关电路等。而由二极管的伏安特性可知,二极管是非线性器件,要采用非线性的分析方法,主要包括图解分析法、模型分析法等。

图解分析法能直观反映管子的工作情况,不需要关注是线性还是非线性的问题,但前提是二极管的伏安特性曲线已知。

模型分析法是工程上通常采用的方法,这种方法的思路是在一定条件下,将非线性元件近似地用线性化的模型来代替,使电路的分析简化。使用模型化的关键是建立合适的模型,二极管的模型有理想模型、恒压降模型和小信号模型,这是本节要介绍的主要方法。

2.4.1 二极管的图解分析法

二极管是一个非线性电子元件,含有二极管的非线性电路,可以采用图解分析法来求解电路中的电压和电流。运用图解分析法的前提是已知二极管的伏安特性曲线。下面通过例题来说明图解分析法的过程。

例 2.4.1 电路如图 2.4.1 所示,已知二极管的 V-I 特性曲线、电源 U_s 和电阻 R,求二极管两端的电压 U_D 和流过二极管的电流 i_D。

解: 由电路的 KVL 方程,可得

$$U_D = U_s - i_D R \tag{2.4.1}$$

可以写为

$$i_D = -\frac{1}{R}U_D + \frac{1}{R}U_s \tag{2.4.2}$$

式(2.4.2)是一条斜率为 $-1/R$ 的直线,称为负载线。二极管两端电压 U_D 和流过二极管的电流既要受电路定律约束,又要满足元件特性约束。也就是说,U_D 和 i_D 既要满足伏安特性曲线,又要满足式(2.4.2)给出的直线方程。图 2.4.1(b)中直线与二极管伏安特性曲线的交

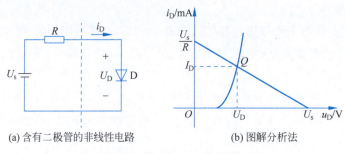

图 2.4.1 例 2.4.1 电路图

点 Q 所对应的纵横坐标值(U_D, i_D)即为所求。Q 点称为电路的工作点。

图解分析法虽然对理解电路的工作原理和工作点的概念来说简单、直观,但在实际中,尤其对于有多个二极管的复杂电路并不适用。在工程上,通常在一定条件下,根据器件的工作状态和工程计算精度要求,利用简化模型来分析电路。

2.4.2 二极管的等效电路模型分析法

在二极管电路分析中,常根据电路的实际工作状态和对分析精度的要求,对二极管建立合适的模型。下面首先介绍二极管的几个常用简化模型。

1. 理想模型

当作用于二极管的端电压(端电流)与其串(并)元件的电压或电流相比较小时,可以忽略端电压(端电流)对电路产生的影响,认为二极管是理想的。正向导通时,$U_D=0$(内阻 $r=0$),相当于开关闭合;反向截止时 $i_D=0$(内阻 $r\to\infty$),相当于开关断开;理想二极管的伏安特性和等效电路如图 2.4.2 所示。

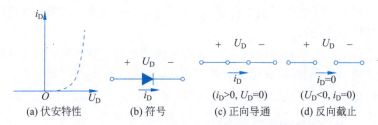

图 2.4.2 理想二极管的伏安特性和等效电路

2. 恒压降模型

当二极管导通后,当电流在一定范围内时,可认为管压降恒定(硅管 0.7V,锗管 0.2V),也就是说,二极管在这种工作条件下具有恒压特性,因此,可采用如图 2.4.3 所示的一条与伏安特性曲线上部几乎重合的垂线来表示。二极管恒压降模型可用于定性分析和计算精度要求不高的工程计算中。

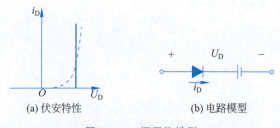

图 2.4.3 恒压降模型

3. 折线模型

为了更精确地描述二极管伏安特性,在恒压降模型基础上做了进一步修正,认为二极管的正向压降不是恒定的,而是会随着流过二极管的电流的增加而增加,所以模型中用一个电压源和电阻 r_D 来近似。这个电压为二极管的门槛电压 U_{th},如图 2.4.4 所示。r_D 可以求得,比如当二极管导通电流为 1mA 时,管压降为 0.7V,于是 r_D 的值为

$$r_D = \frac{0.7\text{V} - 0.5\text{V}}{1\text{mA}} = 200\Omega$$

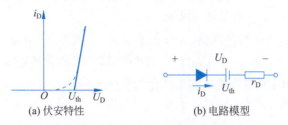

(a) 伏安特性   (b) 电路模型

图 2.4.4 折线模型

由于二极管特性的分散性,U_{th} 和 r_D 的值是相对固定的。折线模型较前两种模型更接近二极管的实际曲线,因此常用在较高精度的工程计算中。

4. 小信号模型

在二极管电路的应用中,除前面讲到的 3 个大信号模型外,在电子电路中还会在直流工作情况下叠加交流小信号。显然,Q 点位置不同,交流小信号在其附近变化时,二极管表现出动态电阻($r_d = \Delta U_D / \Delta i_D$)也不同,如图 2.4.5 所示。当 $u_s = 0$ 时,电路中只有直流量,二极管两端电压和流过二极管的电流就是 Q 点,称为**直流工作状态**,也称**静态**,Q 点称为**静态工作点**。当 $u_s = U_m \sin(\omega t)$ 时,电路的负载线为

$$i_D = -\frac{1}{R}u_D + \frac{1}{R}(U_{DD} + u_s) \tag{2.4.3}$$

r_d 是以 Q 点为切点的切线的斜率,利用 r_d 分析动态信号的作用实质上是以 Q 点的切线(即直线)来近似其附近的曲线,因而 Q 点在伏安特性曲线上的位置不同,r_d 数值将不同。

根据二极管电流方程,可得

$$r_d = \frac{\Delta u_D}{\Delta i_D} \approx \frac{U_T}{I_D} \tag{2.4.4}$$

常温下,$T = 300\text{K}$,$U_T = 26\text{mV}$

$$r_d = \frac{26\text{mV}}{I_D(\text{mA})} \tag{2.4.5}$$

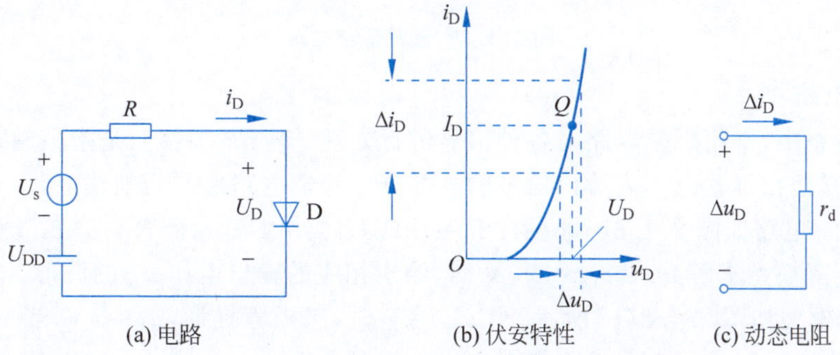

(a) 电路   (b) 伏安特性   (c) 动态电阻

图 2.4.5 小信号模型

因此,欲讨论二极管微变等效电路,必须先求静态工作点 Q,求得静态参数 I_D,然后再计算动态电阻。

2.4.3 二极管的基本应用电路

视频6
二极管的
应用电路

二极管在电子电路中有广泛应用,下面介绍二极管的几种常见的应用电路。

1. 整流电路

将交流信号变成单向脉动的信号称为**整流**。整流电路是利用二极管的单向导电性实现的,分析时通常将二极管近似为理想二极管。

图 2.4.6(a) 所示为半波整流电路,设输入电压为 $u_s = \sqrt{2}U_s\sin(\omega t)$,当 u_s 为正半周时,二极管导通,且导通压降为 0V,$u_o = u_s$;当 u_s 为负半周时,二极管截止,$u_o = 0$。输入、输出电压波形如图 2.4.6(b) 所示,输出为脉动的半波直流电压。

图 2.4.7(a) 所示为全波整流电路,设输入交变电压 u_1 经变压器变换成合适的副边电压 u_2,设 $u_2 = \sqrt{2}U_2\sin(\omega t)$,当 u_2 为正半周时,二极管 D_1 导通,D_2 截止,电流从 a 点经 D_1、R_L,$u_o = \sqrt{2}U_2\sin(\omega t)$;当 u_2 为负半周时,二极管 D_1 截止,D_2 导通,电流从 b 点经 D_2、R_L,R_L 中的电流方向不变,$u_o = \sqrt{2}U_2\sin(\omega t)$,即 $u_o = |u_2|$。输入、输出电压波形如图 2.4.7(b) 所示,输出为全波脉动的直流电压。

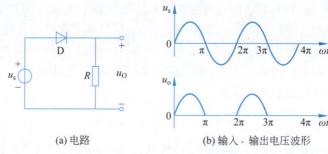

图 2.4.6 半波整流电路

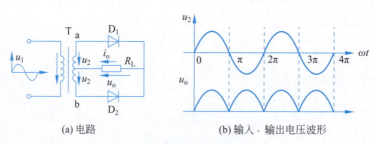

图 2.4.7 全波整流电路

2. 限幅电路

在电子电路中,常用限幅电路对各种信号进行处理。所谓"限幅",是指限制某些信号的输出幅度,有选择地在预置范围内输出信号的一部分。限幅电路也称为削波电路。

例 2.4.2 电路如图 2.4.8(a)所示:$R = 1k\Omega$,$U_{REF} = 4V$,二极管为硅二极管。分别用理想模型和恒压降模型求解,$u_i = 8\sin(\omega t)V$ 时,绘出相应的输出电压 u_o 的波形。

解: 理想模型如图 2.4.8(b)所示,当 $u_i > 4V$ 时,二极管导通,$u_o = 4V$,当 $u_i < 4V$ 时,二极管截止,$u_o = u_i = 8\sin(\omega t)V$,电路如图 2.4.8(d)所示。

恒压降模型如图 2.4.8(c)所示,当 $u_i > 4.7V$ 时,二极管导通,$u_o = 4.7V$,当 $u_i < 4.7V$

时,二极管截止,$u_o = u_i = 8\sin(\omega t)$V,电路如图 2.4.8(e)所示。

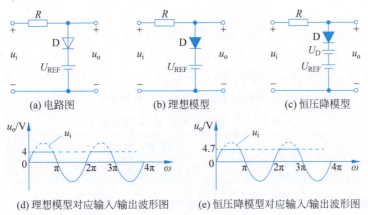

图 2.4.8 例 2.4.2 电路、模型及输入/输出波形图

3. 开关电路

例 2.4.3 电路如图 2.4.9 所示,试判断图中的二极管导通还是截止,并求 AO 的电压值。设二极管为理想二极管。

解: 对于图 2.4.9(a),先断开二极管 D,以 O 为基准电位,即 O 点为 0V,则接二极管 D 阳极的电位为 −6V,接阴极的电位为 −12V。阳极电位高于阴极电位,D 接入时正向导通。导通后,D 的压降等于零,即 A 点的电位就是 D 阳极的电位。所以,AO 的电压值为 −6V。

对于图 2.4.9(b),先将二极管 D_1、D_2 都断开,以 O 为基准电位,则 D_1 的阳极电位为 0V,阴极电位为 −12V,D_2 阳极电位为 −15V,阴极电位为 −12V。D_1 导通,D_2 截止,AO 的电压值为 0V。

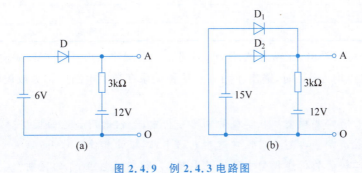

图 2.4.9 例 2.4.3 电路图

例 2.4.4 二极管开关电路如图 2.4.10 所示,利用二极管理想模型求解:当 A、B 端的电

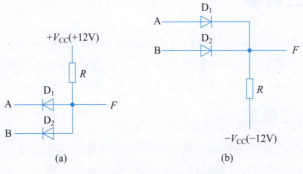

图 2.4.10 例 2.4.4 电路图

压为 0V 或 6V 时,求 A、B 端不同电压组合时,试判断图中的二极管导通还是截止,并求 U_F 的电压值。

解: 对于图 2.4.10(a),先假设两个二极管都断开,电阻中没有电流流过,两二极管阳极电位为 12V。当 A、B 点电位均为 0V,两管都导通,$U_F = 0V$;当 A 点电位 0V,B 点电位为 6V 时,D_1 优先导通;$U_F = 0V$,D_2 的阳极为 0V,阴极为 6V,D_2 反偏截止,U_F 的电压值为 0V。

A、B 端其余不同组合及 U_F 的输出电压如表 2.4.1 所示。

表 2.4.1 例 2.4.4(a) 输入/输出关系

A 点电位	B 点电位	二极管工作状态		输出 U_F
		D_1	D_2	
0V	0V	导通	导通	0V
0V	6V	导通	截止	0V
6V	0V	截止	导通	0V
6V	6V	导通	导通	6V

由表 2.4.1 可以看出,在输入 A、B 端,只要有一个端输入电压为 0V,则输出为 0V;只有当两个输入端电压均为 6V 时,输出才为 6V,这种关系在数字电路中称为与逻辑。

同理,图 2.4.10(b) A、B 端不同组合及 U_F 的输出电压如表 2.4.2 所示。

表 2.4.2 例 2.4.4(b) 输入/输出关系

A 点电位	B 点电位	二极管工作状态		输出 U_F
		D_1	D_2	
0V	0V	导通	导通	0V
0V	6V	截止	导通	6V
6V	0V	导通	截止	6V
6V	6V	导通	导通	6V

由表 2.4.2 可以看出,在输入 A、B 端,只要有一个端输入电压为 6V,则输出为 6V;只有当两个输入端电压均为 0V 时,输出才为 0V,这种关系在数字电路中称为**或逻辑**。

> **讨论:**
> (1) 二极管有哪些模型?在二极管电路分析中,如何选用合适的模型?
> (2) 二极管有哪些典型应用?在这些电路中,二极管起什么作用?
> (3) 说明二极管的折线模型中的等效电阻 r_D 和交流电阻 r_d 的区别?

视频 7
二极管半波
整流实验

2.5 特殊二极管

二极管的种类很多,除了前面介绍的普通二极管外,利用 PN 结的反向击穿特性、电容特性、发光特性、光电效应等制作出许多特殊二极管,以满足不同电路应用场合的需求。常用的有齐纳二极管(稳压二极管)、变容二极管、发光二极管、光电二极管、肖特基二极管等。

2.5.1 齐纳二极管

齐纳二极管是工作在齐纳击穿状态的二极管。这种特殊工艺制造的面接触型硅半导体二极管具有稳定输出电压的作用,又称稳压二极管,简称稳压管。主要应用于限幅电路和稳压电源中。稳压管的符号和伏安特性曲线如图 2.5.1 所示。

稳压管的伏安特性曲线与普通二极管相似，工作在反向电击穿区时，电流急剧增加而二极管两端的电压变化很小，因此具有稳压的作用。反向击穿电压幅值近似为 U_Z，在击穿区其反向电流的最小值为 $I_{Z(min)}$，最大幅值为 $I_{Z(max)}$。

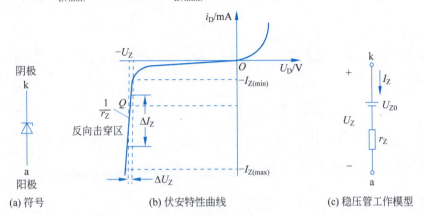

图 2.5.1 稳压二极管符号及伏安特性曲线

稳压管的主要参数如下：

(1) **稳定电压 U_Z**。U_Z 是在规定的稳压管反向工作电流 I_Z 下，所对应的反向工作电压。因为半导体器件的分散性，即使同一型号的稳压管稳定电压也存在差异，但就某一只管子而言其 U_Z 通常应为确定值。

(2) **稳定电流 I_Z**。I_Z 是稳压管工作在稳压状态时所对应的参考电流。变化范围为 $I_{Z(min)} \leqslant I_Z \leqslant I_{Z(max)}$。当工作电流低于 $I_{Z(min)}$ 时，稳压效果变差，甚至失去稳压作用。

(3) **额定功率 P_{ZM}**：P_{ZM} 是稳定电压 U_Z 和最大稳定电流 $I_{Z(max)}$ 的乘积。当管子的功耗超过此值时，会因结温过高而损坏。也就是说 P_{ZM} 和 $I_{Z(max)}$ 为保证管子不被击穿的极限参数。

(4) **动态电阻 r_Z**：r_Z 是稳压管工作在稳压区交流电阻，其值为 $r_Z = \Delta U_Z / \Delta I_Z$。$r_Z$ 越小，电流变化时 U_Z 的变化越小，即稳压管的稳压特性越好。

(5) **温度系数 α**：α 表示温度每变化 1℃稳压值的变化量，即 $\alpha = \Delta U_Z / \Delta T$。稳压值小于 4V 的稳压管具有负温度系数，温度升高时稳压值下降；稳压值大于 7V 的稳压管具有正温度系数，温度升高时稳压值上升；而稳压值在 4~7V 的稳压管温度系数非常小，近似为零。

因为稳压管的反向电流低于 $I_{Z(min)}$ 时失去稳压功能，大于 $I_{Z(max)}$ 时会发生热击穿而损坏，所以在稳压电路中必须串联一个限流电阻来保障稳压管安全工作。

稳压管的典型应用电路如图 2.5.2 所示，由稳压管和限流电阻组成。为了能稳定输出端的电压 U_o，要求输入端的电压 U_I 大于稳定电压 U_Z，而当稳压管开路时，输出电压 U_o 要大于 U_Z，确保稳压管工作在反向击穿状态。图 2.5.2 中的 D_Z 与负载 R_L 并联，故称为并联式稳压电路。

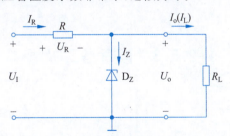

图 2.5.2 稳压管的典型应用电路

例 2.5.1 在如图 2.5.2 所示稳压管稳压电路中，已知稳压管的稳定电压 $U_Z = 12V$，$I_{Z(min)} = 5mA$，$I_{Z(max)} = 50mA$，$U_I = 20V$，其允许的变化量为 $\pm 2V$，I_o 的变化范围为 $0\sim15mA$，试确定限流电阻 R 的阻值与功率。

解：当 $U_I = 20V$ 时，由图 2.5.2 可知，只要电路参数合适，就可使稳压管加上足够高的反偏电压,从而稳定输出电压。R 的取值应该合理,使之满足 $I_{Z(\min)} \leqslant I_Z \leqslant I_{Z(\max)}$。

当输入电压 U_I 最大且输出电流 I_o 最小时,流过稳压管的电流最大,R 的取值应满足的 $I_Z \leqslant I_{Z(\max)}$,因此 R 的最小值为

$$R_{\min} = \frac{U_{I\max} - U_Z}{I_{Z(\max)} + I_{o\min}} = \frac{20 + 2 - 12}{5 \times 10^{-3}} = 200\,\Omega$$

当输入电压 U_I 最小且输出电流 I_o 最大时,流过稳压管的电流最大,R 的取值应满足 $I_Z \geqslant I_{Z(\min)}$,因此 R 的最大值为

$$R_{\max} = \frac{U_{I\min} - U_Z}{I_{Z(\min)} + I_{o\max}} = \frac{20 - 2 - 12}{(5 + 15) \times 10^{-3}} = 300\,\Omega$$

根据 $200\,\Omega \leqslant R \leqslant 300\,\Omega$ 选取。若选取 $270\,\Omega$,则 R 上的最大功耗为

$$P_{\max} = \frac{(U_{I\max} - U_Z)^2}{R} = \frac{(20 + 2 - 12)^2}{270}\,\text{W} \approx 0.37\,\text{W}$$

考虑安全裕量,R 选用 $270\,\Omega$,$1\,\text{W}$ 的电阻。

2.5.2 变容二极管

PN 结具有电容效应,结电容大小不但跟本身的尺寸和工艺有关,还与外电压有关,结电容随反向电压的增加而减小,这种效应显著的二极管称为变容二极管,其符号与电容电压特性如图 2.5.3 所示。在普通半导体二极管中,通常希望结电容尽可能小。对于变容二极管来说,却是利用了结电容。变容二极管广泛应用于高频电路中,作为压控电容,通过控制直流电压来改变二极管的结电容量,实现电调谐、调频等,例如,彩色电视中的电子调谐器就是通过这个原理实现的。

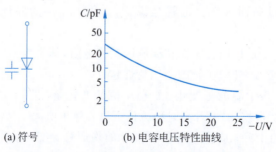

图 2.5.3 变容二极管的符号与电容电压特性

2.5.3 肖特基二极管

肖特基二极管又称表面势垒二极管,是利用金属与半导体接触,在交界处形成势垒区而制成的二极管。其符号及伏安特性曲线如图 2.5.4 所示。伏安特性与普通二极管类似,但与普通二极管相比又有两个重要特点:

(1) 肖特基二极管中只有多数载流子参与导电,因而不存在少数载流子在 PN 结附近积累和消散的过程,电容效应小,工作速度快,适用于高频和开关电路。

(2) 肖特基二极管正向导通门槛电压低,耗尽区较薄,反向击穿电压较低,反向漏电流比 PN 结二极管大。

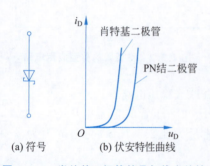

图 2.5.4 肖特基二极管符号与伏安特性

2.5.4 光电二极管

光电二极管就是利用 PN 结的光电效应将光信号转换成电信号的二极管。其结构与普通二极管类似，但 PN 结能够通过管上的玻璃窗口接收光照。该 PN 结工作在反向偏置状态下，反向电流随光照强度的增加而增大。图 2.5.5 为光电二极管的符号、电路模型和伏安特性曲线。

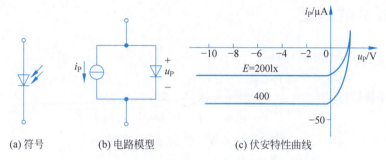

图 2.5.5　光电二极管符号、电路模型与伏安特性曲线

2.5.5 发光二极管

发光二极管(Light Emitting Diode，LED)是利用 PN 结的电致发光特性将电能转换成光能的二极管。光二极管工作在正向偏置状态下，光的强度与电流大小成正比。发光二极管有普通二极管、红外发光二极管、激光二极管等。制作材料不同，发出的光的颜色不同，有红色、黄色、绿色等不同颜色的光。发光二极管符号如图 2.5.6 所示。

发光二极管常用作显示器件，可以单个使用，也可以做成七段式或矩阵式来使用，如七段 LED 数字显示器，如图 2.5.7 所示。

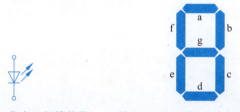

图 2.5.6　发光二极管符号　　图 2.5.7　七段 LED 数字显示器

数码管有共阴极和共阳极两种接法。共阴极接法是指数码管对应的 7 个发光二极管的阴极连在一起接地，通过控制每个发光二极管阳极电平的高低来控制每个管的发光状态，显示不同的数字，如图 2.5.8(a)所示。共阳极接法是指数码管的 7 个发光二极管的阳极连在一起接电源正极，通过控制每个发光管阴极的电平高低来控制每个发光管的状态，显示不同数字，如图 2.5.8(b)所示。

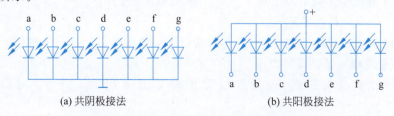

图 2.5.8　数码管有共阴极和共阳极两种接法

> 讨论：
> (1) 简述稳压二极管的稳压原理。
> (2) 变容二极管的工作原理是怎样的？应用在什么场合？
> (3) 肖特基二极管的工作原理与普通二极管有什么不同？主要应用在什么场合？
> (4) 发光二极管和光电二极管的能量是如何转换的？

本章知识结构图

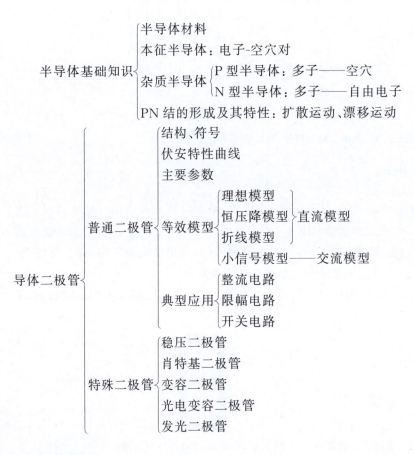

自测题

1. 填空题

(1) 在本征半导体中加入_____价元素可形成 N 型半导体，加入_____价元素可形成 P 型半导体。

(2) P 型半导体中多数载流子是_____，少数载流子是_____，N 型半导体中多数载流子是_____，少数载流子是_____。

(3) PN 结正偏时导通，反偏时_____，所以 PN 结具有_____导电性。

(4) 稳压管的稳压区是其工作在_____。

(5) 在外加直流电压时，理想二极管正向导通电阻为_____，反向截止电阻为_____。

(6) PN 结的结电容包括_____电容和_____电容。

(7) PN 结的空间电荷区变厚，是由于 PN 结加了_____电压，PN 结的空间电荷区变窄，是由于 PN 结加的是_____电压。

(8) PN 结未加外部电压时，扩散电流_____漂流电流，加正向电压时，扩散电流_____漂流电流，其耗尽层_____；加反向电压时，扩散电流_____漂流电流，其耗尽层_____。

(9) 漂移电流是_____电流，它由_____载流子形成，其大小与_____有关，而与外加电压_____。

(10) 稳压管电路如图 2.6.1 所示，其中稳压值分别为 $U_{Z1}=6\mathrm{V}$，$U_{Z2}=4\mathrm{V}$，正向导通压降为 0.7V，则输出电压_____。

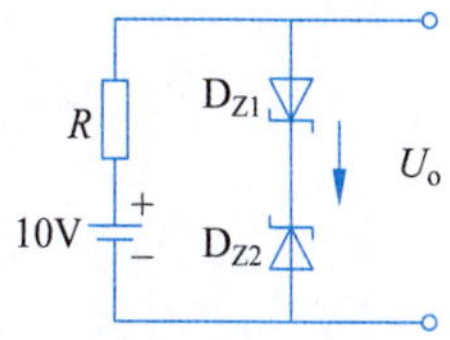

图 2.6.1

2. 判断题

(1) 本征半导体温度升高后两种载流子浓度仍然相等。（   ）
(2) 未加外部电压时，PN 结中电流从 P 区流向 N 区。（   ）
(3) P 型半导体中的多数载流子是空穴，少数载流子是自由电子。（   ）
(4) 多数载流子受温度的影响大。（   ）
(5) 光电二极管的光电流随光照强度的增大而上升。（   ）
(6) 只要在稳压管两端加反向电压就能起稳压作用。（   ）
(7) 发光二极管的颜色取决于所用的材料。（   ）
(8) 二极管的交流动态参数与直流静态参数无关。（   ）

3. 选择题

(1) 硅二极管的正向导通压降比锗二极管的_____。
  A. 大   B. 小   C. 相等   D. 无法判断

(2) PN 结反向偏置时，其内电场被_____。
  A. 削弱   B. 不变   C. 增强   D. 不确定

(3) 对于具有内阻的信号源电压进行放大时，放大电路的输入端电压值_____信号源电压值。
  A. 大于   B. 等于   C. 小于   D. 无法确定

(4) PN 结形成后，空间电荷区由_____构成。
  A. 价电子   B. 自由电子   C. 空穴   D. 杂质离子

(5) 在杂质半导体中，多数载流子的浓度主要取决于_____。
  A. 掺杂工艺   B. 温度   C. 掺杂浓度   D. 光照强度

(6) 二极管电击穿时，若继续增大反向电压，就有可能发生_____而损坏。
  A. 齐纳击穿   B. 雪崩击穿   C. 正向击穿   D. 热击穿

(7) 二极管最重要的特性是_____。
  A. 电容特性   B. 单向导电性   C. 击穿特性   D. 温度特性

(8) 理想二极管构成的电路见图 2.6.2，该图是_____。
  A. D 截止 $U_o=-4\mathrm{V}$
  B. D 导通 $U_o=+4\mathrm{V}$
  C. D 截止 $U_o=+8\mathrm{V}$
  D. D 导通 $U_o=+12\mathrm{V}$

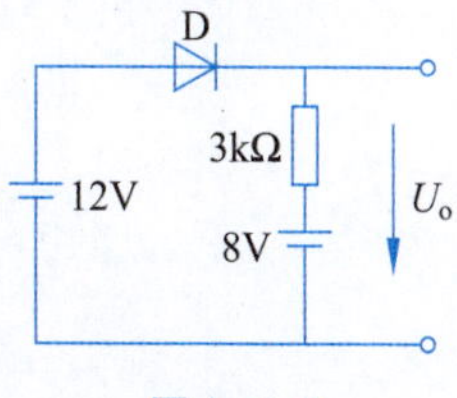

(9) 当温度升高时，二极管的导通压降会_____。
  A. 增大   B. 减小   C. 不变   D. 随机变化

图 2.6.2

（10）对于稳压二极管，下列说法错误的是_____。

A. 一般工作于电击穿区　　　　　　B. 工作电流不能大于其稳定电流 I_Z

C. 需串接降压电阻　　　　　　　　D. 需串接限流电阻

第2章　自测题答案

第2章　习题

第 3 章 晶体三极管及其基本放大电路

CHAPTER 3

晶体三极管是一种重要的三端电子器件。在它问世后的近 30 年时间里,一直是电子电路设计中一种重要的器件,并在某些应用领域(如汽车电子仪器、无线系统的射频电路)具有一定的优势。在高速数字系统中,晶体三极管射极耦合逻辑器件也仍然被使用。

本章重难点：晶体三极管的工作原理和特性曲线；晶体管放大电路的静态分析；晶体管放大电路的动态分析(即图解法和等效电路法)；共射组态、共集组态和共基组态三种基本放大电路的性能及特点。

3.1 晶体三极管

晶体三极管又称双极结型晶体管(Bipolar Junction Transistor,BJT),是电子技术中重要的半导体器件,因其有自由电子和空穴两种极性的载流子同时参与导电而得名。

3.1.1 晶体管的结构及类型

晶体管的结构示意图如图 3.1.1 所示。在一个硅(或锗)片上生成 3 个杂质半导体区域：一个 P 区夹在两个 N 区中间,或者一个 N 区夹在两个 P 区中间。晶体管有两种类型：NPN 型和 PNP 型。晶体管由 3 个掺杂半导体区组成,分别称为发射区(emitter)、基区(base)和集电区(collector),3 个区引出的电极分别称为发射极、基极和集电极。3 个区构成了两个 PN 结：发射区和基区构成发射结,基区和集电区构成集电结。

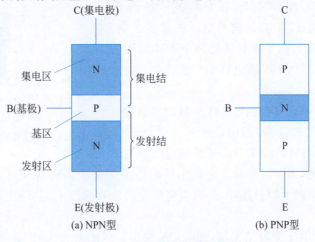

图 3.1.1 晶体管的结构示意图

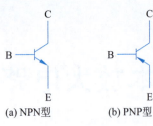

图 3.1.2 NPN 型和 PNP 型晶体管的电路符号

NPN 型和 PNP 型晶体管的电路符号如图 3.1.2 所示。不论是 NPN 型晶体管还 NPN 型晶体管,晶体管的符号中发射结箭头的方向都是发射结加正偏电压时电流的实际方向。

晶体管的 3 个区域具有以下特点:
(1) 基区宽度很薄(微米数量级),且掺杂密度低;
(2) 发射区比集电区掺杂浓度高很多,且集电结面积大于发射结面积,因此它们结构不是对称的。

晶体管在实际使用中发射极和集电极是不可以颠倒使用的,否则不能正常工作;晶体管的外特性与 3 个区的上述特点紧密相关。

本章主要讨论 NPN 型晶体管及其电路,但结论对 PNP 型晶体管同样适用,只不过两者所需的直流电源电压的极性相反,产生的电流方向也相反。

3.1.2 晶体管的工作原理

视频 9 晶体三极管的工作原理

1. 晶体管工作在放大区时的外部条件

晶体管是有源器件,需要加合适的外部偏置电压才能对输入信号进行放大。晶体管工作在放大区时的外部条件是发射结正偏,集电结反偏。满足上述条件的电路示意图如 3.1.3 所示,其中直流电源 E_B 使 NPN 管发射结正偏;直流电源使 E_C 使集电结反偏。

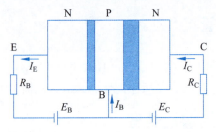

图 3.1.3 满足 NPN 管工作在放大区时外部条件的电路示意图

2. 晶体管内部载流子的传输运动

如图 3.1.4 所示是一个处于放大状态的 NPN 型晶体管的内部载流子的传输运动。图中粗箭头方向表示电流的实际方向,粗箭头中的实心圆圈"·"表示自由电子,空心圆圈"○"表示空穴。空穴的运动方向与电流实际方向一致,自由电子的运动方向与电流实际方向相反。

当发射结正偏时,发射区向基区扩散多子电子,形成发射结电子扩散电流 I_{En};基区向发射区扩散多子空穴,形成空穴扩散电流 I_{Ep},由于发射区的掺杂密度远远高于基区的掺杂密度,所以电子扩散电流 I_{En} 远远大于空穴扩散电流 I_{Ep}。

由于基区很薄,因此发射区向基区扩散的大量的电子只有少数在基区与空穴复合,形成基区复合电流 I_{Bn},其余的电子到达集电区边缘,在集电结加反偏电压的情况下

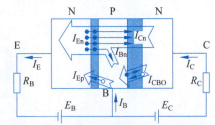

图 3.1.4 晶体管内部载流子的传输运动

漂移到集电区被收集,集电区形成电流 I_{Cn},同时由于集电结反偏,集电区少子空穴、基区少子电子在电场的作用下产生漂移运动,形成集电结反向饱和电流 I_{CBO},集电结漂移电流 I_{CBO} 也很小。

需要说明的是,由于发射结正偏,此时 PN 结以扩散运动为主,扩散电流远远大于漂移电

流,所以图 3.1.4 中发射结正偏时的漂移电流忽略不计。由于集电结反偏,此时 PN 结以漂移运动为主,漂移电流远大于扩散电流,所以图 3.1.4 中集电结的扩散电流忽略不计。

3. 晶体管电流分配关系

根据图 3.1.4,结合电路的基本理论,整理晶体管发射极、基极和集电极的电流及其分配关系如下:

$$I_E = I_{En} + I_{Ep} \approx I_{En} (I_{En} \gg I_{Ep}) \quad (3.1.1)$$

$$I_C = I_{Cn} + I_{CBO} \quad (3.1.2)$$

$$I_B = I_{Bn} + I_{Ep} - I_{CBO} \approx I_{Bn} - I_{CBO} \quad (3.1.3)$$

根据图 3.1.4,发射区发射出去多子形成的电流 I_{En} 共分为两部分:一部分是与基区空穴复合的电流 I_{Bn},另一部分是被集电区收集的电流 I_{Cn},有

$$I_{En} = I_{Bn} + I_{Cn} (I_{En} \gg I_{Bn}, I_{Cn} \gg I_{Bn}) \quad (3.1.4)$$

由式(3.1.1)~式(3.1.4),可得

$$I_E \approx I_{En} = I_{Bn} + I_{Cn} = (I_B - I_{CBO}) + (I_C + I_{CBO})$$
$$= I_B + I_C \quad (3.1.5)$$

从宏观的角度,把晶体管看作一个节点,流入节点的电流和流出节点的电流相等,所以有

$$I_E = I_B + I_C \quad (3.1.6)$$

通过上述分析,晶体管工作在放大区时各区域的作用如下:
(1) 发射区发射载流子;
(2) 集电区收集载流子;
(3) 基区传送和控制载流子。

3.1.3 晶体管基本放大电路的电流增益

1. 晶体管放大电路的 3 种组态

双极型三极管有 3 个电极,其中两个可以作为输入,两个可以作为输出,这样必然有一个电极是公共电极。3 种接法也称 3 种组态,分别是共射(Common-Emitter,CE)组态、共基(Common-Base,CB)组态和共集(Common-Collector,CC)组态,如图 3.1.5 所示。

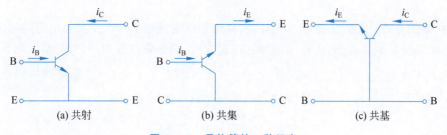

图 3.1.5 晶体管的 3 种组态

2. 基本放大电路的直流电流放大系数

共基组态的直流放大系数 $\bar{\alpha}$ 定义为

$$\bar{\alpha} = \frac{I_{Cn}}{I_E} \quad (3.1.7)$$

它表达了 I_E 转化为 I_{Cn} 的能力。对于一个具体型号的晶体管,$\bar{\alpha}$ 一般为 0.9~0.99。

根据式(3.1.2)和式(3.1.7),有

$$I_C = I_{Cn} + I_{CBO} = \bar{\alpha} I_E + I_{CBO} \quad (3.1.8)$$

当 $I_C \gg I_{CBO}$ 时,有

$$I_C \approx I_{Cn} = \bar{\alpha} I_E \tag{3.1.9}$$

所以工程上在对共基组态直流放大系数 $\bar{\alpha}$ 近似分析时,$\bar{\alpha}$ 近似计算公式为

$$\bar{\alpha} \approx \frac{I_C}{I_E} \tag{3.1.10}$$

$\bar{\alpha}$ 描述了晶体管在共基组态输出电流 I_C 受输入电流 I_E 控制的电流分配关系。

由于 $I_E = I_B + I_C$,将它代入式(3.1.8),整理后得到共射组态时输出电流 I_C 受输入电流 I_B 控制的电流分配关系,即

$$I_C = \frac{\bar{\alpha}}{1-\bar{\alpha}} I_B + \frac{I_{CBO}}{1-\bar{\alpha}}$$

$$= \bar{\beta} I_B + (1+\bar{\beta}) I_{CBO} \tag{3.1.11}$$

其中,

$$\bar{\beta} = \frac{\bar{\alpha}}{1-\bar{\alpha}} \tag{3.1.12}$$

$$I_{CEO} = (1+\bar{\beta}) I_{CBO} \tag{3.1.13}$$

$\bar{\beta}$ 为**共射组态的直流放大系数**,对于一个具体型号的晶体管,其 $\bar{\beta}$ 一般在几十到几百之间。

I_{CEO} 为集电极到发射极之间的反向饱和电流,简称穿透电流。I_{CEO} 的数值一般很小,可忽略不计。式(3.2.11)可简化为

$$I_C = \bar{\beta} I_B \tag{3.1.14}$$

利用 $I_E = I_B + I_C$ 和式(3.1.14),可得到共集电极组态输出电流 I_E 受输入电流 I_B 控制的电流分配关系,即

$$I_E = I_C + I_B$$
$$= \bar{\beta} I_B + I_B$$
$$= (1+\bar{\beta}) I_B \tag{3.1.15}$$

$1+\bar{\beta}$ 为**共集组态的直流放大系数**。显然,共集组态的电流增益略大于共射组态的电流增益。

上述电流分配关系说明,无论采用哪种连接方式,晶体管在发射结正偏、集电结反偏,而且 $\bar{\alpha}$ 或 $\bar{\beta}$ 保持不变时,输出电流 I_C(或 I_E)正比于输入电流 I_E(或 I_B)。如果能控制输入电流,就能控制输出电流,所以常将晶体管称为电流控制器件。实质上由

$$I_E = I_{ES}(e^{U_{BE}/U_T} - 1) \approx I_{ES} e^{U_{BE}/U_T}$$

(其中 I_{ES} 是发射结的反向饱和电流)可知,I_E 是受正向发射结电压 U_{BE} 控制的,因此 I_C 和 I_B 也是受正向发射结电压 U_{BE} 控制的。这体现了晶体管的正向受控特性。利用这一特性,可以把微弱的电信号加以放大。

3. 基本放大电路的交流电流放大系数

对于共射组态,在动态基极电流较小的情况下,共射交流电流放大系数与其直流电流放大系数 $\bar{\beta}$ 近似相等,有

$$\beta = \frac{\Delta i_C}{\Delta i_B} \bigg|_{U_{CE}=常数} \approx \bar{\beta} \tag{3.1.16}$$

对于共基组态,在基极电流动态范围较小的情况下,共基交流电流放大系数 α 与其直流电流放大系数 $\bar{α}$ 近似相等,有

$$\alpha = \dfrac{\Delta i_C}{\Delta i_E}\bigg|_{U_{CB}=常数} \approx \bar{α} \qquad (3.1.17)$$

3.1.4 晶体管的特性曲线

晶体管的特性曲线能直观地描述各极电流与各极间电压之间的关系。晶体管输入特性曲线描述晶体管输入两端电压、电流之间的关系,输出特性曲线描述晶体管输出两端电压、电流之间的关系。不论是用哪种组态晶体管的特性曲线,描述的都是同一器件的特性。本节仅分析共射组态 NPN 型晶体管的特性曲线。

1. 输入特性曲线

晶体管的输入特性曲线是指在集电极与发射极之间电压 U_{CE} 为常数的情况下,基极电流 i_B 与发射结压降 u_{BE} 之间的函数关系曲线,即

$$i_B = f(u_{BE})\bigg|_{U_{CE}=常数} \qquad (3.1.18)$$

共射组态基本放大电路如图 3.1.6(a)所示,晶体管输入特性曲线如图 3.1.6(b)所示。输入特性曲线与半导体二极管的正向伏安特性曲线相似。但随着 U_{CE} 的增加,特性曲线向右移动。

在发射结正偏导通的情况下,当 U_{CE} 略大于 0V 但比较小的时候,发射区向基区发射的电子有少部分在基区复合形成电流 I_{Bn},其余的扩散到集电区被集电区收集形成电流 I_{Cn}。随着 U_{CE} 逐渐增大,集电区收集电子的能力逐渐增强,发射区向基区发射的电子在基区复合的数量略有减少,基极电流 i_B 略有下降,如图 3.1.6(b)所示的输入特性曲线向右略有偏移。

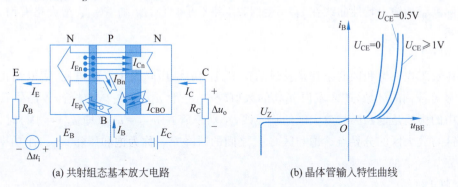

(a) 共射组态基本放大电路　　　　(b) 晶体管输入特性曲线

图 3.1.6　共射组态放大电路及晶体管输入特性曲线

U_{CE} 继续增大,当达到一定值时,被集电区收集的电子数量的增加不再明显,趋于饱和,再继续增大 U_{CE},基极电流 i_B 不再明显减小,因此可近似认为在 $U_{CE} > 1$ 后的所有输入特性曲线基本上是重合的。对于小功率管,可以近似用 U_{CE} 大于 1V 的任何一条输入特性曲线来代表所有的输入特性曲线。

2. 输出特性曲线

晶体管输出特性曲线是指在基极电流 I_B 为常数的情况下,集电极电流电 i_C 与 u_{CE} 之间的函数关系曲线,即

$$i_C = f(u_{CE})\bigg|_{I_B=常数} \qquad (3.1.19)$$

晶体管的输出特性曲线如图 3.1.7 所示。它是以 I_B 为参变量的一族特性曲线。现以其中任何一条加以说明,当 $u_{CE}=0V$ 时,因集电极无收集作用,$i_C=0$。当 u_{CE} 稍增大时,发射结虽处于正向电压之下,但集电结反偏电压 u_{CB} 很小,集电区收集电子的能力很弱,i_C 主要由 u_{CE} 决定。当 u_{CE} 增加到使集电结反偏电压 u_{CB} 较大时,运动到集电结的电子基本都可以被集电区收集,此后 u_{CE} 再增加,集电极电流不再有明显增加,输出特性曲线出现拐点,如图 3.1.7 所示,此后继续增大 u_{CE},集电极电流 i_C 仅有微小的增加,出现在拐点之后的 i_C 曲线几乎平行于坐标横轴,此时 i_C 的大小仅由 i_B 的大小来决定。

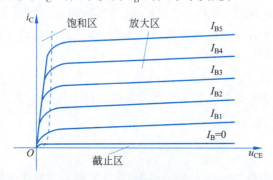

图 3.1.7 晶体管输出特性曲线

图 3.1.7 输出特性曲线可以分为 3 个工作区:饱和区、截止区和放大区。

1) 放大区

晶体管工作在放大区的条件是发射结正偏且发射结压降大于开启电压、集电结反偏。每一条曲线 i_C 几乎都与 u_{CE} 轴平行,曲线基本平行等距。在放大区,i_C 的大小受控于 i_B,与 u_{CE} 大小几乎无关,工程分析时认为 $i_C=\beta i_B$。

实际测量的输出特性曲线在 i_B 不变时,i_C 并不是常数,i_C 随着 u_{CE} 增大略有增大,曲线略有上翘。

2) 饱和区

晶体管工作在饱和区的条件是发射结正偏且发射结压降大于开启电压、集电结正偏。i_C 受 u_{CE} 显著控制的区域,该区域内 u_{CE} 的数值较小,一般 $u_{CE}<0.7V$(硅管)。晶体管输出特性曲线中的虚线是饱和区与放大区的临界线,小功率管在 $u_{CE}=u_{BE}$(即 $u_{CB}=0V$)时,可认为是饱和区与放大区的分界点。饱和区 C、E 之间的压降 u_{CE} 称为饱和压降 u_{CES},小功率管的饱和压降 $u_{CES}\approx 0.3V$。

3) 截止区

晶体管工作在截止区的条件是发射结反偏、集电结反偏。工程上常把 $i_B=0$ 的那条输出特性曲线以下的区域称为截止区。$i_C=I_{CEO}$,但小功率管的穿透电流 I_{CEO} 很小,可以忽略它的影响。

3.1.5 晶体管的主要参数

晶体管的参数可用来表征其性能的优劣和适应范围,是合理选择和正确使用晶体管的依据。这里只介绍在近似分析中最常用的主要参数,它们均可在半导体器件手册查到。

1. 电流放大系数 β 和 α

电流放大系数有共射电流放大系数 β 和共基电流放大系数 α,其定义前面已经详细介绍过,在此不再赘述。

2. 集电结反向饱和电流 I_{CBO} 和穿透电流 I_{CEO}

集电结反向饱和电流 I_{CBO} 和集电极与发射极之间的穿透电流 I_{CEO} 统称为极间反向电流。穿透电流和集电结反向饱和电流之间关系为 $I_{CEO}=(1+\beta)I_{CBO}$。一般 I_{CBO} 的值很小，小功率硅管 I_{CBO} 小于 $1\mu A$，锗管的 I_{CBO} 约为 $10\mu A$。因 I_{CBO} 是随温度增加而增加的，因此在温度变化范围大的工作环境应选用硅管。

3. 特征频率

由于晶体管发射结和集电结均有 PN 结电容效应，β 是所加信号频率的函数。当晶体管工作频率高到一定程度时，电流放大系数 β 不仅数值下降，而且产生相移。当 β 幅值下降到 1 时的工作频率称为晶体管的特征频率，常用符号 f_T 表示。

4. 极限参数

1) 最大允许集电极电流 I_{CM}

当集电极电流增加时，β 将会减小。β 值下降到一定值时的 I_C 即为 I_{CM}。当 $I_C > I_{CM}$ 时，并不表示三极管会损坏，但 β 值将过小，放大能力太差。

2) 最大允许集电极功耗 P_{CM}

P_{CM} 表示集电极上允许功率损耗的最大值，超过这个值时，管子因集电结发热、升温而性能变差，甚至烧毁。P_{CM} 的表达式为

$$P_{CM}=i_C u_{CE} \tag{3.1.20}$$

根据 P_{CM} 的表达式，可以在晶体管输出特性曲线上画出晶体管的允许功率损耗线，超过此线区域称为过损耗区，如图 3.1.8 所示。

P_{CM} 值与环境温度有关，温度越高，则 P_{CM} 值越小。使用大功率晶体管时必须注意使用条件，如对散热片的要求等。

3) 极间反向击穿电压 $U_{(BR)CEO}$

晶体管的某一电极开路时，另外两个电极所允许加的最高反向电压即为极间反向击穿电压，超过规定值的管子发生击穿现象。当发射极开路时，集电极与基极之间即集电结的反向击穿电压用 $U_{(BR)CBO}$ 表示。当基极开路时，集电极与发射极之间的击穿电压用 $U_{(BR)CEO}$ 表示。当集电极开路时，基极与发射极分之间的反向击穿电压用 $U_{(BR)EBO}$ 表示。

为了使晶体管能安全工作，在应用中必须使它的集电极工作电流小于 I_{CM}，集电极-发射极间的电压小于 $U_{(BR)CEO}$，集电极耗散功率小于 P_{CM}，即上述 3 个极限参数决定了晶体管的安全工作区，如图 3.1.8 所示。

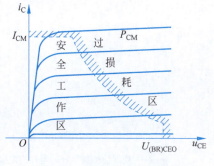

图 3.1.8 晶体管的极限参数

3.1.6 温度对晶体管特性及参数的影响

1. 温度对晶体管参数的影响

由于半导体具有温度特性，晶体管的参数几乎都与温度有关。

$$I_{CBO}(T\,^\circ\!C)=I_{CBO}(T_1\,^\circ\!C)2^{\frac{T-T_1}{10}} \quad (T>T_1) \tag{3.1.21}$$

表明温度升高 $10\,^\circ\!C$ 时，I_{CBO} 将增大约 1 倍。

$$\frac{\Delta U_{BE}}{\Delta T}=-\frac{2.5\,\text{mV}}{1\,^\circ\!C} \tag{3.1.22}$$

表明温度升高 1℃，U_{BE} 减小 2.5mV，并具有负温度系数。

共射电流放大系数 $\bar{\beta}$ 的相对变化 $\Delta\bar{\beta}$ 与温度变化 ΔT 之间的关系为

$$\frac{\Delta\bar{\beta}}{\bar{\beta}} \cdot \frac{1}{\Delta T} = \frac{0.5\% \sim 1\%}{1℃} \tag{3.1.23}$$

这表明，温度每升高 1℃，β 值增大 0.5%～1%。

2. 温度对晶体管特性的影响

当温度升高时，发射结导通电压减小，输入特性曲线向左移动，如图 3.1.9 所示。也就是说，当发射结电压不变时，温度增高，基极电流增大。

当温度升高时，I_{CBO}、I_{CEO}、β 都将增大，结果将导致晶体管输出特性曲线向上移动，而且各条曲线间的距离增大，如图 3.1.10 中的虚线所示。

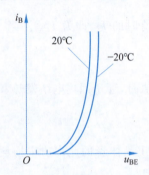

图 3.1.9　温度对晶体管输入特性的影响 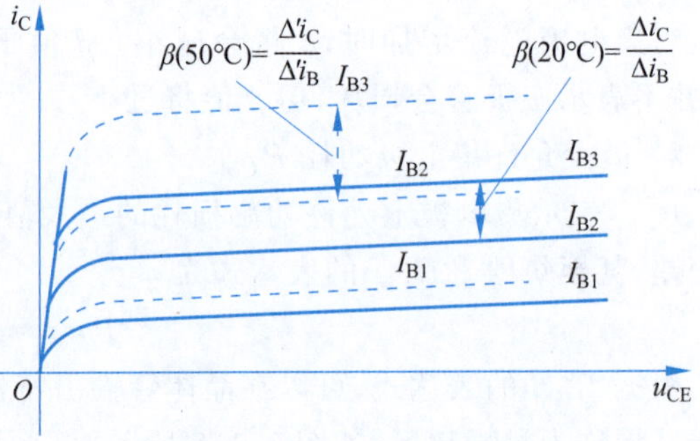　　图 3.1.10　温度对晶体管输出特性的影响

3.1.7　晶体管的命名方法

国产晶体管型号的命名方法与二极管器件型号一样，也是由五部分组成，如图 3.1.11 所示。

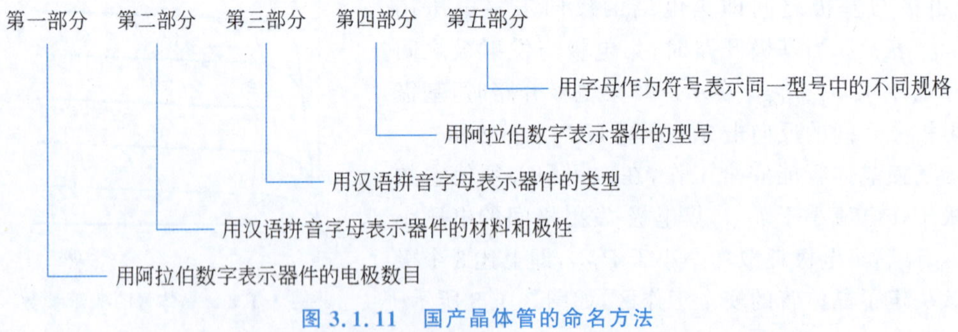

图 3.1.11　国产晶体管的命名方法

第一部分：用阿拉伯数字表示器件的电极数目，数字 3 表示晶体管，因为晶体管有三个电极。

第二部分：用汉语拼音字母表示器件的材料，A 表示 PNP 型锗材料，B 表示 NPN 型锗材料，C 表示 PNP 型硅材料，D 表示 NPN 型硅材料。

第三部分：用汉语拼音字母表示器件的种类，如 X 表示低频小功率管，A 表示高频大功率管，G 表示高频小功率管，D 表示低频大功率管。

第四部分：用阿拉伯数字表示器件的型号，依据型号可以根据半导体手册查出对应型号晶体管的特性参数。

第五部分：用字母作为符号表示同一型号中的不同规格。

美国产晶体管命名方法与二极管一样，器件型号也是由3部分组成，第一部分用数字2表示半导体器件内部有两个PN结，其他两部分与二极管的相同，如晶体管2N5551等。

晶体管3DG100的主要特性如表3.1.1所示。晶体管2N5551的主要特性如表3.1.2所示。

表 3.1.1　晶体管 3DG100 主要特性

型号	极限参数				直流参数				交流参数	β 色标分档
	P_{CM}/mW	I_{CM}/mA	$U_{(BR)CEO}$/V	$U_{(BR)CBO}$/V	I_{CBO}/A	I_{CEO}/μA	I_{EBO}/μA	β	f_T/MHz	
3DG100A	100	0	≥20	≥30	≤0.01	≤0.01	≤0.01	≥30	≥150	红：30～60； 绿：50～110； 蓝：90～160； 白：>150
3DG100B	100	0	≥30	≥40	≤0.01	≤0.01	≤0.01	≥30	≥150	
3DG100C	100	0	≥20	≥30	≤0.01	≤0.01	≤0.01	≥30	≥300	
3DG100D	100	0	≥30	≥40	≤0.01	≤0.01	≤0.01	≥30	≥300	
3DG201	100	0	≥30	≥30	≤0.01	≤0.01	≤0.01	≥55	≥100	
测试条件			I_C=100mA	I_C=100mA	U_{CB}=10V	U_{CE}=10V	U_{EB}=1.5V	U_{CE}=10V I_C=3mA	U_{CB}=10V I_C=3mA f=100MHz R_L=5Ω	

表 3.1.2　晶体管 2N5551 主要特性

符号	参数	测试条件	最小值	最大值	单位
反向电压和电流特性					
$U_{(BR)CEO}$	集电极-发射极反向击穿电压	I_C=100mA, I_B=0	160		V
$U_{(BR)CBO}$	集电极-基极反向击穿电压	I_C=100μA, I_E=0	180		V
$U_{(BR)EBO}$	发射极-基极反向击穿电压	I_E=10μA, I_C=0	6.0		V
I_{CBO}	集电结反向饱和电流	U_{CB}=120V, I_E=0		50	nV
		U_{CB}=120V, I_E=0 T_A=100℃		50	μA
I_{EBO}	发射结反向饱和电流	U_{CB}=120V, I_E=0		50	nA
正常放大特征					
β	直流电流增益	I_C=1mA, U_{CE}=5.0V	80		
		I_C=10mA, U_{CE}=5.0V	80	250	
		I_C=50mA, U_{CE}=5.0V	30		

注：除非其他说明，测试温度 T_A=25℃。

例 3.1.1　测得某放大电路中处于放大状态的晶体管的3个电极对地电位分别为3.5V、2.8V、5V，试判别此管的3个电极，并说明此晶体管是NPN型管还是PNP型管。

解：当晶体管处于放大状态时，必定满足发射结正偏导通，集电结反偏截止，因此3个电极的电位大小对NPN型管为 $U_C>U_B>U_E$，对PNP型管为 $U_C<U_B<U_E$，中间电位者必为基极B，故3.5V对应基极B。由3.5V−2.8V=0.7V可知，2.8V对应发射极E，则5V对应集电极C，为NPN管。

例 3.1.2　在一个单管放大电路中，电源电压为30V，已知3只管子的参数如表3.1.3所示，请选用一只管子，并简述理由。

解：虽然 T_1 管 I_{CBO} 最小，即温度稳定性好，但β很小，放大能力差，所以不宜选用。虽然 T_3 管 I_{CBO} 较小且β较大，但因晶体管的工作电源电压为30V，而 T_3 的 U_{CEO} 仅为20V，工作

过程中有可能使 T_3 击穿,所以不能选用。虽然 T_2 管 I_{CBO} 最大,但 β 较大,且 U_{CEO} 大于电源电压,所以 T_2 最合适。

表 3.1.3 例 3.1.2 的晶体管参数表

晶 体 管	T_1	T_2	T_3
$I_{CBO}/\mu A$	0.01	0.1	0.05
U_{CEO}/V	50	50	20
β	15	100	100

讨论:

(1) 为使晶体管工作在放大状态,两个 PN 结各应处于何种偏置?

(2) 试列表比较晶体管放大、饱和、截止工作时的偏置方式和工作特点。

(3) 与 NPN 管相比,PNP 管在结构、符号、电路接法和特性等方面有何异同?

(4) 能否将晶体管的发射极 E、集电极 C 交换使用?为什么?

(5) 如何用一台电阻表(模拟型)判断晶体管的 3 个电极 E、B、C?

(6) 现已测得某电路中 4 只硅材料 NPN 型晶体管 3 个极的对地电位如表 3.1.4 所示,各晶体管 b-e 间开启电压 U_T 均为 0.5V。试分别说明各管子的工作状态。

表 3.1.4 4 只晶体管电极对地电位

晶 体 管	T_1	T_2	T_3	T_4
基极对地电位 U_B/V	-0.7	-1	1	0
发射极对地电位 U_E/V	0	-0.3	1.7	0
集电极对地电位 U_C/V	-5	-0.7	0	15
工作状态				

(7) 用几个参数可以确定晶体管的安全工作区?

(8) 温度变化时,会影响晶体管的哪些参数?

3.2 晶体管放大电路的工作原理及基本分析方法

基本放大电路一般是指由一个晶体三极管与相应元件组成的放大电路。该电路将直流电源提供的能量经过三极管的控制得到输出信号,将能量提供给负载,在输出端得到无失真的输出信号。本节先以共射极放大电路为例介绍晶体管放大电路的组成、工作原理及基本的静态及动态分析方法。

3.2.1 放大电路的工作原理

1. 放大电路的基本组成

本节将以 NPN 管组成的共射组态放大电路为例,说明放大电路的基本组成。图 3.2.1 是典型的共射组态放大电路,电路中各器件的作用如下。

晶体管 T_1 是核心元件,起电流放大作用。直流电压源 V_{CC}、通过基极电阻 R_B、晶体管发射结到参考地构成输入直流回路,给晶体管发射结提供合适正向

视频 11
基本共射极
放大电路

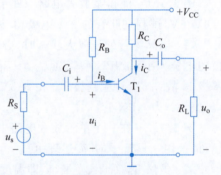

图 3.2.1 典型的共射组态放大电路

偏置电压,并使晶体管工作在线性区。直流电压源 V_{CC} 经过晶体管的集电结、发射结分后到达参考地,构成输出直流输出回路,给集电结提供反向偏压同时为负载提供能量;另外负载电阻 R_L 和集电极电阻 R_C 将变化的集电极电流转换为变化的电压输出。输入耦合电容 C_i 保证信号加到发射结,不影响发射结偏置。输出耦合电容 C_o 保证信号输送负载,不影响集电结偏置。

2. 静态和动态

图 3.2.1 中的输入信号 u_s 为正弦信号。在晶体管放大电路中是交流、直流电量共存,交流信号叠加在直流电量上。分析或设计晶体管的放大电路时,先确定直流电量,后分析交流性能。

静态是输入信号 $u_s=0$ 时,放大电路的工作状态,也称直流工作状态。放大电路中的电压、电流都是直流量。晶体管各电极的直流电流及各电极间的直流电压分别用 I_B、I_C、U_{BE}、U_{CE} 表示,这些电流、电压的数值可用晶体管输入、输出特性曲线上的一个确定的点(静态工作点 Q)表示,因此常将上述 4 个直流电量写成 I_{BQ}、I_{CQ}、U_{BEQ}、U_{CEQ}。

动态是输入信号 $u_s \neq 0$ 时,放大电路的工作状态,也称交流工作状态。

放大电路建立正确的静态,是保证动态工作的前提。由 Q 点位置可以很直观地看出静态点是否位于放大区,并能看出不失真放大信号时的动态范围大不大,因此确定合适的 Q 点很重要,应该将 Q 点设置于放大区,并有足够大的动态范围。

分析放大电路必须要正确地区分静态和动态,正确地区分直流通道和交流通道。

直流通路是指放大电路中能通过直流信号的通路。直流通路的画法如下:

(1) 将放大电路中的耦合电容和旁路电容开路;

(2) 令所有的交流信号源为 0。

图 3.2.2 为如图 3.2.1 所示电路的直流通路。

交流通路是指放大电路中能通过交流信号的通路。交流通路的画法如下:

(1) 因 C_i、C_o 足够大,其上的交流压降近似为零,故将放大电路中电容视作短路。

(2) 对交流信号,电路中内阻很小的直流电压源可视为短路;内阻很大的电流源可视为开路。

图 3.2.3 为如图 3.2.1 所示电路的交流通路。

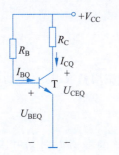

图 3.2.2 图 3.2.1 所示电路的直流通路

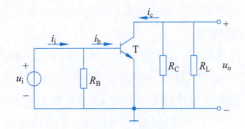

图 3.2.3 图 3.2.1 所示电路的交流通路(令 $R_s=0$)

3. 放大原理

图 3.2.1 中输入正弦信号 $u_i(u_i=u_s$,令 $R_s=0)$ 后,电路处于动态工作状态。晶体管各极的电流及电压都将在直流分量基础上叠加交流分量,放大电路中的信号既有直流又有交流。

放大电路中各信号波形及其相互关系如图 3.2.4 所示。显然图中只有输入 u_i 和输出 u_o 是交流信号,其他信号都是交直流混合信号。

在图 3.2.4 中,各直流分量含义如下:

U_{BEQ} 表示发射结的直流电压;

I_{BQ} 表示基极的直流电流;

I_{CQ} 表示集电极的直流电流。

交流分量含义如下:

u_i 表示输入端加在发射结的交流电压;

i_b 表示基极的交流电流;

i_c 表示集电极的交流电流。

交直流分量含义如下:

u_{BE} 表示发射结交直流电压;

i_B 表示基极交直流电流;

i_C 表示集电极交直流电流。

在本书中,大写字母、大写下标表示直流分量,如 I_B 表示直流电流;小写字母、小写下标表示交流分量,如 i_b 表示交流电流;小写字母、大写下标表示交直流混合分量,如 i_B 表示交直流电流。

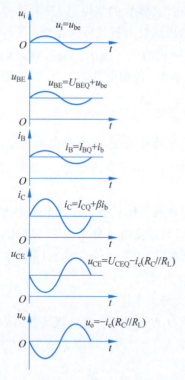

图 3.2.4　共射组态基本放大电路工作波形

> **讨论:**
>
> (1) 为什么要设置静态工作点?
>
> (2) 何谓直流通路和交流通路?直流通路和交流通路有何用途?画直流通路、交流通路的要点是什么?
>
> (3) 在如图 3.2.1 所示的电路中,若分别出现下列故障,则电路还能正常放大吗?简述理由。
>
> A. R_B 短路　　　　B. R_B 开路　　　　C. R_C 短路
>
> D. R_C 开路　　　　E. C_i 短路　　　　F. V_{CC} 接反

3.2.2　放大电路的静态分析方法

下面介绍工程分析过程中常用的解析法和图解法。

1. 解析法

分析过程中,已知发射结导通压降 U_{BEQ} 和共射组态的电流增益 β,其中小功率硅管一般取 $U_{BEQ} \approx 0.7\text{V}$,锗管一般取 $U_{BEQ} \approx 0.3\text{V}$。

计算放大电路静态工作点 Q 的步骤如下:

(1) 画放大电路的直流通路,在直流通路图中标出各电流的参考方向和电压参考方向。通常发射极、基极、集电极的电流的参考方向与其直流电流实际的方向一致。

(2) 根据输入回路和输出回路列写输入回路和输出回路电压方程,同时利用晶体管的电流增益关系,解方程得到静态工作点 $Q(I_{BQ}, I_{CQ}, U_{CEQ})$。

放大电路的直流通路如图 3.2.5(b)所示。根据输入回路列写输入回路电压方程为

$$I_{BQ}R_B + U_{BEQ} = V_{CC} \tag{3.2.1}$$

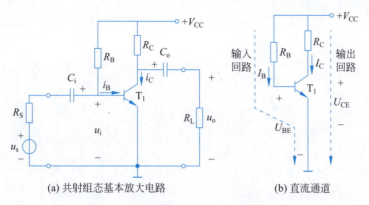

(a) 共射组态基本放大电路　　　　(b) 直流通道

图 3.2.5　共射组态放大电路及直流通道

解方程得基极静态电流为

$$I_{BQ} = \frac{V_{CC} - U_{BEQ}}{R_B} \tag{3.2.2}$$

其中，硅管取 $U_{BEQ} \approx 0.7\text{V}$，锗管 $U_{BEQ} \approx 0.3\text{V}$。

$$I_{CQ} = \beta I_{BQ} \tag{3.2.3}$$

根据输出回路，计算 U_{CEQ} 为

$$U_{CEQ} = V_{CC} - I_{CQ} R_C \tag{3.2.4}$$

2. 图解法

图解法就是在晶体管的特性曲线坐标系中通过作图的方法，求解静态工作点 $Q(I_{BQ}$、I_{CQ}、U_{BEQ}、$U_{CEQ})$图解法分析计算静态工作点的步骤如下：

(1) 画放大电路的直流通路，根据输入回路写出输入回路电压方程 $U_{BE} = V_{CC} - I_B R_B$，由此方程可作出一条斜率为 $-\frac{1}{R_B}$ 的直线，称其为输入直流负载线。在输入特性曲线坐标系中，绘制输入直流负载线与输入特性曲线 $i_B = f(u_{BE})$ 的交点就是所求的静态工作点 Q，其坐标值 I_{BQ} 和 U_{BEQ}，如图 3.2.6(a) 所示。

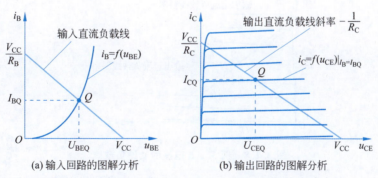

(a) 输入回路的图解分析　　　　(b) 输出回路的图解分析

图 3.2.6　图 3.2.5 共射组态放大电路静态图解分析

(2) 根据输出回路列写输出回路电压方程 $U_{CE} = V_{CC} - I_C R_C$，由此方程可作出一条斜率为 $-1/R_C$ 的直线，称其为输出直流负载线。在输出特性曲线坐标系中，绘制输出直流负载线与输出特性曲线 $i_C = f(u_{CE})$ 的交点，其坐标值 I_{CQ} 和 U_{CEQ}，如图 3.2.6(b) 所示。

3.2.3　放大电路的动态分析方法一：图解法

1. 交流负载线

在图 3.2.7(a) 中，晶体管的 C、E 间电压 u_{CE} 为

视频 12
BJT 的图解分析法

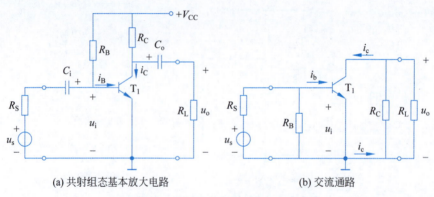

(a) 共射组态基本放大电路　　　　(b) 交流通路

图 3.2.7　共射组态放大电路及交流通路

$$u_{CE} = U_{CEQ} + u_{ce} \tag{3.2.5}$$

其中，U_{CEQ} 是 u_{CE} 中的直流分量，u_{ce} 是 u_{CE} 中的交流分量。由图 3.2.7(b) 可知，$u_{ce} = -i_c(R_C // R_L) = -i_c R'_L$，其中，$R'_L = R_C // R_L$。

将 $U_{CEQ} = V_{CC} - I_{CQ} R_C$，$u_{ce} = -i_c R'_L$ 表达式代入式(3.2.5)，得

$$u_{CE} = (V_{CC} - I_{CQ} R_C) - i_c R'_L \tag{3.2.6}$$

集电极电流 i_c 为

$$i_c = i_C - I_{CQ} \tag{3.2.7}$$

将 $i_c = i_C - I_{CQ}$ 代入式(3.2.6)，得

$$u_{CE} = (V_{CC} - I_{CQ} R_C) - (i_C - I_{CQ}) R'_L \tag{3.2.8}$$

式(3.2.8)经过变换，得

$$i_C = I_{CQ} - \frac{1}{R'_L}(V_{CC} - I_{CQ} R_C) - \frac{1}{R'_L} u_{CE} \tag{3.2.9}$$

在输出特性曲线坐标系中，根据式(3.2.9)绘制的 i_C 与 u_{CE} 关系曲线就是输出交流负载线，如图 3.2.8 所示，其斜率为 $-1/R'_L$。

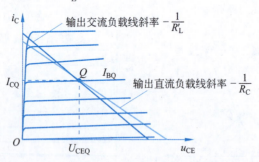

图 3.2.8　图 3.2.5 电路的交流负载线

因为 $R'_L < R_L$，直流负载线的斜率是 $-1/R_C$，交流负载线的斜率是 $-1/R'_L$，所以交流负载线要比直流负载线陡一些。另外，根据式(3.2.8)，当 $i_C = I_{CQ}$ 时，$u_{CE} = (V_{CC} - I_{CQ} R_C) - (i_C - I_{CQ}) R'_L = U_{CEQ}$，这说明交流负载线与直流负载线有交点，交点就是静态工作点 $Q(I_{CQ}、U_{CEQ})$。

2. 图解法分析步骤

下面通过例题详细说明放大电路图解法的分析过程。

例 3.2.1　共射组态基本放大电路如图 3.2.9(a)所示，电路中晶体管输入特性曲线和输出特性曲线如图 3.2.9(b)、(c)所示。请用图解法分析最大输出电压、电压增益。

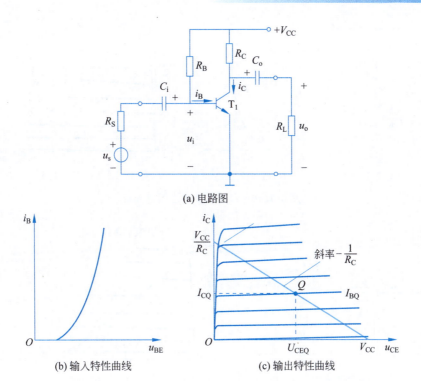

图 3.2.9　例 3.2.1 电路图及图中晶体管输入/输出特性曲线

解：

(1) 根据图 3.2.9(a)所示放大电路画其直流通路，如图 3.2.10(a)所示，根据输入回路和输出回路分别列写输入回路电压方程和输出回路电压方程，根据方程绘制输入直流负载线和输出直流负载线，求出静态工作点 Q 的 I_{BQ}、I_{CQ}、U_{BEQ}、U_{CEQ}。如图 3.2.10(b)和(c)所示，其过程同 3.2.4 节，此处不再赘述。

(2) 根据如图 3.2.9(a)所示放大电路画其交流通路，如图 3.2.11(a)所示，求交流负载电阻 $R'_L = R_C // R_L$，经过 Q 点画斜率 $-1/R'_L$ 的交流负载线，如图 3.2.11(b)所示。

(3) 在输入特性曲线坐标系中，如图 3.2.12(a)所示，以静态工作点 Q 为参考点，根据输入 u_i 随时间变化的波形画出相应的基极电流 i_b 随时间变化的波形，根据 u_i 的峰值 U_{im} 画出相应的基极电流峰值 I_{bm}；根据 i_b 的动态范围确定 i_B 的最大值 I_{B1} 和最小值 I_{B2}。

(4) 在输出特性曲线坐标系中，如图 3.2.12(b)所示，参数值 I_{B1} 和 I_{B2} 对应的两条输出特性曲线与交流负载线均有交点，这两个交点的纵轴坐标范围就是集电极电流 i_C 的动态范围，两个交点的横轴坐标范围就是 u_{CE} 的动态范围。根据 i_C 和 u_{CE} 的动态范围画出 i_c 的波形和 u_{ce} 的波形，确定 i_c 的 I_{cm} 幅度峰值和 u_o 的幅度峰值 U_{om}。在确保交流信号在放大区范围内（即未进入截止区和饱和区）的情况下，确定允许输出电压的正向峰值 U_{om1} 和负向峰值 U_{om2}。无明显饱和及截止失真电压峰值 $U_{om} = \min(U_{om1}, U_{om2})$。

(5) 根据图 3.2.12(b)确定的输出电压最大值 U_{om} 和如图 3.2.12(a)所示的输入电压最大值 U_{im}，计算电压增益为 $A_u = \dfrac{U_{om}}{U_{im}}$。

3. 放大电路的失真

由对图 3.2.12 的分析可知，要使放大电路能够不失真地放大输入信号，则必须设置合适的静态工作点 Q。为保证在交流信号的整个周期内，晶体管都处于放大区域内，不进入饱和区和截止区，静态工作点 Q 的选择应满足下列条件：

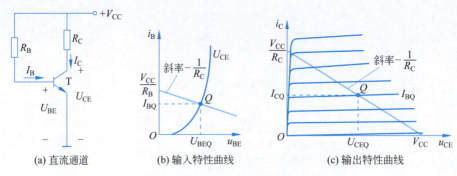

图 3.2.10 例 3.2.1 静态图解分析

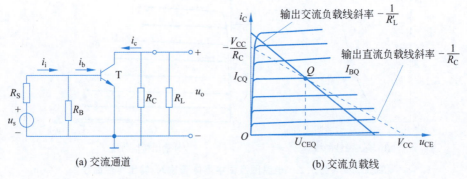

图 3.2.11 例 3.2.1 交流通道及交流负载线

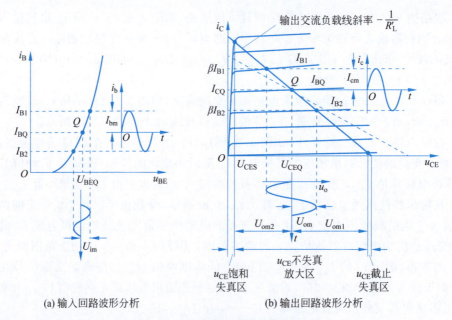

图 3.2.12 动态工作情况图解分析

$$U_{CEQ} > U_{om} + U_{CES}$$

及 $I_{CQ} > I_{cm} + I_{CEO}$。其中,$I_{CEO}$ 是晶体管的穿透电流,U_{CES} 是晶体管的饱和压降,对于小功率管,$U_{CES} \approx 0.3 \text{V}$。

如图 3.2.13(b) 所示,当静态工作点 Q 设置过高时,用 Q_1 表示,此时放大电路的工作点达到了晶体管的饱和区而引起的饱和失真,u_o 底部产生失真,称为削底;i_c 的顶部产生失真,称为顶部失真,称为削顶。

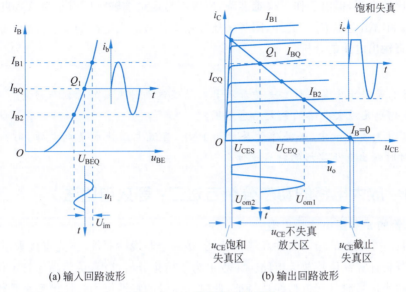

(a) 输入回路波形 (b) 输出回路波形

图 3.2.13　饱和失真的波形

如图 3.2.14(b) 所示,当静态工作点 Q 设置过低时,用 Q_2 表示,此时放大电路的工作点达到了晶体管截止区而引起的截止失真,输出电压 u_o 顶部产生失真,称为削顶;输出电流 i_c 的底部产生失真,称为削底。

饱和失真和截止失真称为非线性失真,都是因为放大电路的工作点设置不合适,进入了晶体管的非线性区而引起的失真。对于 PNP 管,由于是负电源供电,失真的表现形式与 NPN 管正好相反。

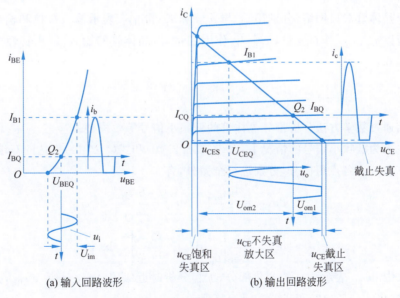

(a) 输入回路波形 (b) 输出回路波形

图 3.2.14　截止失真的波形

为了减小或避免晶体管放大电路的非线性失真,必须合理地设置其静态工作点 Q。当输入信号 u_i 较大时,应把 Q 点设置在输出交流负载线的中点,这时可得到输出电压的最大动态范围。当 u_i 较小时,为了降低电路的功率损耗,在不产生截止失真和保证一定的电压增益的前提下,可把 Q 点选得低一些。

图解法比较直观,但由于作图很难准确,所以不易定量求解电压增益为 A_u,也不便于计算输入电阻 R_i 和输出电阻 R_o。此外,图解法还适用大信号放大电路的动态分析,如功率放大电路最大不失真输出电压的分析。

> 讨论:
> （1）什么是截止失真？什么是饱和失真？简述这两种失真的原因与对策。
> （2）如何确定放大电路的最大动态范围？
> （3）在图 3.2.9(a)中,若晶体管替换为 PNP,直流电压换成负电源,则饱和失真和截止失真时时输出电压波形的特点是什么？

视频 13
BJT 的小信号模型分析法

3.2.4 放大电路的动态分析方法二：等效电路法

1. 晶体管的 h 参数小信号模型

晶体管具有非线性的输入特性和输出特性,是一个非线性器件,不能直接采用线性电路的分析方法来分析计算晶体管放大电路。工程上为了简化分析过程,认为晶体管工作在放大区,且信号为低频小信号时具有近似线性特征,此时晶体管的特性可用线性模型来替代,低频表示可以不考虑晶体管结电容对放大电路性能的影响。这时可以用一个线性化的小信号模型代替晶体管,从而将晶体管放大电路当作线性电路来分析。低频小信号模型也称为微变信号模型、混合(hybrid)参数模型,或直接称为 h 参数模型。晶体管中参数模型是分析低频小信号放大电路性能的重要工具。

1）晶体管的 h 参数小信号模型

晶体管的 3 个电极在电路中可连接成一个二端口网络。共射基本放大电路可看成一个双端口网络。

对于晶体管双口网络,分别用 i_B 与 u_{BE} 和 i_C 和 u_{CE} 表示输入端口和输出端口的电压及电流。若以 i_B、u_{CE} 作自变量,u_{BE}、i_C 作因变量,由晶体管的输入、输出特性曲线可写出以下两个方程式：

$$u_{BE} = f_1(i_B, u_{CE}) \tag{3.2.10}$$

$$i_C = f_2(i_B, u_{CE}) \tag{3.2.11}$$

下面通过数学方法分析推导晶体管的低频小信号等效模型。

在输入为低频小信号的情况下,对于式(3.2.10)和式(3.2.11)表达的双端口特性函数,认为其在 (i_B, u_{CE}) 各点可微分,分别进行全微分,有

$$\mathrm{d}u_{BE} = \frac{\partial u_{BE}}{\partial i_B}\bigg|_{U_{CE}} \mathrm{d}i_B + \frac{\partial u_{BE}}{\partial u_{CE}}\bigg|_{I_B} \mathrm{d}u_{CE} \tag{3.2.12}$$

$$\mathrm{d}i_C = \frac{\partial i_C}{\partial i_B}\bigg|_{U_{CE}} \mathrm{d}i_B + \frac{\partial i_C}{\partial u_{CE}}\bigg|_{I_B} \mathrm{d}u_{CE} \tag{3.2.13}$$

上式中 $\mathrm{d}u_{BE}$ 表示 u_{BE} 的变化部分,工程分析时近似用 Δu_{BE} 表示 $\mathrm{d}u_{BE}$,其他的微分变量同理,这样将式(3.2.12)和式(3.2.13)整理为

$$\Delta u_{BE} = \frac{\Delta u_{BE}}{\Delta i_B}\bigg|_{U_{CE}} \Delta i_B + \frac{\Delta u_{BE}}{\Delta u_{CE}}\bigg|_{I_B} \Delta u_{CE} \tag{3.2.14}$$

$$\Delta i_C = \frac{\Delta i_C}{\Delta i_B}\bigg|_{U_{CE}} \Delta i_B + \left|\frac{\Delta i_C}{\Delta u_{CE}}\right|_{I_B} \Delta u_{CE} \tag{3.2.15}$$

定义式(3.2.14)和式(3.2.15)中 4 个 h 参数的物理含义如下：

$$h_{ie} = \frac{\Delta u_{BE}}{\Delta i_B}\bigg|_{U_{CE}}$$ ，h_{ie} 表示晶体管在共射组态时的输入电阻或动态（交流）电阻，也常表示为 r_{be}；

$$h_{re} = \frac{\Delta u_{BE}}{\Delta u_{CE}}\bigg|_{I_B}$$ ，h_{re} 表示晶体管在共射组态时的反向电压传输系数，也称电压反馈系数，也常表示为 μ_T；

$$h_{fe} = \frac{\Delta i_C}{\Delta i_B}\bigg|_{U_{CE}}$$ ，h_{fe} 表示晶体管共射组态电流增益，即 β；

$$h_{oe} = \frac{\Delta i_C}{\Delta u_{CE}}\bigg|_{I_B}$$ ，h_{oe} 表示晶体管 CE 组态时的输出电导，也常表示为 $\frac{1}{r_{ce}}$，r_{ce} 称为输出电阻。

h_{ie}、h_{re}、h_{fe} 和 h_{oe} 统称为共射组态晶体管的 h 参数，由于 4 个 h 参数具有不同的量纲，所以称为混合（hybrid）参数。参数中下方的"e"表示共射组态晶体管的 h 参数。

需要特别说明，由于共射组态 h 参数是根据晶体管特性曲线分析整理的结果，无论什么组态，其特性曲线是晶体管固有的、不会改变的，所以由此得到的共射组态 h 参数可以用来分析所有组态的晶体管的放大电路。

对于低频小信号放大电路，若输入为低频小幅值的正弦波信号，式(3.2.14)和式(3.2.15)中各变量的微变量可以用其交流瞬时变量替代，如用 u_{be} 表示 Δu_{BE}，则式(3.2.14)和式(3.2.15)可整理为

$$u_{be} = h_{ie} i_b + h_{re} u_{ce} \tag{3.2.16}$$

$$i_c = h_{fe} i_b + h_{oe} u_{ce} \tag{3.2.17}$$

上式中输入电压 u_{be} 和输出电流 i_c 与 i_b、u_{ce} 的函数关系用电路符号描述时如图 3.2.15(b) 所示，称其为共射组态晶体管的 h 参数等效电路，或称其为 h 参数小信号模型。

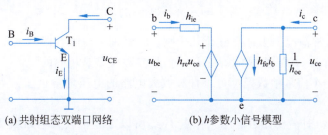

(a) 共射组态双端口网络　　(b) h 参数小信号模型

图 3.2.15　晶体管共射组态双口网络及 h 参数小信号模型

2) h 参数小信号模型的简化

通常情况下，反向传输系数 h_{re} 非常小，一般小于 10^{-4}，工程分析时可忽略，近似认为是 0；图 3.2.15 中 $h_{oe} = \frac{1}{r_{ce}}$，若输出电阻 r_{ce} 为无穷大，则可视为开路，实际的电阻 r_{ce} 一般在几百千欧以上，工程分析时也常忽略不计，视其为开路。这样图 3.2.15(b) 中的参数简化模型如图 3.2.16 所示。在晶体管放大电路分析过程中经常要用到这个模型。

3) h 参数值的确定

h 参数小信号简化模型中只有两个参数，一个是输入电阻 h_{ie}（即 r_{be}）；另一个参数是共射电流 h_{fe}（即 β），对于确定型号的晶体管，其电流增益是常数 β。

下面对输入电阻 r_{be} 进行分析。

晶体管内部结构模型如图 3.2.17 所示，在低频小信号情况下，忽略晶体管发射结 $C_{b'e}$ 和

集电结的结电容 $C_{b'c'}$。

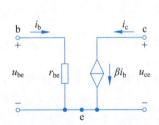
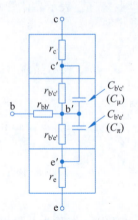

图 3.2.16　晶体管 h 小信号参数简化模型　　图 3.2.17　晶体管内部结构模型

图 3.2.17 中各参数的含义如下：
- $r_{bb'}$ 是基区体电阻，对于小功率的晶体管，约为几十欧至几百欧；
- r_e 是发射区体电阻，仅为几欧甚至更小，通常忽略不计；
- $r_{b'e'}$ 是发射结正向电阻。

当用晶体管的 h 参数小信号模型替代放大电路中的晶体管，对电路进行交流分析时，必须首先求出晶体管在静态工作点 Q 处的 h 参数值。h 参数值可以从晶体管的特性曲线上求得，也可用 h 参数测试仪或晶体管特性图示仪测得。此外，r_{be} 可由下面的表达式求得

$$r_{be} = r_{bb'} + (1+\beta) r_{b'e'} \tag{3.2.18}$$

根据 PN 结电流方程，可以推导出 $r_{b'e'} = U_T / I_{EQ}$，在常温 $T = 300K$ 时，$U_T \approx 26\mathrm{mV}$，所以常温下，式（3.2.18）可写成

$$r_{be} = r_{bb'} + (1+\beta) \frac{U_T}{I_{EQ}} \tag{3.2.19}$$

r_{be} 一般比较小，通常情况下为几百欧至几千欧。显然输入电阻与静态工作点 I_{EQ} 有关。

PNP 型晶体管与 NPN 型晶体管的 h 小信号参数模型是相同的。

利用晶体管 h 小信号参数模型可以计算放大电路的电压增益 A_u、输入电阻 R_i 和输出电阻 R_o。

由于在计算 r_{be} 时需要知道静态工作点 I_{EQ}，所以在分析放大电路增益、输入和输出电阻等参数时，首先需要计算放大电路的静态工作点 I_{EQ}，之后的分析步骤如下：

(1) 画放大电路的交流通路；

(2) 将交流通路中的晶体管用 h 小信号参数模型取代，得到放大电路的低频小信号等效电路图；

(3) 标出等效电路图中电压、电流关联参考方向，进行交流分析。

需要特别说明的是，晶体管是电流控制元件，集电极电流 $i_c = \beta i_b$，受控电流源和控制电流的方向是有关联的，在放大电路的低频小信号等效电路图中标识集电极电流 i_c 和基极电流 i_b 的参考方向时，一定要注意二者的关联关系。在如图 3.2.16 所示的晶体管 h 参数模型中，图中标出的 i_c 和 i_b 的参考方向是二者的瞬时关联参考方向，适用于任何晶体管放大电路组态和任何晶体管类型的放大电路的性能分析。

2. 微变等效电路的分析步骤

(1) 分析静态工作点，确定其是否合适，如不合适应进行调整；

(2) 画出放大电路的低频小信号等效电路，并根据式(3.2.19)求出 r_{be}；

(3) 根据要求求解动态参数 A_u、R_i 和 R_o。

综上所述，对于放大电路的分析应遵循"先静态，后动态"的原则，静态分析时应利用直流通路，动态分析时应利用交流通路或交流等效电路。只有在静态工作点合适的情况下，动态分析才有意义。图解法形象直观，适于对 Q 点的分析和失真的判断；等效电路法简单，适于动态参数的估算。

例 3.2.2 在图 3.2.18(a)所示电路中，$V_{CC}=15V$，$R_B=750k\Omega$，$R_C=3k\Omega$，$R_L=3k\Omega$，$R_S=1k\Omega$，晶体管的 $\beta=150$，$r_{bb'}=200\Omega$，设电容 C_1、C_2 足够大。试求：

(1) 静态工作点 Q；

(2) R_i、R_o 和 A_u。

解： 如图 3.2.18(a)所示电路的直流通路、交流通路和低频小信号等效电路如图 3.2.18(b)～(d)所示。

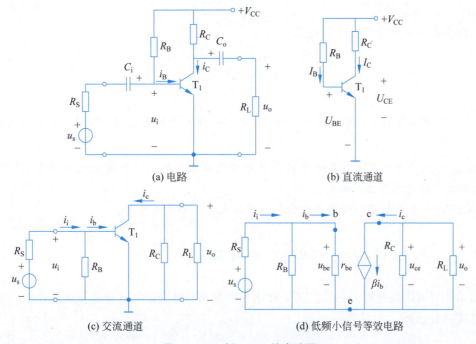

图 3.2.18 例 3.2.2 的电路图

(1) 计算静态工作点 Q。

根据图 3.2.18(b)，由基极输入回路可得
$$I_{BQ}R_B + U_{BEQ} = V_{CC}$$

基极静态电流为
$$I_{BQ} = \frac{V_{CC} - U_{BEQ}}{R_B} \approx \frac{V_{CC}}{R_B} = \frac{15V}{750k\Omega} = 0.02mA$$

根据集电极电流和基极电流的控制关系，可得
$$I_{CQ} = \beta I_{BQ} = 150 \times 0.02mA = 3mA$$

由集电极输出回路，可得
$$U_{CEQ} = V_{CC} - I_{CQ}R_C = (15 - 3 \times 3)V = 6V$$

(2) 求 R_i、R_o 和 A_u。

根据式(3.2.19)先求出 r_{be} 为

$$I_{EQ} \approx I_{CQ} = 3\text{mA}$$

$$r_{be} = r_{bb'} + (1+\beta)\frac{U_T}{I_{EQ}} \approx 200 + (1+150) \times \frac{26}{3} = 1.5\text{k}\Omega$$

根据图 3.2.18(d)，可知输入电压为

$$u_i = i_b r_{be}$$

输出电压为

$$u_o = -i_c(R_C /\!/ R_L) = -\beta i_b(R_C /\!/ R_L)$$

根据放大电路电压增益的定义，

$$A_u = \frac{u_o}{u_i} = \frac{-i_c(R_C /\!/ R_L)}{i_b r_{be}} = \frac{-\beta R'_L}{r_{be}} = -150 \times \frac{3 /\!/ 3}{1.5} \approx -150$$

式中，$R'_L = R_C /\!/ R_L$。

根据输入电阻和输出电阻的定义

$$R_i = R_B /\!/ r_{be} \approx 1.5\text{k}\Omega$$

$$R_o = R_C = 3\text{k}\Omega$$

> **讨论：**
> (1) 如何求得晶体管小信号模型中 r_{be} 和 β？若用万用表的"Ω"挡测量 b、e 两极的电阻，是否为 r_{be}？
> (2) 什么情况下可采用晶体管的小信号模型分析电路？这种模型适用于 PNP 管吗？画出晶体管的简化小信号模型。
> (3) 简述采用小信号模型法分析晶体管放大电路的基本步骤。

3.3 晶体管放大电路的3种接法

由晶体管可构成共射、共集、共基3种基本组态放大电路。下面分别对这几种组态放大电路的性能进行分析。

3.3.1 共射组态放大电路

1. 电路的组成

视频 14
共射极放大电路

由 NPN 型晶体管构成的共射组态放大电路如图 3.3.1 所示。待放大的输入信号源接到电路的输入端 1-1'，通过电容 C_1 与放大电路相耦合，放大后的输出信号通过电容 C_2 的耦合，输送到负载 R_L，C_1、C_2 起到耦合交流、隔断直流的作用，为了使交流信号顺利通过，要求它们在输入信号频率下的容抗很小，常采用有极性的电解电容器，这样，对于交流信号，C_1、C_2 可视为短路。

直流电源 V_{CC} 通过 R_{B1}、R_{B2}、R_C、R_E 使晶体管获得合适的偏置，为晶体管的放大作用提供必要的条件。R_{B1}、R_{B2} 称为基极偏置电阻，R_E 称为发射极电阻，R_C 称为集电极负载电阻。R_C 将晶体管集电极电流的变化转换成集电极电压的变化，从而实现信号的电压放大。与 R_E 并联的电容 C_E，称为发射极旁路电容，用以短路交流，使 R_E 对放大电路电压放大倍数不产生影响，故要求它对信号频率的容抗越小越好。因此，在低频放大电路中通常采用容量较大的电解电容器。

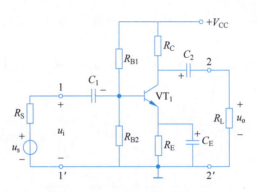

图 3.3.1　共射组态放大电路

2. 静态分析

将图 3.3.1 电路中所有电容均断开即可得到该放大电路的直流通路，如图 3.3.2 所示。由图 3.3.2 可见，晶体管的基极偏置电压是由直流电源 V_{CC} 经过 R_{B1}、R_{B2} 的分压而获得，所以图 3.3.2 电路又叫基极分压式射极偏置放大电路。当流过 R_{B1}、R_{B2} 的直流电流 I_1 远大于基极电流 I_{BQ} 时，可得到晶体管基极直流电压 U_{BQ} 为

$$U_{BQ} = \frac{R_{B2}}{R_{B1}+R_{B2}} V_{CC} \tag{3.3.1}$$

由于 $U_E = U_{BQ} - U_{BEQ}$，所以晶体管发射极直流电流为

$$I_{EQ} = \frac{U_B - U_{BEQ}}{R_E} \tag{3.3.2}$$

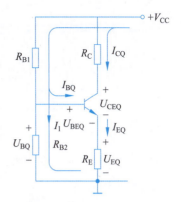

图 3.3.2　图 3.3.1 的直流通道

晶体管基极直流电流和集电极直流电流分别为

$$I_{CQ} \approx I_{EQ}, \quad I_{BQ} \approx \frac{I_{EQ}}{\beta} \tag{3.3.3}$$

晶体管 C、E 之间的直流电压为

$$U_{CEQ} = V_{CC} - I_{CQ}R_C - I_{EQ}R_E \approx V_{CC} - I_{CQ}(R_C + R_E) \tag{3.3.4}$$

式(3.3.1)~式(3.3.4)为放大电路静态工作点 Q 电流、电压的近似计算公式。

在实际应用中，环境温度的变化、直流电源电压的波动、元件参数的分散性及元件的老化等，都会造成晶体管的静态工作点 Q 的不稳定，影响放大电路的正常工作。在引起 Q 点不稳定的诸因素中，尤以环境温度变化的影响最大。温度上升时，晶体管的反向饱和电流 I_{CBO}、穿透电流 I_{CEO} 及电流放大系数 β 或 α 都会增大，而发射结正向压降 U_{BEQ} 会减小。这些参数随温度的升高，都会使放大电路中的集电极静态电流 I_{CQ} 增大，从而使 Q 点沿着交流负载线向上移动，这不但影响放大倍数等性能，严重时还会造成输出波形的失真，甚至使放大电路无法正常工作。基极分压式射极偏置放大电路可以较好地解决这一问题。

所以，当温度升高时，I_{CQ}（I_{EQ}）增大，使 U_{EQ}（即 R_E 上的电压）升高，导致 U_{BEQ}（因 U_{BQ} 基本不变）减小，I_{BQ} 随之减小，故 I_{CQ} 减小，达到自动稳定静态工作点 Q 的目的。当温度降低时，各电量向相反方向变化，Q 点也能稳定。这种利用 I_{CQ}（I_{EQ}）的变化，通过电阻 R_E 而实现负反馈控制作用的，称之为直流电流负反馈。

3. 动态分析

在如图 3.3.1 所示的电路中，由于 C_1、C_2、C_E 的容量均很大，对于交流信号可视为短路，

直流电源 V_{CC} 的内阻很小,对于交流信号可视为短路,这样即可得到如图 3.3.3(a)所示的交流通路。然后再用晶体管的 h 小信号参数模型替代图 3.3.3(a)中的晶体管,便得到放大电路的小信号等效电路,如图 3.3.3(b)所示。利用小信号等效电路求出其动态参数。

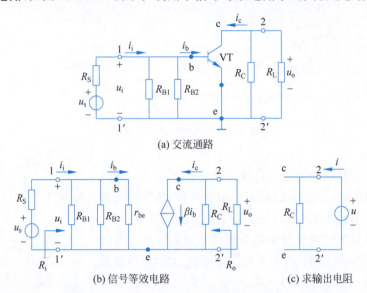

图 3.3.3 图 3.3.1 的低频小信号等效电路

1) 电压增益 A_u

先求晶体管的输入电阻。由式(3.2.19),得

$$r_{be} = r_{bb'} + (1+\beta)\frac{U_T}{I_{EQ}}$$

由图 3.3.3(b)可知,

$$u_i = i_b r_{be}$$

$$u_o = -i_c(R_L /\!/ R_C) = -\beta i_b R'_L$$

式中,$R'_L = R_L /\!/ R_C$。

根据电压增益的定义,

$$A_u = \frac{u_o}{u_i} = \frac{-\beta i_b R'_L}{i_b r_{be}} = \frac{-\beta R'_L}{r_{be}} \tag{3.3.5}$$

式中,负号表示共射组态放大电路的输出电压与输入电压相位相反,即输出电压滞后输入电压 180°。

2) 输入电阻 R_i

由图 3.3.3(b)可知,

$$R_i = \frac{u_i}{i_i} = \frac{u_i}{\dfrac{u_i}{R_{B1}} + \dfrac{u_i}{R_{B2}} + \dfrac{u_i}{r_{be}}} = \frac{1}{\dfrac{1}{R_{B1}} + \dfrac{1}{R_{B2}} + \dfrac{1}{r_{be}}} = R_{B1} /\!/ R_{B2} /\!/ r_{be} \tag{3.3.6}$$

3) 输出电阻 R_o

根据 1.3.2 节介绍的求输出电阻的方法,当 $u_s=0, i_b=0$,则 $\beta i_b=0$,负载开路 $R_L \to \infty$;然后输出接入信号源电压 u,如图 3.3.3(c)所示,可得 $i=u/R_C$,因此放大电路的输出电阻 R_o 为

$$R_o = \frac{u}{i} = R_C \tag{3.3.7}$$

例 3.3.1 已知如图 3.3.1 所示电路中的 $V_{CC}=15\text{V}$,$R_{B1}=62\text{k}\Omega$,$R_{B2}=20\text{k}\Omega$,$R_C=3\text{k}\Omega$,$R_E=1.5\text{k}\Omega$,$R_L=5.6\text{k}\Omega$,$R_S=1\text{k}\Omega$,晶体管的 $\beta=100$,$r_{bb'}=200\Omega$,$U_{BEQ}=0.7\text{V}$,设电容 C_1、C_2、C_E 足够大。试求:

(1) 静态工作点 Q;

(2) A_u、R_i、R_o 和源电压增益 A_{us};

(3) 如果 C_E 开路,画出此时放大电路的交流通路和小信号等效电路,并求此时放大电路的 A_u、R_i、R_o。

解: (1) 计算静态工作点 Q。

利用式(3.3.1)~式(3.3.4)计算静态工作点 Q,得

$$U_{BQ}=\frac{R_{B2}}{R_{B1}+R_{B2}}V_{CC}=\frac{20}{62+20}\times 15\text{V}\approx 3.7\text{V}$$

$$I_{CQ}\approx I_{EQ}=\frac{U_B-U_{BEQ}}{R_E}=\frac{(3.7-0.7)\text{V}}{1.5\text{k}\Omega}=2\text{mA}$$

$$I_{BQ}=\frac{I_{CQ}}{\beta}=\frac{2\text{mA}}{100}\approx 20\mu\text{A}$$

$$U_{CEQ}=V_{CC}-I_{CQ}(R_C+R_E)=15\text{V}-2\text{mA}(3\text{k}\Omega+1.5\text{k}\Omega)=6\text{V}$$

(2) 求 A_u、R_i、R_o 和 A_{us}。

先求晶体管的输入电阻。由式(3.2.19),得

$$r_{be}=r_{bb'}+(1+\beta)\frac{U_T}{I_{EQ}}=200\Omega+(1+100)\times\frac{26\text{mV}}{2\text{mA}}\approx 1.5\text{k}\Omega$$

利用式(3.3.5)~式(3.3.7),得

$$A_u=\frac{u_o}{u_i}=-\beta\frac{R_L \mathbin{/\mkern-6mu/} R_C}{r_{be}}\approx -130$$

$$R_i=\frac{u_i}{i_i}=R_{B1} \mathbin{/\mkern-6mu/} R_{B2} \mathbin{/\mkern-6mu/} r_{be}\approx 1.36\text{k}\Omega$$

$$R_o=R_C=3\text{k}\Omega$$

源电压增益 A_{us} 定义为 $A_{us}=u_o/u_s$

$$A_{us}=\frac{u_i}{u_s}\cdot\frac{u_o}{u_i}=\frac{u_i}{u_s}\cdot A_u=A_u\cdot\frac{R_i}{R_s+R_i}=-130\times\frac{1.36\text{k}\Omega}{1\text{k}\Omega+1.36\text{k}\Omega}\approx -75$$

(3) C_E 开路后,求 A_u、R_i、R_o。

C_E 开路后,图 3.3.1 的交流通路和低频小信号等效电路如图 3.3.4(a)、(b)所示。

由图 3.3.4(b),得

$$u_i=i_b r_{be}+i_e R_E=i_b[r_{be}+(1+\beta)R_E]$$

$$u_o=-i_c(R_L \mathbin{/\mkern-6mu/} R_C)=-\beta i_b(R_L \mathbin{/\mkern-6mu/} R_C)$$

$$A_u=\frac{u_o}{u_i}=-\beta\frac{R_L \mathbin{/\mkern-6mu/} R_C}{r_{be}+(1+\beta)R_E}\approx -1.3$$

显然去掉 C_E,使电压增益 A_u 大幅度降低,这是由于 R_E 对交流信号产生了很强的负反馈。在实际电路中,射极电阻 R_E 旁边通常要并联一个大电容 C_E,称为旁路电容,这样其交流通路中的射极电阻 R_E 被短路,不影响放大电路的电压增益。

由图 3.3.4(b),得

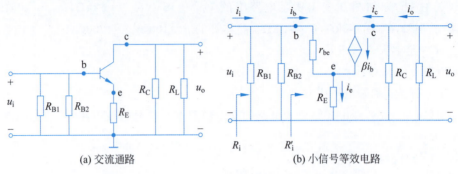

(a) 交流通路 (b) 小信号等效电路

图 3.3.4 图 3.3.1 开路后低频小信号等效电路

$$R'_i = \frac{u_i}{i_b} = \frac{i_b r_{be} + (1+\beta)i_b R_E}{i_b} = r_{be} + (1+\beta)R_E$$

$$R_i = R_{B1} \mathbin{/\mkern-6mu/} R_{B2} \mathbin{/\mkern-6mu/} R'_i \approx 13.8\text{k}\Omega$$

$$R_o = R_C = 3\text{k}\Omega$$

讨论：

(1) 引起放大电路静态工作点不稳定的主要因素是什么？

(2) 在如图 3.3.1 所示的静态工作点稳定电路中，发射极电阻 R_E 为直流负反馈，其值越大 Q 点越稳定，R_E 有上限值吗？为什么？

(3) 为使如图 3.3.1 所示的放大电路的静态工作点进一步稳定，可选热敏电阻取代 R_{B1} 或 R_{B2}。试分别选择正温度系数或负温度系数的热敏电阻取代 R_{B1} 和 R_{B2}，并简述温度变化 Q 点是如何稳定的。

(4) 如图 3.3.1 所示的放大电路能否不加 C_E？

视频 15
单管共射极
放大电路
仿真实验

视频 16
共集电极
放大电路

3.3.2 共集组态放大电路

1. 电路的组成

共集组态放大电路如图 3.3.5(a) 所示，图 3.3.5(b)、(c) 分别是它的直流通路和交流通路。由交流通路可见，负载电阻 R_L 接在晶体管的发射极上，输入电压 u_i 加在基极和地（即集电极）之间，而输出电压 u_o 从发射极和集电极之间取出，所以集电极是输入、输出回路的共同端。因为从发射极输出，所以共集电极电路又称为射极输出器。

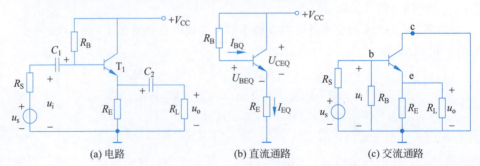

(a) 电路 (b) 直流通路 (c) 交流通路

图 3.3.5 共集组态放大电路

2. 静态分析

如图 3.3.5(b) 所示，由直流电压源 $+V_{CC}$ 经基极电阻 R_B、晶体管的发射结、射极电阻 R_E

到达地构成的输入回路,列写输入回路电压方程为
$$V_{CC} = I_{BQ}R_B + U_{BEQ} + I_{EQ}R_E$$
$$= I_{BQ}R_B + U_{BEQ} + (1+\beta)I_{BQ}R_E$$

晶体管基极直流电流为
$$I_{BQ} = \frac{V_{CC} - U_{BEQ}}{R_B + (1+\beta)R_E} \tag{3.3.8}$$

晶体管集电极直流电流为
$$I_{CQ} = \beta I_{BQ} \tag{3.3.9}$$

晶体管 C、E 之间的直流电压为
$$U_{CEQ} = V_{CC} - (1+\beta)I_{BQ}R_E \tag{3.3.10}$$

3. 动态分析

根据如图 3.3.5(c)所示的交流通路画出放大电路的低频小信号等效电路图如图 3.3.6(a)所示。利用小信号等效电路求出其动态参数。

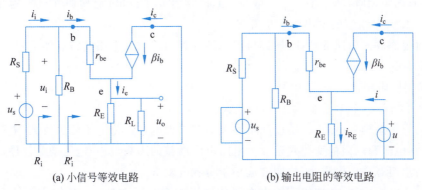

(a) 小信号等效电路　　　　　　　　(b) 输出电阻的等效电路

图 3.3.6　图 3.3.5 的低频小信号等效电路

1) 电压增益为 A_u

首先计算晶体管的输入电阻
$$r_{be} = r_{bb'} + (1+\beta)\frac{26\text{mV}}{I_{EQ}}$$

根据图 3.3.6(a),电压增益 A_u 为
$$u_i = i_b r_{be} + i_e(R_L /\!/ R_E) = i_b r_{be} + (1+\beta)i_b R'_L$$
$$u_o = i_e(R_L /\!/ R_E) = (1+\beta)i_b R'_L$$

其中,$R'_L = R_L /\!/ R_E$
$$A_u = \frac{u_o}{u_i} = \frac{(1+\beta)i_b R'_L}{i_b r_{be} + (1+\beta)i_b R'_L} = \frac{(1+\beta)R'_L}{r_{be} + (1+\beta)R'_L} \tag{3.3.11}$$

显然共集组态放大电路的电压增益小于 1,通常情况下 $(1+\beta)R'_L \gg r_{be}$,所以电压增益近似等于 1,$u_o \approx u_i$,且相位相同,所以共集放大电路又称电压跟随器。

2) 输入电阻

如图 3.3.6(a)所示,放大电路输入电阻的分析较为复杂,所以可分两步进行分析计算,首先计算输入电阻 R'_i,然后再计算总的输入电阻 R_i,R_i 是 R'_i 和 R_B 的并联。

对于输入电阻 R'_i,其输入电流是 i_b,依据输入电阻定义有
$$R'_i = \frac{u_i}{i_b} = \frac{i_b r_{be} + (1+\beta)i_b R'_L}{i_b} = r_{be} + (1+\beta)R'_L$$

共集组态放大电路总的输入电阻 R_i 为

$$R_i = R_B /\!/ R_i' = R_B /\!/ [r_{be} + (1+\beta)R_L'] \tag{3.3.12}$$

显然 $(1+\beta)R_L' \gg r_{be}$，晶体管共集组态的输入电阻 R_i 比共射组态的输入电阻高。

3) 输出电阻

计算放大电路的输出电阻的等效电路如图3.3.6(b)所示。

首先令输入信号源 $u_s = 0$；之后令负载 R_L 开路，即 $R_L = \infty$，令输出端电压为 u，在 u 激励下产生电流 i 为

$$i = i_{R_E} - i_b - \beta i_b = \frac{u}{R_E} + (1+\beta)\frac{u}{r_{be} + R_S'}$$

其中，$R_S' = R_S /\!/ R_B$。由此得到放大电路的输出电阻为

$$R_o = \frac{u}{i} = \frac{1}{\dfrac{1}{R_E} + (1+\beta)\dfrac{1}{r_{be}+R_S'}} = R_E /\!/ \frac{r_{be}+R_S'}{1+\beta} \tag{3.3.13}$$

R_S 是电压源内阻，其值非常小，r_{be} 一般是几百欧或者几千欧，电流增益 β 至少为几十甚至更大，所以 R_o 比共射组态的输出电阻小得多。

与共射组态放大电路的性能进行对比，总结共集组态放大电路的特点如下：

(1) 输入电阻大；

(2) 输出电阻小；

(3) 电压增益小于1，近似为1，同相放大。

由于共集组态输入电阻大，所以如果共集组态放大电路作为电压源的负载，电压源的内阻比较小，这样电压源内阻的变化对于放大电路电压增益的影响很小，电压增益较稳定。

由于共集组态输出电阻小，故通常远小于负载电阻 R_L。

通过以上分析可知，共集组态放大电路的应用主要有两方面：一是作为电子系统中放大电路的输入级和输出级；二是作为两个电路的中间级，起到阻抗变换、隔离缓冲的作用。

例 3.3.2 已知如图3.3.5(a)所示电路中的 $U_{CC} = 12\text{V}$，$R_B = 300\text{k}\Omega$，$R_E = 1\text{k}\Omega$，$R_L = 1\text{k}\Omega$，$R_S = 1\text{k}\Omega$，晶体管的 $\beta = 120$，$r_{bb'} = 200\Omega$，$U_{BEQ} = 0.7\text{V}$，设电容 C_1、C_2 足够大。试求：静态工作点 Q 及 A_u、R_i、R_o。

解： 利用式(3.3.8)~式(3.3.10)计算静态工作点 Q，得

$$I_{BQ} = \frac{U_{CC} - U_{BEQ}}{R_B + (1+\beta)R_E} = \frac{12 - 0.7}{300 + (1+120) \times 1} \approx 0.027(\text{mA})$$

$$I_{EQ} \approx I_{CQ} = \beta I_{BQ} = 120 \times 0.027 = 3.2(\text{mA})$$

先求晶体管的输入电阻。由式(3.2.19)，得

$$r_{be} = r_{bb'} + (1+\beta)\frac{U_T}{I_{EQ}} = 200\Omega + (1+120) \times \frac{26\text{mV}}{3.2\text{mA}} \approx 1.18\text{k}\Omega$$

利用式(3.3.11)~式(3.3.13)，得

$$A_u = \frac{u_o}{u_s} = \frac{(1+\beta)i_b R_L'}{i_b r_{be} + (1+\beta)i_b R_L'} = \frac{(1+\beta)R_L'}{r_{be} + (1+\beta)R_L'} = \frac{(1+120) \times 0.5}{1.18 + (1+120) \times 0.5} \approx 0.98$$

$$R_i = R_B /\!/ [r_{be} + (1+\beta)R_L'] \approx 51.2\text{k}\Omega$$

$$R_o = R_E /\!/ \frac{r_{be} + R_S'}{1+\beta} \approx 18\Omega$$

式中，$R_L' = R_L /\!/ R_E$，$R_S' = R_S /\!/ R_B$。

讨论：

（1）共集电组态放大电路为什么可以称为电压跟随器？其输出电阻为什么小？

（2）说明共集电组态放大电路的功率放大作用。

3.3.3 共基组态放大电路

共基组态放大电路如图3.3.7所示。由交流通路可见，输入电压 u_i 加在发射极和地（即基极）之间，而输出电压 u_o 从集电极和地（即基极）之间取出，所以基极是输入、输出回路的共同端。

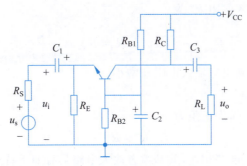

图 3.3.7 共基组态基本放大电路

1. 静态分析

将电路中的耦合电容和旁路电容开路，得到的电路就是直流通路，如图3.3.8(a)所示。显然与例3.3.1中共射组态基本放大电路的直流通路完全相同，静态工作点分析计算方法自然也完全一样，故不再赘述。

视频17
共基极放大电路

2. 动态分析

图3.3.7的交流通路如图3.3.8(b)所示，利用晶体管 h 参数简化模型，得到放大电路的低频小信号等效电路图如图3.3.8(c)所示。利用小信号等效电路求出其动态参数。

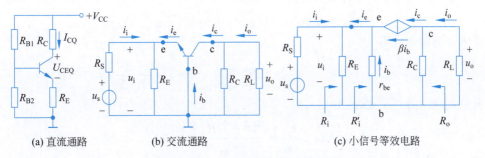

(a) 直流通路　　(b) 交流通路　　(c) 小信号等效电路

图 3.3.8 共基组态的等效电路

1) 电压增益 A_u

首先计算晶体管的输入电阻

$$r_{be} = r_{bb'} + (1+\beta)\frac{26\text{mV}}{I_{EQ}}$$

根据图3.3.8(c)，电压增益 A_u 为

$$A_u = \frac{u_o}{u_i} = \frac{-\beta i_b R'_L}{-i_b r_{be}} = \frac{\beta R'_L}{r_{be}} \tag{3.3.14}$$

其中，$R'_L = R_C // R_L$。

显然共基组态放大电路的电压增益幅值与共射的组态放大电路的电压增益相当,但是极性不同,共基组态放大电路是同相放大。

2) 输入电阻

如图 3.3.8(c)所示,放大电路输入电阻可分两步进行分析计算,首先计算输入电阻 R'_i,然后再计算总的输入电阻 R_i,R_i 是 R'_i 和 R_E 的并联。

对于输入电阻 R'_i,其输入电流是 i_e,依据输入电阻定义有

$$R'_\text{i}=\frac{u_\text{i}}{-i_\text{e}}=\frac{-i_\text{b}r_\text{be}}{-i_\text{e}}=\frac{r_\text{be}}{1+\beta}$$

共集组态放大电路总的输入电阻 R_i 为

$$R_\text{i}=\frac{u_\text{i}}{i_1}=R_\text{E}\,/\!/\,R'_\text{i}=R_\text{E}\,/\!/\,\frac{r_\text{be}}{1+\beta} \tag{3.3.15}$$

显然,与共射组态相比,共基组态输入电阻非常小。

3) 输出电阻

根据定义,放大电路的输出电阻为

$$R_\text{o}=R_\text{C} \tag{3.3.16}$$

与共射、共集组态放大电路相比,共基组态放大电路具有如下特点:

(1) 输入电阻较小,输出电阻较大,电流增益小于1,近似为1,相当于电流跟随器;电压增益与共射组态的增益幅值数量级相当,但是共射分组态放大电路是反相放大,共基组态放大电路是同相放大。

(2) 共基电路的通频带宽。

例 3.3.3 已知图 3.3.7 所示电路中的 $V_\text{CC}=15\text{V}$,$R_\text{B1}=62\text{k}\Omega$,$R_\text{B2}=20\text{k}\Omega$,$R_\text{C}=3\text{k}\Omega$,$R_\text{E}=1.5\text{k}\Omega$,$R_\text{L}=5.6\text{k}\Omega$,$R_\text{S}=1\text{k}\Omega$,晶体管的 $\beta=100$,$r_{bb'}=200\Omega$,$U_\text{BEQ}=0.7\text{V}$,设电容 C_1、C_2、C_3 足够大。试求:静态工作点 Q 及 A_u,R_i,R_o。

解: 根据例 3.3.1 的计算结果可得

$$I_\text{BQ}\approx 20\mu\text{A},\quad I_\text{CQ}=2\text{mA},\quad U_\text{CEQ}=6\text{V}$$

先求晶体管的输入电阻

$$r_\text{be}=r_{bb'}+(1+\beta)\frac{U_\text{T}}{I_\text{EQ}}=200\Omega+(1+100)\times\frac{26\text{mV}}{2\text{mA}}\approx 1.5\text{k}\Omega$$

利用式(3.3.14)~式(3.3.16),得

$$A_\text{u}=\frac{u_\text{o}}{u_\text{i}}=\frac{\beta(R_\text{C}\,/\!/\,R_\text{L})}{r_\text{be}}=130$$

$$R_\text{i}=\frac{u_\text{i}}{i_1}=R_\text{E}\,/\!/\,\frac{r_\text{be}}{1+\beta}\approx 15\Omega$$

$$R_\text{o}=R_\text{C}=3\text{k}\Omega$$

3.3.4　3种组态放大电路的比较

1. 3种组态的判别

一般看输入信号加在晶体管的哪一个电极,输出信号从哪一个电极取出。在共射组态放大电路中,信号由基极输入,集电极输出;在共集组态放大电路中,信号由基极输入,发射极输出;在共基组态放大电路中,信号由发射极输入,集电极输出。

视频 18
3 种 BJT 放大电路的比较

2. 3 种组态的性能及用途

3 种组态放大电路主要性能比较及其主要用途如表 3.3.1 所示。

表 3.3.1 晶体管 3 种组态放大电路主要性能比较及其主要用途

性能指标	共射组态放大电路	共集组态放大电路	共基组态放大电路
电压增益 A_u	大（一般几十至几百）	小（<1）	大（一般几十以上）
输出和输入电压相位关系	反相	同相	同相
电流增益 A_i	大（β）	大（$1+\beta$）	小（$\alpha<1$）
输入电阻 R_i	中（几百至几千欧）r_{be}	大（几十千欧）$r_{be}+(1+\beta)R'_L$	小（几欧至几十欧）$\dfrac{r_{be}}{1+\beta}$
输出电阻 R_o	大（几百至几千欧）R_C	小（可小于一百欧）$\dfrac{r_{be}+R'_S}{1+\beta}$	大（几百至几千欧）R_C
通频带	窄	较宽	宽
用途	单级放大；多级放大电路的中间级，主要用于小信号电压放大	多级放大电路的输入级、输出级或中间缓冲级	宽带放大；高频放大电路

表 3.3.1 中电流增益 $A_i=i_o/i_i$，i_i 是晶体管放大电路的输入电流，i_o 是晶体管放大电路的输出电流。

> **讨论：**
> （1）共射、共集、共基 3 种基本组态电路各有什么特点？
> （2）为什么共集组态放大电路又称为电压跟随器？

3.4 多级放大电路

3.4.1 多级放大电路耦合方式与动态分析

1. 多级放大电路的组成

当单级放大电路不能满足电路对增益、输入电阻和输出电阻等性能指标的综合要求时，在实际应用中，应将放大电路 3 种组态中的两种或两种以上进行适当的组合，组成多级放大电路，如图 3.4.1 所示。与信号源相连的第一级放大电路称为输入级，与负载相连的末级放大电路称为输出级，输入级与输出级之间的放大电路称为中间级。输入级与中间级的位置处于多级放大电路的前几极，故称为前置极。前置极一般都属于小信号工作状态，主要用于电压放大，输出级是大信号放大，以提供负载足够大的信号，常采用功率放大电路。

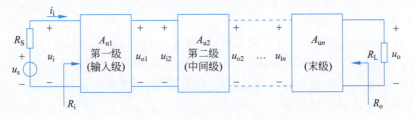

图 3.4.1 多级放大电路组成框图

2. 耦合方式

级间耦合电路应保证有效地传输信号,使之损失最小,同时使各放大电路的直流工作状态不受影响。常用的级间耦合方式有阻容耦合、直接耦合、变压器耦合等。

1）阻容耦合

级与级之间采用电容连接,称为阻容耦合,如图 3.4.2 所示。由于耦合电容对直流量相当于开路,使各级间的静态工作点相互独立,因而设置各级电路静态工作点的方法与前面所述单管放大电路的完全一样。由于耦合电容对低频信号呈现出很大电抗,低频信号在耦合电容上的压降很大,致使电压放大倍数大大下降,甚至根本不能放大,所以阻容耦合放大电路的低频特性差,不能放大变化缓慢的信号。又因集成芯片中不能制作大容量电容,所以阻容耦合放大电路不能集成化,而只能用于分立元件电路级联。

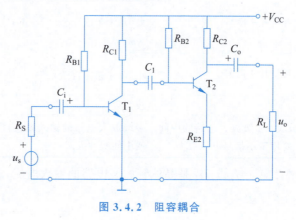

图 3.4.2 阻容耦合

2）直接耦合

级与级间采用直接连接,称为直接耦合,如图 3.4.3 所示。直接耦合方式可省去级间耦合元件,信号传输的损耗很小,它不仅能放大交流信号,而且还能放大变化十分缓慢的信号,集成电路中多采用直接耦合方式。

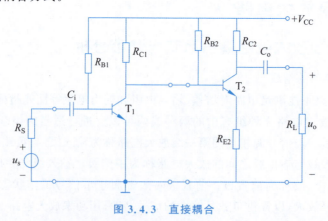

图 3.4.3 直接耦合

3）变压器耦合

如图 3.4.4 所示为变压器耦合放大电路,电阻 R_L 可能是实际的负载,也可能是下一级放大电路。由于电路之间靠磁路耦合,因而与阻容耦合放大电路一样,各级电路的静态工作点相互独立因低频特性差,不能放大变化缓慢的信号,且笨重,不能集成化。

3. 多级放大电路的动态分析

在如图 3.4.1 所示多级放大电路的框图中,每级电压放大倍数分别为 $A_{u1} = u_{o1}/u_i$、

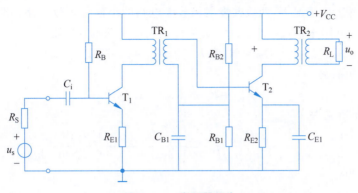

图 3.4.4 变压器耦合

$A_{u2}=u_{o2}/u_{i2}$、……、$A_{un}=u_o/u_{in}$。由于信号是逐级传送的,前级的输出电压便是后级的输入电压,所以整个放大电路的电压放大倍数为

$$A_u = \frac{u_o}{u_i} = \frac{u_{o1}}{u_i} \cdot \frac{u_{o2}}{u_{i2}} \cdot \cdots \cdot \frac{u_o}{u_{in}} = A_{u1} \cdot A_{u2} \cdot \cdots \cdot A_{un} \tag{3.4.1}$$

式(3.4.1)表明,多级放大电路的电压放大倍数等于各级电压放大倍数的乘积。若用分贝表示,则多级放大电路的电压总增益等于各级电压增益的和,即

$$A_u(\mathrm{dB}) = A_{u1}(\mathrm{dB}) + A_{u2}(\mathrm{dB}) + \cdots + A_{un}(\mathrm{dB}) \tag{3.4.2}$$

应当指出,在计算各级电压放大倍数时,要注意级与级之间的相互影响,即计算每级的放大倍数时,下一级输入电阻应作为上一级的负载来考虑。

由图 3.4.1 可知,多级放大电路的输入电阻就是由第一级求得的输入电阻,即 $R_i=R_{i1}$。多级放大电路的输出电阻即为末级求得的输出电阻,即 $R_o=R_{on}$。

例 3.4.1 在如图 3.4.5 所示的两级共发射极电容耦合放大电路中,已知晶体管 T_1 的 $\beta_1=60$,$r_{be1}=1.8\mathrm{k}\Omega$,$T_2$ 的 $\beta_2=100$,$r_{be2}=2.2\mathrm{k}\Omega$,其他参数如图 3.4.5 所示,设电容 C_1、C_2、C_3 足够大。试求:A_u、R_i、R_o。

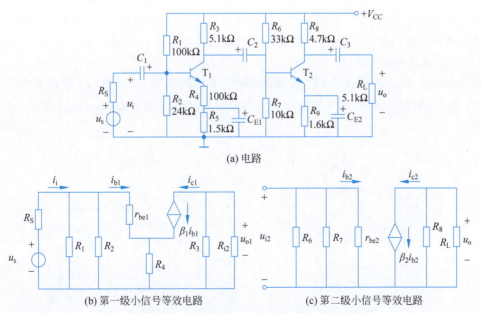

图 3.4.5 两级共发射极电容耦合放大电路的等效电路

解：在小信号工作情况下，两级共发射极放大电路的小信号等效电路如图 3.4.5(b)、(c) 所示，其中图 3.4.5(b) 中的负载电阻 R_{i2} 为后级放大电路的输入电阻，即

$$R_{i2} = R_6 \mathbin{/\mkern-6mu/} R_7 \mathbin{/\mkern-6mu/} r_{be2} \approx 1.7\text{k}\Omega$$

因此第一级的总负载为

$$R'_{L1} = R_3 \mathbin{/\mkern-6mu/} R_{i2} \approx 1.3\text{k}\Omega$$

所以，第一级电压增益为

$$A_{u1} = \frac{u_{o1}}{u_i} = \frac{-\beta_1 R'_{L1}}{r_{be1} + (1+\beta_1)R_4} = \frac{-60 \times 1.3\text{k}\Omega}{1.8\text{k}\Omega + (1+60) \times 0.1\text{k}\Omega} \approx -9.9$$

第二级电压增益为

$$A_{u2} = \frac{u_o}{u_{i2}} = \frac{-\beta_2 R'_L}{r_{be2}} = -100 \times \frac{\dfrac{4.7 \times 5.1}{4.7 + 5.1}}{2.2} \approx -111$$

两级放大电路的总电压增益为

$$A_u = A_{u1} \cdot A_{u2} = (-9.9) \times (-111) = 1099$$

$$A_u(\text{dB}) = A_{u1}(\text{dB}) + A_{u2}(\text{dB}) = 60.9\text{dB}$$

式中没有负号，说明两级共射组态放大电路的输出电压与输入电压同相。

两级放大电路的输入电阻就是等于第一级放大电路的输入电阻，即

$$R_i = R_{i1} = R_1 \mathbin{/\mkern-6mu/} R_2 \mathbin{/\mkern-6mu/} [r_{be1} + (1+\beta_1)R_4] \approx 5.6\text{k}\Omega$$

输出电阻等于第二级的输出电阻，即

$$R_o = R_8 = 4.7\text{k}\Omega$$

> **讨论：**
> (1) 级间耦合电路应解决哪些问题？常采用的耦合方式有哪些？各有何特点？
> (2) 多级放大电路增益与各级增益有何关系在计算各级增益时应注意什么问题？

3.4.2 组合放大电路

在实际应用中，常把 3 种组态放大电路中的两种或两种以上进行适当的组合，以便发挥各自的优点获得更好的性能，这种电路常称为组合放大电路。

1. 共射-共基极放大电路

图 3.4.6(a)是共射-共基极放大电路图，其中 T_1 管构成共射组态，T_2 管构成共基组态。由于 T_1 与 T_2 管是串联的，故又称为串接或级联放大电路。图 3.4.6(b)是图 3.4.6(a)的交流通路。

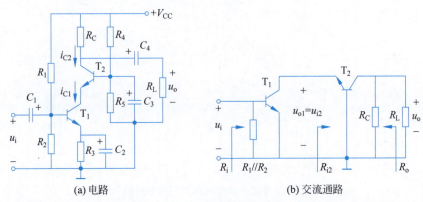

(a) 电路　　　　　　　　(b) 交流通路

图 3.4.6　共射-共集极放大电路

由其交流通路可见，第一级的输出电压就是第二级的输入电压，即 $u_{o1}=u_{i2}$，由此可推导出电压增益的表达式为

$$A_u = \frac{u_o}{u_i} = \frac{u_{o1}}{u_i} \cdot \frac{u_o}{u_{o1}} = A_{u1} \cdot A_{u2}$$

其中，

$$A_{u1} = -\frac{\beta_1 R'_{L1}}{r_{be1}} = -\frac{\beta_1 r_{be2}}{r_{be1}(1+\beta_2)}$$

$$A_{u2} = \frac{\beta_2 R'_{L2}}{r_{be2}} = \frac{\beta_2 (R_C \mathbin{/\mkern-6mu/} R_L)}{r_{be2}}$$

所以

$$A_u = -\frac{\beta_1 r_{be2}}{r_{be1}(1+\beta_2)} \cdot \frac{\beta_2(R_C \mathbin{/\mkern-6mu/} R_L)}{r_{be2}}$$

因为 $\beta_2 \gg 1$，所以

$$A_u = -\frac{\beta_1(R_C \mathbin{/\mkern-6mu/} R_L)}{r_{be1}} \tag{3.4.3}$$

$$R_i = R_1 \mathbin{/\mkern-6mu/} R_2 \mathbin{/\mkern-6mu/} r_{be1} \tag{3.4.4}$$

$$R_o \approx R_C \tag{3.4.5}$$

式(3.4.3)~式(3.4.5)说明，共射-共基极放大电路电压放大倍数、输入电阻和输出电阻都与单级共发射极放大电路基本相同。共射-共基极组合放大电路的重要优点是高频特性好，具有较宽的带宽。

2. 共集-共基极放大电路

共集-共基极放大电路如图 3.4.7(a)所示，电路采用双电源供电，T_1 管构成共集组态，T_2 管构成共基组态。图 3.4.7(a)所示电路的交流通路如图 3.4.7(b)所示。

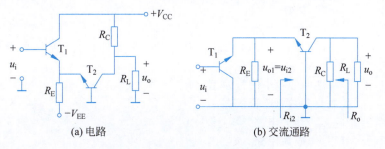

(a) 电路   (b) 交流通路

图 3.4.7 共集-共基极放大电路

共集-共基极放大电路的电压放大倍数为

$$A_u = \frac{u_o}{u_i} = \frac{u_{o1}}{u_i} \cdot \frac{u_o}{u_{o1}} = A_{u1} \cdot A_{u2}$$

其中，

$$A_{u1} = -\frac{(1+\beta_1)R'_{L1}}{r_{be1}+(1+\beta_1)R'_{L1}}$$

$$A_{u2} = \frac{\beta_2 R'_{L2}}{r_{be2}} = \frac{\beta_2(R_C \mathbin{/\mkern-6mu/} R_L)}{r_{be2}}$$

所以

$$A_u = -\frac{(1+\beta_1)R'_{L1}}{r_{be1}+(1+\beta_1)R'_{L1}} \cdot \frac{\beta_2(R_C \mathbin{/\mkern-6mu/} R_L)}{r_{be2}} \tag{3.4.6}$$

由于共基组态放大电路的输入电阻 $\dfrac{r_{be2}}{(1+\beta_2)}$ 很小,所以共集电路集电极交流负载

$$R'_{L1}=R_E \mathbin{/\mkern-6mu/} \dfrac{r_{be2}}{(1+\beta_2)} \approx \dfrac{r_{be2}}{(1+\beta_2)}$$

设 T_1、T_2 两管特性相同,即 $\beta_1=\beta_2=\beta$,$r_{be1}=r_{be2}=r_{be}$,则可将式(3.5.10)简化为

$$A_u=-\dfrac{\beta(R_C \mathbin{/\mkern-6mu/} R_L)}{2r_{be}}$$

由上式可见,由于第二级共基电路输入电阻很小,使第一级共集电路电压放大倍数由近似为 1 而下降为 0.5。

共集-共基极放大电路的输入电阻 R_i 和输出电阻 R_o 分别为

$$R_i = r_{be1} + (1+\beta_1)\left(R_E \mathbin{/\mkern-6mu/} \dfrac{r_{be2}}{(1+\beta_2)}\right) \approx 2r_{be} \tag{3.4.7}$$

$$R_o \approx R_C \tag{3.4.8}$$

由于共集-共基极电路都具有较宽的频带,而且分别具有较大的电流和电压增益,所以共集-共基极放大电路可获得相当宽的频带,同时又能提供足够大的增益且高频工作稳定性好,因而广泛用于高频集成电路中。

> **讨论:**
> (1) 何谓组合放大电路?采用组合放大电路的目的是什么?
> (2) 共集-共基极放大电路有何特点?有何应用?

本章知识结构图

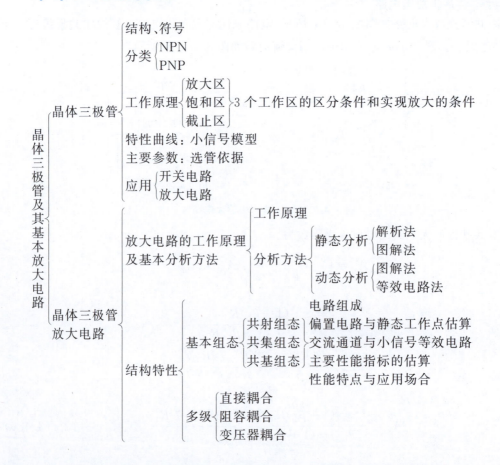

自测题

1. 填空题

（1）晶体管从结构上可分成_____和_____两种类型，它工作时有_____种载流子参与导电。

（2）晶体管具有电流放大作用的外部条件是发射结_____、集电结_____。

（3）晶体管的输出特性曲线通常分为3个区域，分别为_____、_____、_____。

（4）某晶体管工作在放大区，如果基极电流从 $10\mu A$ 变化到 $20\mu A$ 时，集电极电流从 $1mA$ 变为 $1.99mA$，则交流电流放大系数 β 约为_____，α 约为_____。

（5）放大电路的输入电压 $U_i = 10mV$，输出电压 $U_o = 1V$，该放大电路的电压放大倍数为_____，电压增益为_____ dB。

（6）_____电阻反映了放大电路对信号源或前级电路的影响；_____电阻反映了放大电路带负载的能力。

（7）放大电路的输入电阻越大，则放大电路向信号源索取的电流_____，输入电压越_____，输出电阻越小，负载对输出电压的影响就越_____，放大电路带负载能力越_____。

（8）放大电路中的隔直耦合电容在直流分析时视为_____，交流分析时视为_____。

（9）在放大电路中，当静态工作点 Q 过低时，会产生_____失真；当静态工作点 Q 过高时，产生_____失真；_____过大时，既可能有饱和失真，又有截止失真。

（10）放大电路的静态工作点根据_____通路进行估算，而_____通路用于放大电路的动态分析。

（11）单级晶体管放大电路中，输出电压与输入电压反相的有共_____极电路，输出电压与输入电压同相的有共_____极和共_____极电路。

（12）多级放大电路中常用的耦合方式有_____耦合、_____耦合和变压器耦合等。

（13）两级放大电路中，第一级电路输入电阻为 R_{i1}，输出电阻为 R_{o1}，电压放大倍数为 A_{u1}，第二级电路输入电阻为 R_{i2}，输出电阻为 R_{o2}，电压放大倍数为 A_{u2}，则该电路总输入电阻 $R_i = $_____，输出电阻为 $R_o = $_____，电压放大倍数 $A_u = $_____。

（14）多级放大电路中，后级输入电阻可视为前级的_____，而前级输出电阻可视为后级的_____。

2. 判断题

（1）PNP 管工作于放大区的偏置条件是发射结正偏导通、集电结反偏。（   ）

（2）晶体管工作于放大区时，流过发射结的电流主要是扩散电流，流过集电结的电流主要是漂移电流。（   ）

（3）温度升高时，NPN 管的输入特性曲线左移，输出特性曲线上移。（   ）

（4）信号源内阻对放大电路的输出电阻无影响。（   ）

（5）负载电阻 R_L 对放大电路的输入电阻无影响。（   ）

（6）只有电路既放大电流又放大电压，才称其有放大作用。（   ）

（7）放大电路中输出的电流和电压都是由有源元件提供的。（   ）

（8）共射放大电路输出信号出现顶部失真都是截止失真。（   ）

（9）直接耦合电路只能放大直流信号。（   ）

(10) 阻容耦合电路只能放大交流信号。（　　）

(11) 在典型的静态工作点稳定电路中,若发射极电阻 R_e 未加旁路电容,则它在稳定电路静态工作点的同时,也会影响到电路的动态特性。

(12) 共集放大电路电压放大倍数小于1,所以不能实现功率放大。（　　）

(13) 共基放大电路的电流放大倍数小于1,所以不能实现功率放大。（　　）

(14) 共射放大电路由于输出电压与输入电压反相,输入电阻和输出电阻大小适中,故很少应用。（　　）

(15) 画放大电路交流通路时,直流电压源视为短路,直流电流源视为开路。（　　）

3. 选择题

(1) 晶体管工作在放大区时,具有_____的特点。
　　A. 发射结正偏,集电结反偏　　　　B. 发射结反偏,集电结正偏
　　C. 发射结正偏,集电结正偏　　　　D. 发射结反偏,集电结反偏

(2) 共射、共集、共基三组态基本放大电路中电压放大倍数小于1的是_____组态。
　　A. 共集　　　　　　　　　　　　B. 共基
　　C. 共射　　　　　　　　　　　　D. 不确定,取决于外围电路

(3) 图3.5.1中的晶体管为硅管,可判断工作于放大状态的图为_____。

图 3.5.1

(4) 对于如图3.5.2所示的放大电路,当用直流电压表测得 $U_{CE} \approx U_{CC}$ 时,有可能是因为_____。
　　A. R_B 开路　　　　B. R_B 短路
　　C. R_C 开路　　　　D. R_B 过小

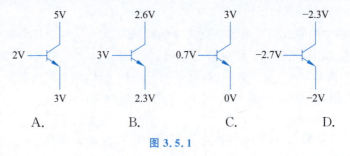

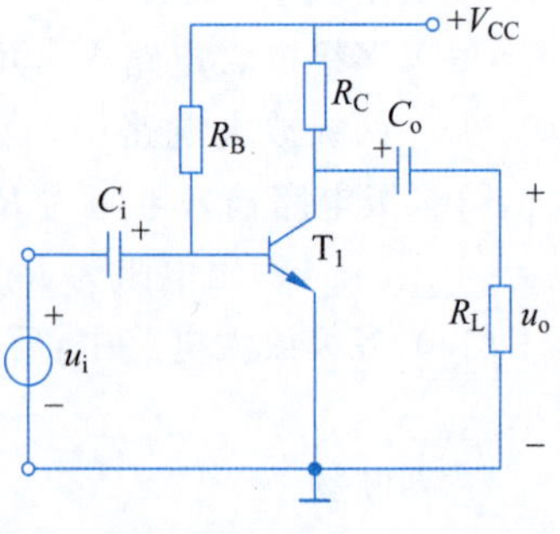

图 3.5.2

(5) 对于如图3.5.2所示的放大电路,若其他电路参数不变,仅当 R_B 增大时,U_{CEQ} 将_____。
　　A. 增大　　　　　　B. 减小
　　C. 不变　　　　　　D. 不确定

(6) 对于如图3.5.2所示的放大电路,若其他电路参数不变,仅当 R_C 减小时,U_{CEQ} 将_____。
　　A. 减小　　　B. 增大　　　C. 不变　　　D. 不确定

(7) 对于如图3.5.2所示的放大电路,若其他电路参数不变,仅当 R_L 增大时,U_{CEQ} 将_____。
　　A. 不变　　　B. 减小　　　C. 增大　　　D. 不确定

(8) 对于如图3.5.2所示的放大电路,若其他电路参数不变,仅更换一个 β 较小的晶体管时,U_{CEQ} 将_____。
　　A. 增大　　　B. 减小　　　C. 不变　　　D. 不确定

(9) 对于NPN管组成的基本共射放大电路,若产生饱和失真,则输出电压_____失真。

A. 底部 B. 顶部 C. 顶部和底部 D. 不确定

(10) 为了使高阻输出的放大电路(或高阻信号源)与低阻负载(或低输入电阻的放大电路)很好地配合,可以在高阻输出的放大电路与负载之间插入_____。

A. 共集电路 B. 共基电路
C. 共射电路 D. 任何一种组态的电路

(11) 在单级共射组态放大电路中,若输入电压为余弦波形,用示波器同时观察输入 u_i 和输出 u_o 的波形,u_i 和 u_o 的相位_____。

A. 同相 B. 反相 C. 相差 90° D. 不确定

(12) 在单级共基组态放大电路中,若输入电压为余弦波形,用示波器同时观察输入 u_i 和输出 u_o 的波形,u_i 和 u_o 的相位_____。

A. 同相 B. 反相 C. 相差 90° D. 不确定

(13) 在共射、共集、共基三组态基本放大电路中,输出电阻最小的是_____组态。

A. 共集 B. 共基 C. 共射 D. 任意

(14) 在共射、共集、共基三组态基本放大电路中,输入电阻最大的是_____组态。

A. 共射 B. 共基 C. 共集 D. 任意

(15) 放大电路在输入低频信号时电压放大倍数下降的原因是存在_____电容。

A. 耦合和旁路 B. 耦合 C. 旁路 D. 晶体管极间

(16) 测得放大电路中处于放大状态的晶体管的直流电位如图 3.5.3 所示,判断晶体管的发射极、基极、集电极分别是_____。

A. P_2、P_3、P_1 B. P_3、P_2、P_1 C. P_1、P_3、P_2 D. P_3、P_1、P_2

(17) 测得放大电路中处于放大状态的晶体管的直流电位如图 3.5.4 所示,判断晶体管的发射极、基极、集电极分别是_____。

A. P_2、P_3、P_1 B. P_3、P_2、P_1 C. P_1、P_3、P_2 D. P_3、P_1、P_2

(18) 测得放大电路中处于放大状态的晶体管的直流电位如图 3.5.5 所示。判断晶体管类型为_____。

A. NPN 型,锗管 B. NPN 型,硅管 C. PNP 型,硅管 D. PNP 型,锗管

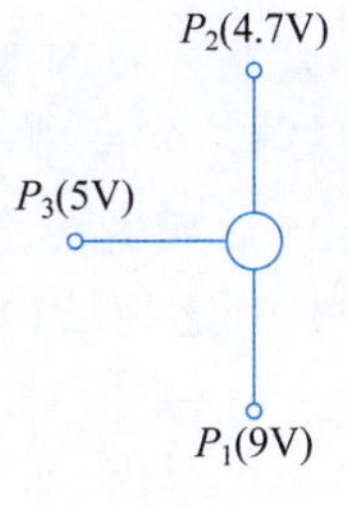

$P_2(4.7V)$

$P_3(5V)$

$P_1(9V)$

图 3.5.3

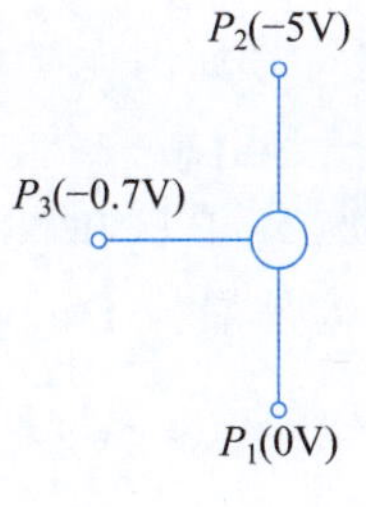

$P_2(-5V)$

$P_3(-0.7V)$

$P_1(0V)$

图 3.5.4

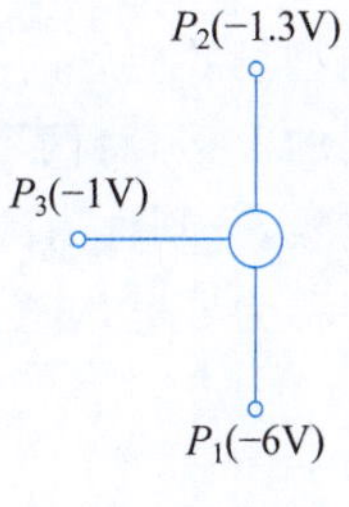

$P_2(-1.3V)$

$P_3(-1V)$

$P_1(-6V)$

图 3.5.5

第 3 章 自测题答案

第 3 章 习题

第 4 章 场效应管及其应用分析

CHAPTER 4

场效应管(Field Effect Transistor,FET)是 BJT 之外的一种重要的三端电子器件,这种器件不仅具有体积小、重量轻、耗电省、寿命长等特点,而且还有输入阻抗高、噪声低、抗辐射能力强和制造工艺简单等优点,广泛应用于各类电子电路中,尤其在现代集成技术中。

本章重难点:场效应管的结构、工作原理及伏安特性;共源、共漏组态放大电路的分析。

4.1 场效应管

场效应管是一种利用电场效应来控制其电流大小的半导体器件。由于它仅靠内部的多数载流子导电,故又称为单极型晶体管。按照结构,场效应管可分为两大类:结型场效应管(Junction Field Effect Transistor,JFET)和金属-氧化物-半导体场效应管(Metallic Oxide Semiconductor Field Effect Transistor,MOSFET)两类。

4.1.1 结型场效应管的结构、工作原理及伏安特性

结型场效应管是利用半导体内的电场效应进行工作的,分为 N 沟道和 P 沟道两种。本节主要介绍 N 沟道结型场效应管。

1. 结构

N 沟道结型场效应管的结构和电路符号如图 4.1.1 所示。它是在一块 N 型半导体上制作两个高掺杂的 P 区,将两个 P 区连在一起引出一个电极,称为栅极 G,在 N 型半导体的两端各引出一个电极,分别称为源极 S 和漏极 D。P 区和 N 区的交界面形成耗尽层,源级和漏极之间的非耗尽层称为导电沟道,沟道的一端是漏极 D,另一端是源极 S,这种结构称为 N 沟道 JFET。

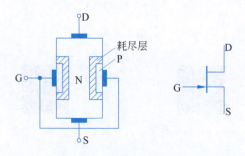

图 4.1.1 N 沟道结型场效应管的结构及电路符号

2. 工作原理

N 沟道结型场效应管工作在放大状态时，需要在栅极与源极之间加一反向电压（$u_{GS}<0$），使两侧的 PN 结反偏，栅极电流 $i_G=0$，场效应管呈现为 $10^7\Omega$ 以上的输入电阻。在漏极与源极之间加一正向电压（$u_{DS}>0$），使沟道中的多数载流子（自由电子）在电场作用下由源极向漏极移动，形成漏极电流 i_D。i_D 的大小受栅源电压的控制，因此结型场效应管的工作原理主要讨论栅源电压 u_{GS} 和漏源电压 u_{DS} 对漏极电流 i_D 的影响。

1) 栅源电压 u_{GS} 对漏极电流 i_D 的影响

当栅源之间不加电压，即 $u_{GS}=0$ 时，栅极与沟道之间零偏置，两个 PN 结的宽度自然形成。如图 4.1.2(a)所示，耗尽层较窄，沟道较宽。当栅源之间加上负电压，即 $u_{GS}<0$ 时，如图 4.1.2(b)所示，PN 结反偏，耗尽层变宽，使沟道变窄，沟道电阻增大。随着 u_{GS} 反偏电压不断增大，沟道越来越窄，当 u_{GS} 反向增大到某一数值时，如图 4.1.2(c)所示，沟道全部被夹断，沟道电阻趋于无穷大，此时的 u_{GS} 称为夹断电压 $u_{GS(off)}$。

由此可见，结型场效应管的沟道电阻受栅源电压 u_{GS} 的控制，可以看成一个电压控制的可变电阻器。若在漏极和源极之间加一固定正向电压 u_{DS}，则 i_D 的大小受栅源电压 u_{GS} 的控制，反偏电压 u_{GS} 不断增大时，i_D 减小。注意，由于两个 PN 结反偏，栅极电流 $i_G\approx 0$。

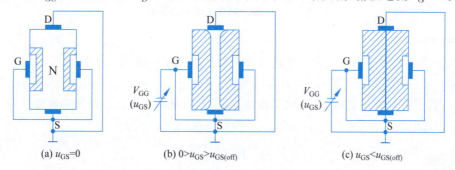

图 4.1.2 u_{GS} 对导电沟道的影响

2) 漏源电压 u_{DS} 对漏极电流 i_D 的影响

当 $0<u_{GS}<u_{GS(off)}$ 且为某一定值时，漏源电压 u_{DS} 对漏极电流 i_D 的影响如图 4.1.3 所示。

(1) 当漏源电压 $u_{DS}=0$ 时，$i_D=0$。

(2) 当漏源电压 u_{DS} 从零逐渐增大时，i_D 随 u_{DS} 的增加基本上线性增加。同时由于源极到漏极的电位逐渐升高，使栅极与沟道间的电位差不再相等，越靠近漏极，PN 结反偏电压越大，耗尽层越宽，致使沟道上窄下宽呈楔形分布，如图 4.1.3(a)所示。只要 u_{DS} 较小，沟道没有被夹断，沟道电阻的大小就取决于 u_{GS}，所以 i_D 会随 u_{DS} 的增加而线性增加。

(3) 当漏源电压 u_{DS} 增大到使栅极与漏极间的电压 $u_{GD}=u_{GS}-u_{DS}$ 时，沟道在靠近漏极端出现夹断，这种夹断被称为预夹断，如图 4.1.3(b)所示。此时漏源间的电场强度较大，仍能将电子拉过夹断区形成漏极电流 i_D。

(4) 如果继续增大 u_{DS}，夹断区将向源极方向不断延伸，如图 4.1.3(c)所示。这时，一方面，随着 u_{DS} 的增加，使漏源间的纵向电场增强，i_D 增大；另一方面，沟道电阻变大使自由电子从源极向漏极定向移动所受的阻力也增大，i_D 减小。两种变化趋势相互抵消，使 i_D 几乎不再随 u_{DS} 的增加而增加，表现出恒流特性，场效应管进入恒流区。由以上分析可知，结型场效应管是电压控制电流器件，i_D 主要受 u_{GS} 的控制。工作时，栅极和沟道间的 PN 结是反偏的，其输入电阻很高，$i_G\approx 0$。预夹断前 i_D 与 u_{GS} 呈近似线性关系，预夹断后 i_D 趋于饱和。

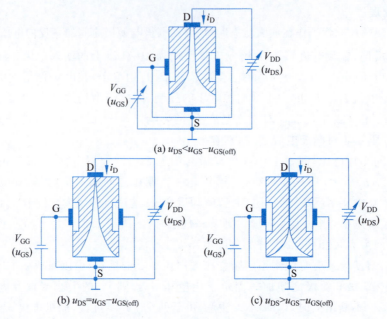

图 4.1.3 u_{DS} 对导电沟道的影响

3. 特性曲线

N 沟道结型场效应管的输出特性曲线和转移特性曲线如图 4.1.4 所示。

由输出特性曲线可知,当 $u_{GS} < u_{GS(off)}$ 时,管子截止;当 $u_{GS(off)} < u_{GS} \leqslant 0$,且 $u_{DS} > u_{GS} - u_{GS(off)}$ 时,管子工作在恒流区,表现出漏极电流 i_D 只受栅源电压 u_{GS} 控制的特性,二者关系可用下式来描述:

$$i_D = I_{DSS}\left(1 - \frac{u_{GS}}{U_{GS(off)}}\right)^2 \tag{4.1.1}$$

其中,I_{DSS} 为 $u_{GS}=0$ 时的漏极电流,称为漏极饱和电流。$U_{GS(off)}$ 为夹断电压。

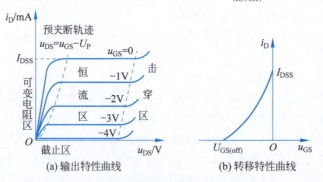

图 4.1.4 N 沟道结型场效应管的特性曲线

4.1.2 MOS 场效应管的结构、工作原理及伏安特性

绝缘栅型场效应管是一种栅极处于绝缘状态的场效应管。与结型场效应管相比,其输入阻抗更大、功耗更低且更便于集成。目前应用最广泛的是一种以二氧化硅为绝缘层的金属-氧化物-半导体场效应管,简称 MOSFET。MOSFET 分为增强型和耗尽型两类,每类又根据导电沟道的类型分为 N 沟道和 P 沟道。

1. N 沟道增强型 MOS 管

N 沟道增强型 MOS 管的结构、电路符号分别如图 4.1.5 所示。它以一块掺杂浓度较低的 P 型硅半导体作为衬底,在它上面扩散两个高掺杂的 N 区。然后在 P 型硅表面生长一层很薄的二氧化硅绝缘层,并在二氧化硅的表面及高掺杂的 N 区表面分别引出 3 个铝电极——栅极 g、源极 s 和漏极 d,就成了 N 沟道增强型 MOS 管。

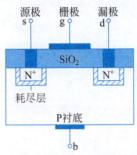

(a) N沟道增强型MOS管的结构　　(b) NMOS管的电路符号

图 4.1.5　N 沟道增强型 MOS 管的结构与电路符号

当栅源短接(即栅源电压 $u_{GS}=0$ 时),在漏源之间加上电压 u_{DS},无论 u_{DS} 的极性如何,其中总有一个 PN 结是反偏的,漏极和源极之间不存在导电沟道,故漏源之间的电流 $i_D=0$。

当 u_{GS} 逐渐加大,并且达到某一值时,栅极与 P 型衬底之间将会形成一个 N 型薄层,称为反型层。通常把开始形成反型层时的栅源电压称为开启电压,用 $U_{GS(th)}$ 表示。该反型层连接了漏极和源级的重掺杂 N 区而形成导电沟道,即 N 沟道。漏极电流 i_D 开始出现。随着 u_{GS} 的增加,沟道宽度增大,沟道电阻减小。

当 $u_{GS}>U_{GS(th)}$ 且保持不变时,在漏源之间加正向电压 $u_{DS}(u_{DS}>0)$,此时由于靠近漏极一侧电位高,靠近源极一侧电位低,使沟道呈楔形分布,如图 4.1.6 所示,i_D 随 u_{DS} 增大而线性增大。随着 u_{DS} 进一步增加,当 u_{GD} 减小到 $U_{GS(th)}$ 时,导电沟道预夹断。继续增大 u_{DS},即 $u_{DS}>u_{GS}-U_{GS(th)}$ 时,夹断

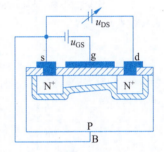

图 4.1.6　N 沟道增强型 MOS 管的工作原理

区延长,沟道电阻增大,i_D 不再随 u_{DS} 增大而增大,而基本保持预夹断时的数值。N 沟道增强型 MOS 管进入恒流区,i_D 几乎仅仅取决于 u_{GS}。

2. N 沟道耗尽型 MOS 管

由前面的分析可知,N 沟道增强型 MOS 管在栅源电压小于开启电压时,不存在导电沟道。而 N 沟道耗尽型 MOS 管在制造时,会在二氧化硅绝缘层中掺有大量的正离子,即使 $u_{GS}=0$,由于正离子的作用,也能在 P 型衬底上感应出一个 N 型反型层沟道。其结构与电路符号如图 4.1.7 所示。如果 $u_{GS}>0$,沟道加宽,漏极电流 i_D 增大;$u_{GS}<0$,沟道变窄,漏极电流 i_D 减小。其工作原理与 N 沟道增强型 MOS 管类似。

3. P 沟道 MOS 管

P 沟道 MOS 管也分增强型和耗尽型两种。它们的电路符号如图 4.1.8(a)、(b)所示,除了代表衬底的 B 的箭头方向向外,其他部分均与 N 沟道 MOS 管相同,此处不再赘述。

4. MOS 管的特性曲线

1) N 沟道增强型 MOS 管的特性曲线

N 沟道增强型 MOS 管的特性曲线如图 4.1.9 所示。当 $u_{GS}<U_{GS(th)}$ 时,导电沟道尚未形

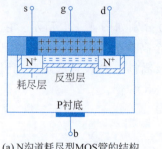

(a) N沟道耗尽型MOS管的结构　　(b) NMOS管的电路符号

图 4.1.7　N 沟道耗尽型 MOS 管的结构与电路符号

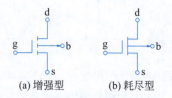

(a) 增强型　　(b) 耗尽型

图 4.1.8　P 沟道 MOS 管的电路符号

成，$i_D=0$；当 $u_{GS} \geqslant U_{GS(th)}$，且 $u_{DS} \leqslant u_{GS} - U_{GS(th)}$ 时，管子工作在可变电阻区。当 $u_{GS} \geqslant U_{GS(th)}$，且 $u_{DS} \geqslant u_{GS} - U_{GS(th)}$ 时，管子工作在恒流区，此时 i_D 几乎仅仅受控于 u_{GS}，i_D 与 u_{GS} 的关系表达式为

$$i_D = I_{DO}\left(\frac{u_{GS}}{U_{GS(th)}} - 1\right)^2 \tag{4.1.2}$$

式中，I_{DO} 为 $u_{GS}=2U_{GS(th)}$ 时的 i_D。

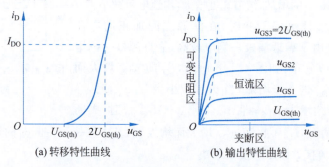

(a) 转移特性曲线　　(b) 输出特性曲线

图 4.1.9　N 沟道增强型 MOS 管的特性曲线

2) N 沟道耗尽型 MOS 管的特性曲线

N 沟道耗尽型 MOS 管的转移特性曲线与结型场效管的转移特性曲线类似，如图 4.1.10 所示。当 $u_{GS(off)} < u_{GS} \leqslant 0$ 时，管子处于恒流区，i_D 与 u_{GS} 的关系表达式为

$$i_D = I_{DSS}\left(1 - \frac{u_{GS}}{U_{GS(off)}}\right)^2 \tag{4.1.3}$$

3) P 沟道增强型 MOS 管的特性曲线

P 沟道增强型 MOS 管的特性曲线如图 4.1.11 所示。此处 i_D 流入漏极为参考方向。由图可见，它的 u_{GS}、$U_{GS(th)}$、i_D 等都是负值。

当 $u_{GS} \leqslant U_{GS(th)}$ 时，P 沟道增强型 MOS 管产生沟道。当 $u_{GS} \leqslant U_{GS(th)}$ 且 $u_{DS} \leqslant (u_{GS} - U_{GS(th)})$ 时，P 沟道增强型 MOS 管工作在恒流区，此时电流 i_D 为

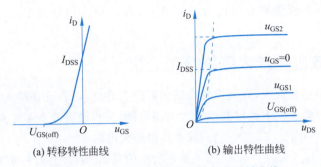

图 4.1.10 N 沟道耗尽型 MOS 管的特性曲线

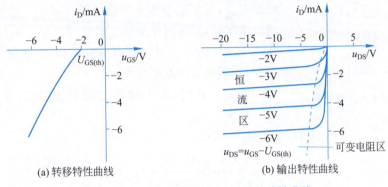

图 4.1.11 P 沟道增强型 MOS 管的特性曲线

$$i_D = -K_P(u_{GS} - U_{GS(th)})^2 = -I_{DO}\left(\frac{u_{GS}}{U_{GS(th)}} - 1\right)^2 \qquad (4.1.4)$$

式(4.1.4)中,$I_{DO} = K_P(U_{GS(th)})^2$,$K_P$ 是 P 沟道器件的电导参数。

4.1.3 场效应管的主要参数

(1) **夹断电压** $U_{GS(off)}$:是结型和耗尽型场效应管的重要参数之一。指当 u_{DS} 值一定时,漏极电流 i_D 减小到接近零时 u_{GS} 的值。

(2) **开启电压** $U_{GS(th)}$:当 u_{DS} 值一定时,开始出现 i_D 时 u_{GS} 的值。

(3) **低频跨导** g_m:当 u_{DS} 值一定时,漏极电流变化量 Δi_D 与栅源电压变化量 Δu_{GS} 的比值。

(4) **漏极饱和电流**:是结型和耗尽型场效应管的重要参数之一。指当 $u_{GS} = 0$ 时,管子发生预夹断时的漏极电流。

视频 22
MOS 管
的应用

> **讨论:**
> (1) 何谓增强型 MOSFET?耗尽型 MOSFET 与增强型 MOSFET 有何不同?
> (2) MOSFET 有 4 种类型,它们的输出特性及转移特性各不相同,试总结出判断 MOSFET 类型及电压极性的规律。

4.2 场效应管基本放大电路

与晶体管类似,场效应管也有 3 种接法的放大电路,分别是共源极放大电路、共漏极放大电路、共栅极放大电路,分别与晶体管的共发射极、共集电极、共基极 3 种接法相对应。如若使场效应管正常放大,必须要有合适的静态工作点,保证输出信号波形不失真且信号幅度足够大。

4.2.1 场效应管放大电路静态分析

为了使电路能够正常放大,必须设置合适的静态工作点,以保证在输入信号的整个周期内场效应管均工作在恒流区。下面以共源放大电路为例,分析设置静态工作点的几种方法。

1. 基本共源放大电路

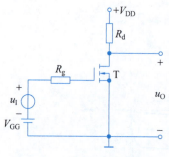

图 4.2.1 基本共源放大电路

图 4.2.1 所示的是 N 沟道增强型 MOS 管构成的基本共源放大电路。为使该电路工作在恒流区,在输入回路加直流电源 V_{GG},且 V_{GG} 应大于开启电压 $U_{GS(th)}$。在输出回路加直流电源 V_{DD},其作用是保证在漏极和源极之间加上合适的工作电压 u_{DS}。R_d 的作用是将漏极电流 i_D 的变化转换为 u_{DS} 的变化,从而实现电压放大。

当 $u_I = 0$ 时,由于栅源之间是绝缘的,所以栅极电流 $I_G = 0$,有

$$U_{GSQ} = V_{GG}$$

$$I_{DQ} = I_{DO}\left(\frac{V_{GG}}{U_{GS(th)}} - 1\right)^2 \tag{4.2.1}$$

$$U_{DSQ} = V_{DD} - I_{DQ}R_d$$

例 4.2.1 基本共源放大电路如图 4.2.1 所示,已知 $V_{GG} = 2V$, $V_{DD} = 2V$, $U_{GS(th)} = 1V$, $I_{DO} = 0.2mA$, $R_d = 12k\Omega$。试计算此电路的静态工作点。

解:令 $u_I = 0$,可得到该电路的直流通路,如图 4.2.2 所示。

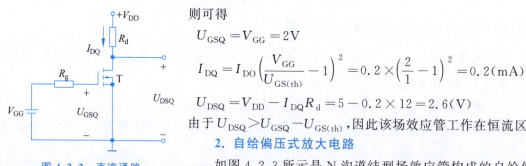

图 4.2.2 直流通路

则可得

$$U_{GSQ} = V_{GG} = 2V$$

$$I_{DQ} = I_{DO}\left(\frac{V_{GG}}{U_{GS(th)}} - 1\right)^2 = 0.2 \times \left(\frac{2}{1} - 1\right)^2 = 0.2(mA)$$

$$U_{DSQ} = V_{DD} - I_{DQ}R_d = 5 - 0.2 \times 12 = 2.6(V)$$

由于 $U_{DSQ} > U_{GSQ} - U_{GS(th)}$,因此该场效应管工作在恒流区。

2. 自给偏压式放大电路

如图 4.2.3 所示是 N 沟道结型场效应管构成的自给偏压电路。静态时,栅极电流 $I_G = 0$,故栅极电位 $U_{GQ} = 0$,漏极电流 I_{DQ} 流过源极电阻 R_s 必然产生电压,源极电位 $U_{SQ} = I_{DQ}R_s$,栅源之间的静态电压 $U_{GSQ} = U_{GQ} - U_{SQ} = -I_{DQ}R_s$。由此可见,栅源之间的负偏压由源极电阻上的电压来提供,因此称为自给偏压电路。

$$I_{DQ} = I_{DSS}\left(1 - \frac{U_{GSQ}}{U_{GS(off)}}\right)^2 \tag{4.2.2}$$

$$U_{DSQ} = V_{DD} - I_{DQ}(R_d + R_s) \tag{4.2.3}$$

将以上两式联立,即可解出 I_{DQ} 和 U_{DSQ}。

3. 分压式偏置放大电路

如图 4.2.4 所示是 N 沟道结型场效应管构成的分压式偏置电路。它靠 R_{g1} 和 R_{g2} 的分

压来设置偏压,故称为分压式偏置放大电路。静态时,栅极电流为 0,即 R_{g3} 支路电流为 0,栅极电位和 A 点电位相等,可求得此电路的静态工作点:

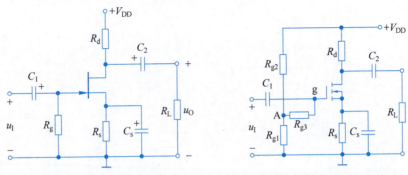

图 4.2.3 自给偏压电路   图 4.2.4 分压式偏置电路

$$U_{GQ} = U_{AQ} = \frac{R_{g1}}{R_{g1}+R_{g2}} \cdot V_{DD}$$

$$U_{SQ} = I_{DQ} R_s \tag{4.2.4}$$

$$I_{DQ} = I_{DO}\left(\frac{U_{GSQ}}{U_{GS(th)}} - 1\right)^2 \tag{4.2.5}$$

$$U_{DSQ} = V_{DD} - I_{DQ}(R_d + R_s) \tag{4.2.6}$$

4.2.2 场效应管的交流等效模型

场效应管在低频小信号作用下的交流等效模型如图 4.2.5 所示。输入回路栅源电压之间相当于开路;输出回路与晶体管的微变等效模型类似,是一个受电压 U_{gs} 控制的电流源 I_d 并联上电阻 r_{ds}。由于 r_{ds} 电阻较大,近似分析时可认为此支路开路。

视频 23 MOS管放大电路

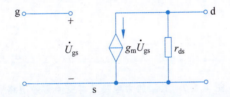

图 4.2.5 场效应管的低频小信号等效模型

以增强型的 MOS 管为例,对其电流方程式(4.1.2)求导,可得 g_m 的表达式。

$$g_m = \frac{\partial i_D}{\partial u_{GS}} = \frac{2I_{DO}}{U_{GS(th)}}\left(\frac{u_{GS}}{U_{GS(th)}} - 1\right) = \frac{2}{U_{GS(th)}}\sqrt{I_{DO} i_D}$$

在小信号作用时,可用 I_{DQ} 近似 i_D,得出

$$g_m = \frac{2}{U_{GS(th)}}\sqrt{I_{DO} I_{DQ}} \tag{4.2.7}$$

一般地,g_m 为 0.1~20ms。

4.2.3 共源放大电路的动态分析

共源放大电路及其交流等效电路如图 4.2.6 所示。图中采用的是 MOS 管的简化等效模型,即忽略 r_{ds} 的影响。根据电路可得

$$\dot{A}_u = \frac{\dot{U}_o}{\dot{U}_i} = \frac{-\dot{I}_d R_d}{\dot{U}_{gs}} = -g_m R_d$$

$$R_i = \infty$$

$$R_o = R_d \qquad (4.2.8)$$

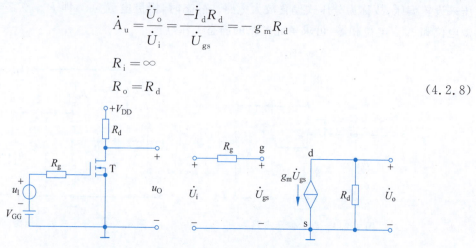

图 4.2.6 共源放大电路及其交流等效电路

4.2.4 共漏放大电路的动态分析

共漏放大电路及其交流等效电路如图 4.2.7 所示。根据电路可得

$$\dot{A}_u = \frac{\dot{U}_o}{\dot{U}_i} = \frac{\dot{I}_d R_s}{\dot{U}_{gs} + \dot{I}_d R_s} = \frac{g_m R_s}{1 + g_m R_s}$$

$$R_i = \infty \qquad (4.2.9)$$

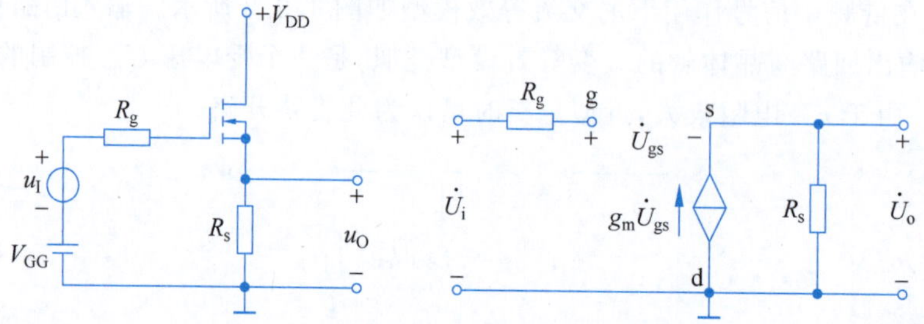

图 4.2.7 共漏放大电路及其交流等效电路

为了求出共漏放大电路的输出电阻,可采用"加压求流法"。即将输入端短路,在输出端加交流电压 $\dot{U}_o$ 产生的电流为 $\dot{I}_o$,则 $R_o = \dfrac{\dot{U}_o}{\dot{I}_o}$。如图 4.2.8 所示,$\dot{I}_o = \dfrac{\dot{U}_o}{R_s} + g_m \dot{U}_o$,所以 $R_o = R_s // \dfrac{1}{g_m}$。

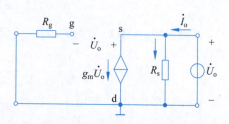

图 4.2.8 求共漏放大电路输出电阻

例 4.2.2 电路如图 4.2.9(a)所示,MOS 管的转移特性如图 4.2.9(b)所示:
(1) 求解电路的 Q 点;
(2) 计算 $\dot{A}_u$、R_i 和 R_o。

解:(1) 求解 Q 点。

由图 4.2.9(a)可知,

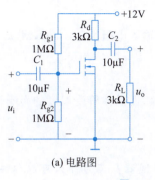
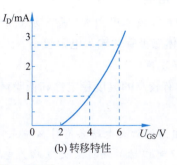

(a) 电路图　　　　　(b) 转移特性

图 4.2.9　例 4.2.2 图

$$U_{GSQ} = 12 \times \frac{R_{g2}}{R_{g1}+R_{g2}} = 6V$$

由图 4.2.9(b)可知 $I_{DQ} \approx 2.75\text{mA}$，列输出回路的 KVL 方程，得

$$U_{DSQ} = 12 - I_{DQ}R_d \approx 12 - 2.75 \times 3 \approx 3.75(V)$$

（2）电路的交流等效电路如图 4.2.10 所示。

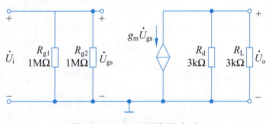

图 4.2.10　交流等效电路

$$g_m = \frac{2}{U_{GS(th)}}\sqrt{I_{DO}I_{DQ}} = \frac{2}{2}\sqrt{1\times10^{-3}\times2.75\times10^{-3}}\text{ ms} \approx 1.658\text{ms}$$

$$\dot{A}_u = \frac{\dot{U}_o}{\dot{U}_i} = -g_m(R_d \ /\!/ \ R_L) \approx -2.49$$

$$R_i = R_{g1} \ /\!/ \ R_{g2} = 500\text{k}\Omega$$

$$R_o = R_d = 3\text{k}\Omega$$

4.2.5　场效应放大电路与晶体管放大电路的比较

1. 结构对称性

场效应管的结构具有对称性，即源极和漏极可以互换，而晶体管的结构没有对称性。

2. 导电机制

场效应管内部只有一种载流子导电，它是单极性晶体管，而晶体管内部有两种载流子导电，它是双极性晶体管。

3. 控制方式

场效应管工作在放大状态时，漏极电流基本仅受控于栅源电压，因此是电压控制型器件。晶体管工作在放大状态时，集电极电流基本仅受控于基极电流，因此是电流控制型器件。

4. 放大能力

场效应管的低频跨导小，因此其放大能力弱；晶体管的电流放大系数大，因此放大能力较强。

5. 直流输入电阻

场效应管的直流输入电阻大(结型场效应管的输入电阻大于 $10^7\Omega$，MOS 管的输入电阻大于 $10^9\Omega$)；而晶体三极管的输入电阻较小。

6. 稳定性及噪声

场效应管具有较高的温度稳定性和低噪声系数，而晶体管受温度的影响较大。

> 讨论：
> （1）3 种组态的放大电路各有什么特点？
> （2）为什么可以称共漏极放大电路为电压跟随器？又为什么可以称共栅极放大电路为电流跟随器？

本章知识结构图

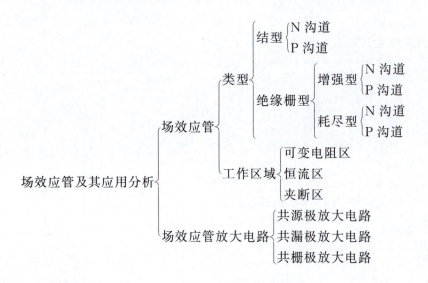

自测题

1. 填空题

（1）场效应管漏极电流由_____载流子的漂移运动形成。

（2）对于耗尽型 MOS 管，u_{GS} 可以为_____。

（3）P 沟道增强型 MOS 管的开启电压为_____值，N 沟道增强型 MOS 管的开启电压为_____值。

（4）场效应管与晶体管相比较，其输入电阻_____，噪声_____，放大能力_____。

（5）场效应管属于_____控制器件，而三极管属于_____控制器件。

（6）场效应管放大电路常用偏置电路一般有_____和_____两种类型。

2. 判断题

（1）N 沟道结型场效应管的漏极和源极可以互换。（　　）

（2）增强型 MOS 管可以采用自给偏压电路设置静态工作点。（　　）

（3）增强型 MOS 管在 $u_{GS}=0$ 时不存在导电沟道（　　），而耗尽型 MOS 管在 $u_{GS}=0$ 时存在导电沟道。（　　）

读书破万卷
水木书签

May all your wishes
come true

下笔如有神

水木书荟

如果知识是通向未来的大门,
我们愿意为你打造一把打开这扇门的钥匙!

https://www.shuimushuhui.com/

图书详情 | 配套资源 | 课程视频 | 会议资讯 | 图书出版

清华大学出版社
TSINGHUA UNIVERSITY PRESS

May all your wishes come true

(4) 与晶体管相比,场效应管的输入阻抗更低。(   )

(5) 若耗尽型 N 沟道 MOS 管的 $u_{GS}>0$,则其输入电阻会明显变小。(   )

3. 选择题

(1) 场效应管是_____器件。

  A. 电压控制电压   B. 电流控制电压

  C. 电压控制电流   D. 电流控制电流

(2) 场效应管的转移特性如图 4.3.1 所示,该管为_____。

  A. P 沟道增强型 MOS 管   B. P 沟道结型场效应管

  C. N 沟道增强型 MOS 管   D. N 沟道耗尽型 MOS 管

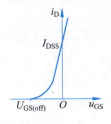

图 4.3.1

(3) 场效应管用于放大电路时,工作于_____。

  A. 恒流区   B. 可变电阻区   C. 截止区   D. 击穿区

(4) 下列不属于场效应管的特点是_____。

  A. 输入电阻高   B. 噪声系数低

  C. 只有一种载流子导电   D. 放大能力强

(5) 当漏极电流从 2mA 增加到 4mA,低频跨导 g_m _____。

  A. 增加   B. 减小   C. 不变   D. 不确定

第 4 章 自测题答案   第 4 章 习题

第 5 章 集成运算放大电路

CHAPTER 5

模拟集成电路是采用一定的工艺将整个电路中的元器件集成在半导体基片上，封装在一个管壳内，构成一个完整的具有特定功能的器件。集成电路可分为数字集成电路、模拟集成电路和数模混合集成电路三大类。模拟集成电路种类繁多、应用广泛，本章主要介绍集成电路中常用的差分放大电路、恒流源电路和功率放大电路等。

本章重难点：集成运放中的电流源；差分放大电路；功率放大电路；集成运放的性能指标、类型及使用注意事项等。

5.1 集成运算放大器概述

集成运算放大电路简称集成运放，是一个高性能的直接耦合多级放大电路。因首先用于信号的运算，故而得名。

5.1.1 集成运放的特点

集成运放采用一定的工艺将大量的半导体三极管、场效应管、电阻、电容等元件集成在一块半导体基片上。模拟集成电路有以下特点：

(1) 集成电路中不能制作大电容，故采用直接耦合方式。

(2) 用复杂电路实现高性能的放大电路，因为电路的复杂化并不带来工艺的复杂性。

(3) 用有源元件替代无源元件，如用晶体管取代难以制作的大电阻。

(4) 集成运放相邻元件参数具有很好的一致性，故可构成较理想的差分放大电路和电流源电路。

5.1.2 集成运放的结构框图

视频 24
集成运放
的结构

典型的集成运算放大器的结构框图如图 5.1.1 所示，一般由 4 部分构成：输入级、中间级、输出级和偏置电路。

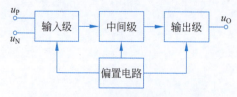

图 5.1.1　集成运放的结构框图

集成运放的输入级又称前置级,要求输入电阻高,放大倍数大,抑制温漂能力强。多采用差分放大电路;中间级又称主放大级,主要作用是提高电压放大倍数,由一级或多级放大电路组成,多采用共射(共源)放大电路;输出级又称为功放级,多采用准互补输出级电路,要求输出电阻小(带负载能力强),最大不失真输出电压尽可能大;偏置电路为各级放大电路提供合适的静态电流,确定合适的静态工作点,多采用电流源电路。此外电路中还有一些保护电路和补偿等辅助环节。

5.2 集成运放中的电流源

由于电流源能够输出稳定的直流电流,也称为恒流源。在集成运放中,电流源主要有两个作用:一是用作直流偏置电路来设置放大电路的静态电流,确定各级静态工作点;二是取代大电阻作为有源负载,以增强电路的放大能力。本节主要介绍常见的电流源电路和有源负载的应用。

5.2.1 基本电流源电路

1. 镜像电流源

如图5.2.1所示为镜像电流源电路,T_1 和 T_2 由集成电路工艺制造,具有完全相同的输入、输出特性。由于两管的基极和发射极分别相连,所以

$$U_{BE1} = U_{BE2} = U_{BE}$$
$$I_{B1} = I_{B2} = I_B$$
$$I_{C1} = I_{C2} = \beta I_B$$

流经电路中电阻 R 的电流称为基准电流,其表达式为

$$I_R = \frac{V_{CC} - U_{BE}}{R} = I_C + 2I_B = I_C + 2\frac{I_C}{\beta} \quad (5.2.1)$$

所以输出电流为

$$I_O = I_C = \frac{\beta}{\beta + 2} \cdot I_R \quad (5.2.2)$$

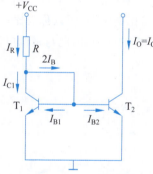

图 5.2.1 镜像电流源

当 $\beta \gg 2$ 时,有

$$I_O = I_C = I_B = \frac{V_{CC} - U_{BE}}{R} \quad (5.2.3)$$

式(5.2.3)表明,输出电 I_O 与基准电流 I_R 呈镜像关系,I_O 随着 I_R 的变化而变化,因而该电路称为镜像电流源。电路中一般有 $V_{CC} \gg U_{BE}$,故 $I_R \approx \frac{V_{CC}}{R}$,即基准电流仅取决于 V_{CC} 和 R,因而镜像电流 I_O 受环境温度变化的影响很小,温度特性好。但是,该电路受电源电压 V_{CC} 变化的影响较大。故电路对电源 V_{CC} 的稳定性要求较高。

镜像电流源的优点是电路结构简单,并且具有一定的温度补偿作用。缺点是当直流电源 V_{CC} 变化时,输出电流几乎按相同的变化规律波动,因而不适用于直流电源在大范围内变化的集成运放。此外,在直流电源 V_{CC} 一定的情况下,若要求输出电流 I_O 较大,则 I_R 必然较大,电阻 R 上的功耗增大,在集成电路中应避免;若要求输出电流较小(在微安级),则所用的电阻 R 将非常大(达兆欧级),这在集成电路中是难以实现的。因此,需要研究改进型的电流源电路。

2. 比例电流源

将镜像电流源的 T_1 和 T_2（特性完全相同）接入射极电阻 R_{e1} 和 R_{e2} 就构成了比例电流源电路，使得输出电流 I_O 与基准电流 I_R 呈一定的比例关系，从而克服镜像电流源的缺点。

由图 5.2.2 可知：

$$U_{BE1} + I_{E1}R_{e1} = U_{BE2} + I_{E2}R_{e2} \tag{5.2.4}$$

由于 T_1 和 T_2 特性相同，则 $U_{BE1} = U_{BE2}$，所以

$$I_{E1}R_{e1} = I_{E2}R_{e2} \tag{5.2.5}$$

忽略 T_1 和 T_2 管的基极电流，可得

$$I_R \approx I_{C1} \approx I_{E1} \tag{5.2.6}$$

$$I_O = I_{C2} \approx I_{E2} \tag{5.2.7}$$

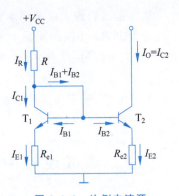

图 5.2.2 比例电流源

则

$$\frac{I_O}{I_R} \approx \frac{R_{e1}}{R_{e2}} \tag{5.2.8}$$

式中，基准电流 I_R 为

$$I_R \approx \frac{V_{CC} - U_{BE1}}{R + R_{e1}} \tag{5.2.9}$$

式(5.2.8)表明，改变射极电阻 R_{e1} 和 R_{e2} 的比值，就可以改变 I_O 与 I_R 的比值，即 I_O 与 I_R 呈比例关系，所以称为比例电流源。在温度变化情况下，R_{e1} 和 R_{e2} 具有一定的稳定静态工作点的能力，因此与镜像电流源比较，比例电流源的输出电流 I_O 具有更高的温度稳定性。

3. 微电流源

微电流源电路如图 5.2.3 所示。与比例电流源相比，将 R_{e1} 的阻值减为零，以获得一个比基准电流小许多的微电流源（微安级），适用于微功耗的集成电路。

由图 5.2.3 可知：

$$U_{BE1} = U_{BE2} + I_{E2}R_{e2} \tag{5.2.10}$$

$$I_O = I_{C2} \approx I_{E2} = \frac{U_{BE1} - U_{BE2}}{R_{e2}} \tag{5.2.11}$$

基准电流为

$$I_R \approx \frac{V_{CC} - U_{BE1}}{R} \tag{5.2.12}$$

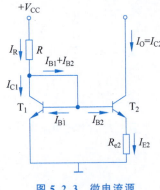

图 5.2.3 微电流源

在式(5.2.11)中，$U_{BE1} - U_{BE2}$ 只有几十毫安或更小，只要 R_{e2} 有几千欧，就可以得到微安级的小电流 $I_O = I_{C2}$，所以称如图 5.2.3 所示电路为微电流源电路。

5.2.2 多路电流源

集成运放是多级放大电路，因而需要多路电流源分别给各级提供合适的静态电流。图 5.2.4 为在比例电流源基础上得到的多路电流源，通过一个基准电流 I_R 就可以得到所需要的多路电流源。

根据 $T_0 \sim T_3$ 的接法，可得

$$U_{BE0} + I_{E0}R_{e0} = U_{BE1} + I_{E1}R_{e1} = U_{BE2} + I_{E2}R_{e2} = U_{BE3} + I_{E3}R_{e3} \tag{5.2.13}$$

由于各管 b-e 间电压基本相等，所以可以近似认为

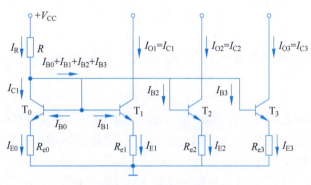

图 5.2.4 多路电流源

$$I_{E0}R_{e0} \approx I_{E1}R_{e1} \approx I_{E2}R_{e2} \approx I_{E3}R_{e3} \quad (5.2.14)$$

如果电流放大系数 β 足够大,则有

$$I_R R_{e0} \approx I_{o1}R_{e1} \approx I_{o2}R_{e2} \approx I_{o3}R_{e3} \quad (5.2.15)$$

式中,基准电流为

$$I_R \approx \frac{V_{CC} - U_{BE}}{R + R_{e0}} \quad (5.2.16)$$

由式(5.2.15)可知,利用一个基准电流 I_R,通过调整电阻 R_{e1}、R_{e2}、R_{e3},就可以得到需要的电流 I_{o1}、I_{o2}、I_{o3}。

5.2.3 改进型电流源

1. 威尔逊电流源

在基本电流源电路中,只有在 β 很大时式(5.2.3)、式(5.2.7)、式(5.2.11)才成立,也就是说,在上述电路的分析中忽略了基极电流对 I_{C2} 的影响。但如果电路中 β 比较小,则基极电流对输出电流的影响较大,不能忽略。为减小基极电流的影响,提高输出电流与基准电流的传输精度,对电路进行了进一步的改进,由此提出了威尔逊电流源。

威尔逊电流源也称为高输出阻抗电流源,如图 5.2.5 所示。

由图 5.2.5 可知,晶体管 T_1、T_2、T_3 之间的电流关系如下:

$$\begin{cases} I_R = I_{C1} + I_{B3} = I_{C1} + \dfrac{I_{C3}}{\beta_3} \\ I_{C1} = I_{C2} \\ I_{C3} = \dfrac{\beta_3 I_{E3}}{1+\beta_3} \\ I_{E3} = I_{C2} + \dfrac{I_{C1}}{\beta_1} + \dfrac{I_{C2}}{\beta_2} \end{cases} \quad (5.2.17)$$

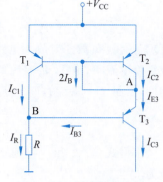

图 5.2.5 威尔逊电流源

式中,基准电流为

$$I_R \approx \frac{V_{CC} - U_{BE3} - U_{BE1}}{R} \quad (5.2.18)$$

如果 3 个晶体管参数对称,有 $\beta_1=\beta_2=\beta_3=\beta$,解方程组(5.2.17),可得

$$\frac{I_R}{I_O} = \frac{I_R}{I_{C3}} = 1 + \frac{2}{\beta^2 + 2\beta} \qquad (5.2.19)$$

对于镜像电流源,可知参考电流 I_R 和输出电流 I_O 的关系为

$$\frac{I_R}{I_O} = 1 + \frac{2}{\beta} \qquad (5.2.20)$$

对比式(5.2.19)和式(5.2.20)可知,威尔逊电流源输出电流与基准电流之间的偏差仍然与晶体管的电流放大倍数 β 有关,但是偏差减小,电流精度得到进一步提高。

2. 加射极输出器的电流源

在镜像电流源 T_0 管的集电极与基极之间加一只从射极输出的晶体管 T_2,便构成图 5.2.6 所示电路。利用 T_2 管的电流放大作用,减小了基极电流 I_{B0} 和 I_{B1} 对基准电流 I_R 的分流。T_0、T_1、T_2 特性完全相同,$\beta_0 = \beta_1 = \beta_2 = \beta$,而由于 $U_{BE1} = U_{BE0}$,$I_{B1} = I_{B0} = I_R$,因此输出电流为

$$I_{C1} = I_{C0} = I_R - I_{B2} = I_R - \frac{I_{E2}}{1+\beta} = I_R - \frac{2I_B}{1+\beta} = I_R - \frac{2I_{C1}}{(1+\beta)\beta} \qquad (5.2.21)$$

整理后可得

$$I_{C1} = \frac{I_R}{1 + \frac{2}{(1+\beta)\beta}} = I_R \qquad (5.2.22)$$

图 5.2.6 加射极输出器的电流源

若 $\beta = 10$,则代入式(5.2.22)可得 $I_{C1} \approx 0.982 I_R$。说明即使 β 很小,也可以认为 $I_{C1} = I_R$,I_{C1} 与 I_R 保持很好的镜像关系。

在实际电路中,有时在 T_0 管和 T_1 管的基极与地之间加电阻 R_{e2}(如图 5.2.6 中虚线所画部分),用来增大 T_2 管的工作电流,从而提高 T_2 管的 β。此时,T_2 管发射极电流 $I_{E2} = I_{B0} + I_{B1} + I_{Re2}$。

5.2.4 电流源作有源负载的放大电路

在集成运放电路中,常用电流源作有源负载,如图 5.2.7 所示为有源负载共射放大电路。T_1 为放大管,T_2 与 T_3 构成镜像电流源,是 T_1 的有源负载。设 T_2 与 T_3 管特性完全相同,因而 $\beta_2 = \beta_3 = \beta$,$I_{C2} = I_{C3}$。其基准电流为

$$I_R = \frac{V_{CC} - U_{EB3}}{R} \qquad (5.2.23)$$

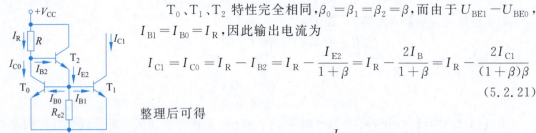

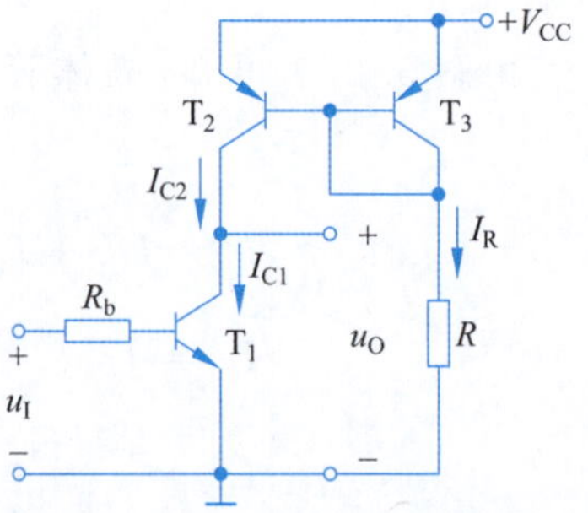

图 5.2.7 有源负载共射放大电路

根据式(5.2.22),得到空载时 T_1 管的静态集电极电流为

$$I_{CQ1} = I_{C2} = \frac{\beta}{\beta+2} \cdot I_R \qquad (5.2.24)$$

可见,合理设置电路中 V_{CC} 与 R,就可设置合适的集电极电流 I_{CQ1}。

应当指出,输入端 u_I 的中应含有直流分量,为 T_1 提供静态基极电流 I_{BQ1},I_{BQ1} 不应与镜像电流源提供的 I_{C2} 产生冲突。应当注意,当电路带上负载电阻 R_L 后,由于 R_L 对 I_{C2} 的分流作用,I_{CQ1} 将有所变化。

> 讨论:
> (1) 简述集成运放中电流源的两个作用。
> (2) 常见的电流源电路有哪些？以电流源为有源负载的放大电路有哪些？
> (3) 列出本节所涉及的电流源电路的输出电流与基准电流关系式。
> (4) 用恒流源作有源负载的优点是什么？

5.3 差分放大电路

5.3.1 基本差分放大电路的组成及输入输出方式

1. 差分式放大电路的组成

图 5.3.1 为常用的差分放大电路，是由两个结构对称、特性相同的三端器件 T_1、T_2 组成，并通过射极公共电阻 R_e 耦合而成，因此又称长尾式差分放大电路。电路有两个输入端和输出端。因而电路具有稳定的直流偏置和很强的抑制共模信号的能力。信号可以双端输入，也可以单端输入；可以双端输出，也可以单端输出。

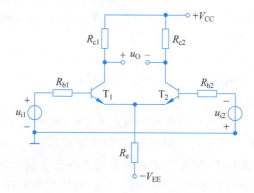

图 5.3.1 差分放大电路

2. 差模信号和共模信号的概念

为了便于分析差分放大电路的性能，通常将双端输入的信号分解为差模信号和共模信号。差模信号是指差分式放大电路两输入端信号的差值部分，在图 5.3.1 中以电压信号为例，两输入端的差模电压信号 u_{id} 定义为

$$u_{id} = u_{i1} - u_{i2} \tag{5.3.1}$$

两输入端的共模电压信号 u_{ic} 是两输入端信号相同的公共部分，u_{ic} 是两输入电压 u_{i1} 和 u_{i2} 的算术平均值，称为共模电压，定义为

$$u_{ic} = \frac{u_{i1} + u_{i2}}{2} \tag{5.3.2}$$

当用差模和共模电压表示两输入电压时，由式(5.3.1)和式(5.3.2)可得

$$u_{i1} = u_{ic} + \frac{u_{id}}{2} \tag{5.3.3}$$

$$u_{i2} = u_{ic} - \frac{u_{id}}{2} \tag{5.3.4}$$

由式(5.3.3)、式(5.3.4)可知，两输入端的共模信号 u_{ic} 的大小相等、极性相同，而两输入端的差模电压 $+u_{id}/2$ 和 $-u_{id}/2$ 的大小相等，极性则是相反的。

3. 差分式放大电路的输出

差分放大电路输出电压包含由差模输入信号 u_{id} 产生的差模输出电压 u_{od} 和由共模输入信号 u_{ic} 产生的共模输出电压 u_{oc} 的叠加。单端输出时输出电压分别为

$$u_{o1} = u_{oc} + \frac{u_{od}}{2} \tag{5.3.5}$$

$$u_{o2} = u_{oc} - \frac{u_{od}}{2} \tag{5.3.6}$$

双端输出时输出电压为

$$u_o = u_{o1} - u_{o2} = u_{od} \tag{5.3.7}$$

差分式放大电路的差模电压增益为

$$A_d = \frac{u_{od}}{u_{id}} \tag{5.3.8a}$$

共模电压增益为

$$A_c = \frac{u_{oc}}{u_{ic}} \tag{5.3.8b}$$

当差模信号和共模信号同时存在时,对于线性放大电路来说,输出电压 u_o 是 u_{od} 和 u_{oc} 的叠加,用叠加原理求出电路总的输出电压,即

$$u_o = u_{od} + u_{oc} = A_d u_{id} + A_c u_{ic} \tag{5.3.9}$$

放大电路的设计要求差模电压增益 A_d 高,而共模电压增益 A_c 低。

4. 抑制零点漂移的原理

零点漂移(简称零漂),就是当放大电路的输入为零时,输出端电压不为零的现象。在直接耦合多级放大电路中,当第一级放大电路的 Q 点由于某种原因(如温度变化)而稍有偏移时,输出电压会将微小变化逐级放大,致使放大电路的输出端产生较大的漂移电压。放大增益越高,漂移越严重,当输出漂移电压的大小可以和放大的有效信号电压相比时,就无法区分有效信号电压和漂移电压,严重时有效信号电压甚至会被漂移电压淹没,使放大电路无法正常工作。温度变化所引起半导体器件参数的变化是放大电路产生零点漂移的主要原因。

在差分式放大电路中,温度变化、电源电压的波动都会引起两管集电极电流及电压相同的变化,其效果相当于在两个输入端加入了共模信号电压,如果电路绝对对称和采用恒流源偏置,在双端输出的理想情况下,可使输出电压不变,共模输出电压为零,从而抑制了零点漂移。在单端输出时,当采用恒流偏置时有较小的共模输出。所以抑制零漂是由电路对称性和恒流源偏置决定。当然,在实际情况下,要做到两管电路完全对称和理想恒流源偏置是比较困难的,但是输出漂移(共模)电压将大为减小。所以差分式放大电路特别适合于作多级直接耦合放大电路的输入级。抑制零点漂移除了采用差放电路外,还可在电路中引入直流负反馈或用温度补偿方法,抵消三极管参数变化的影响。

5.3.2 长尾式差分放大电路

如图 5.3.2 所示为典型的长尾式差分放大电路,由于 R_e 接负电源 $-V_{CC}$,拖一个尾巴,故称为长尾式电路,电路参数理想对称,即 $R_{b1} = R_{b2}$,$R_{c1} = R_{c2}$,在任何温度下晶体管 T_1 和 T_2 的特性和参数均完全相同。R_e

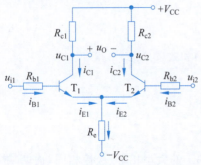

图 5.3.2 长尾式差分放大电路

为公共的发射极电阻。

1. 静态分析

当输入信号 $u_{i1}=u_{i2}=0$ 时，电阻 R_e 中的电流等于 T_1 管和 T_2 管的发射极电流之和，即

$$I_{R_e} = I_{E1} + I_{E2} = 2I_{EQ}$$

输入回路方程为

$$V_{CC} = I_{BQ}R_b + U_{BEQ} + 2I_{EQ}R_e \tag{5.3.10}$$

一般 R_b 的值很小，甚至取值为零，而基极电流 I_{BQ} 也很小，因此在式(5.3.10)中可忽略 R_b 电压，即基极静态电位为 0，发射极静态电流和基极静态电流分别为

$$I_{EQ} \approx \frac{V_{CC} - U_{BEQ}}{2R_e} \approx I_{CQ} \tag{5.3.11}$$

$$I_{BQ} \approx \frac{I_{EQ}}{1+\beta} \tag{5.3.12}$$

$$U_{EQ} \approx -U_{BEQ}$$

所以

$$U_{CEQ} \approx U_{CQ} - U_{EQ} \approx V_{CC} - I_{CQ}R_c + U_{BEQ} \tag{5.3.13}$$

由式(5.3.13)可知，差分放大电路是靠选择合适的发射极电源和发射极电阻来确定差分管的静态电流的，由于 V_{CC} 和 R_e 的参数稳定，差分放大电路的静态工作点也比较稳定。

2. 差分放大电路在共模信号作用下的分析

若在差分放大电路的两端加入大小相等、相位相同的共模电压信号，如图 5.3.3 所示。当电路输入共模信号时，基极电流和集电极电流的变化量相等，集电极电位的变化也相等，即 $U_{OC}=U_{C1}-U_{C2}=0$，可见，双端输入、双端输出的差分放大电路对共模信号有抑制作用。

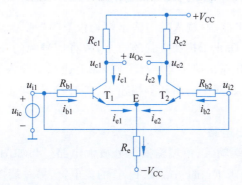

图 5.3.3 差分放大电路加共模信号

3. 差分放大电路在差模信号作用下的分析

当在电路的两个输入端各加一个大小相等、极性相反的差模电压信号，即 $u_{ic}=0$，$u_{i1}=-u_{i2}=u_{id}/2$，信号源的中点公共端，如图 5.3.4(a)所示。

由于电路的对称性，T_1、T_2 管的对应电流一管增加，另一管减少，且增加的量等于减少的量，即 $i_{e1}=-i_{e2}$，流过电阻 R_e 交流电流为

$$i_{R_e} = i_{e1} + i_{e2} = 0$$

则电阻 R_e 的交流电压为 0，相当于 E 点交流接地，故交流小信号模型如图 5.3.4(b)所示。

差模电压增益为

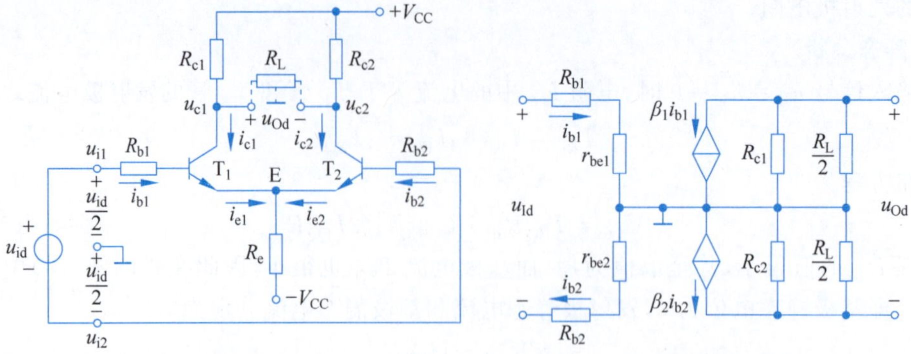

(a) 加差模信号 (b) 差模等效电路

图 5.3.4 差分放大电路加差模信号

$$A_d = \frac{u_{od}}{u_{id}} = -\frac{\beta\left(R_c \ // \ \dfrac{R_L}{2}\right)}{R_b + r_{be}} \tag{5.3.14}$$

由式(5.3.14)可以看出,电路对称的差分放大电路在双端输入、双端输出的情况下,其差模增益与单管共射极放大电路相当。可见,该电路用双倍的器件换取了抑制零点漂移的能力。

输入电阻为

$$R_{id} = 2(R_b + r_{be}) \tag{5.3.15}$$

输出电阻为

$$R_o = 2R_c \tag{5.3.16}$$

视频 26 差分放大电路的 4 种接法

5.3.3 差分放大电路的 4 种接法

在如图 5.3.2 所示的电路中,输入端与输出端均没有接"地"点,称为双端输入、双端输出电路。在实际应用中,为了防止干扰和负载的安全,常将信号源的一端接地,或者将负载电阻的一端接地。根据输入端和输出端接地情况不同,除上述双端输入、双端输出电路外,还有双端输入、单端输出,单端输入、双端输出和单端输入、单端输出,共 4 种接法。下面分别介绍其电路的特点。

1. 双端输入、单端输出电路

图 5.3.5(a)所示为双端输入、单端输出差分放大电路。与如图 5.3.2 所示的电路相比,只在输出端不同,其负载电阻 R_L 的一端接 T_1 管的集电极,另一端接地。其输出回路不对称,因此影响静态工作点和动态参数。画出图 5.3.5(a)所示电路的直流通路如图 5.3.5(b)所示,其中 V'_{CC} 和 R'_c 是利用戴维南定理进行变换得出的等效电源和电阻,其表达式分别为

$$V'_{CC} = \frac{R_L}{R_c + R_L} \cdot V_{CC} \tag{5.3.17}$$

$$R'_c = R_c \ // \ R_L \tag{5.3.18}$$

输入回路参数对称,使静态电流 $I_{BQ1} = I_{BQ2}$,从而 $I_{CQ1} = I_{CQ2}$;但是,由于输出回路的不对称性,使 T_1 管和 T_2 管的集电极电位 $U_{CQ1} \neq U_{CQ2}$,从而使管压降 $U_{CEQ1} \neq U_{CEQ2}$。由图 5.3.5(a),可得

$$U_{CQ2} = V_{CC} - I_{CQ}R_c \tag{5.3.19}$$

$$U_{CQ1} = V'_{CC} - I_{CQ}R'_c \tag{5.3.20}$$

因为在差模信号作用时,负载电阻仅取得 T_1 管集电极电位的变化量,所以与双端输出电

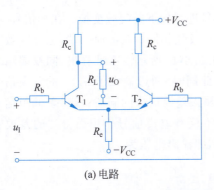
(a) 电路

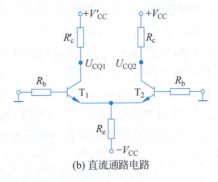
(b) 直流通路电路

图 5.3.5　双端输入、单端输出差分放大电路

路相比,差模放大倍数的数值减小。画出如图 5.3.5(a)所示电路对差模信号的等效电路,如图 5.3.6 所示。在差模信号作用时,由于 T_1 管与 T_2 管中电流大小相等且方向相反,所以发射极相当于接地。输出电压为 $u_{od}=-i_c(R_c\mathbin{/\mkern-6mu/}R_L)$,输入电压为 $u_{id}=2i_b(R_b+r_{be})$,因此差模放大倍数为

$$A_d=\frac{u_{od}}{u_{id}}=-\frac{1}{2}\frac{\beta(R_c\mathbin{/\mkern-6mu/}R_L)}{R_b+r_{be}} \qquad (5.3.21)$$

电路的输入回路没有变,所以输入电阻 R_i 仍为 $2(R_b+r_{be})$。

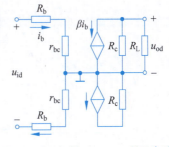

图 5.3.6　如图 5.3.5(a)所示电路对差模信号的等效电路

电路的输出电阻 R_o 为 R_c,是双端输出电路输出电阻的一半。

如果输入差模信号极性不变,而输出信号取自 T_2 管的集电极,则输出与输入同相。

当输入共模信号时,由于两边电路的输入信号大小相等且极性相同。所以发射极电阻 R_e 上的电流变化量 $\Delta i_e=2i_e$,发射极电位的变化量 $\Delta u_E=2i_eR_e$;对于每只管子而言,可以认为是 i_e 流过阻值为 $2R_e$ 所造成的,如图 5.3.7(a)所示。因此,与输出电压相关的 T_1 管一边电路对共模信号的等效电路如图 5.3.7(b)所示。从图 5.3.7 可以求出

$$A_c=\frac{u_{oc}}{u_{ic}}=-\frac{\beta(R_c\mathbin{/\mkern-6mu/}R_L)}{R_b+r_{be}+2(1+\beta)R_e} \qquad (5.3.22)$$

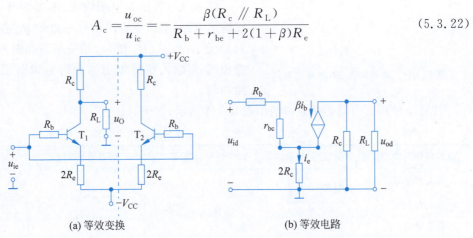

(a) 等效变换　　　　　(b) 等效电路

图 5.3.7　如图 5.3.5(a)所示电路对共模信号的等效电路

2. 单端输入、双端输出电路

图 5.3.8(a)所示为单端输入、双端输出电路,两个输入端中有一个接地,输入信号加在另一端与地之间。因为电路对于差模信号是通过发射极相连的方式将 T_1 管的发射极电流传递到 T_2 管的发射极的,故称这种电路为射极耦合电路。

为了说明这种输入方式的特点,不妨将输入信号进行如下的等效变换。在加信号一端,可将输入信号分为两个串联的信号源,数值均为 $u_1/2$,极性相同;在接地一端,也可等效为两个串联的信号源,数值均为 $u_1/2$,但极性相反,如图 5.3.8(b) 所示。不难看出,同双端输入时一样,左右两边获得的差模信号仍为 $\pm u_1/2$;但是与此同时,两边输入了 $u_1/2$ 的共模信号。可见,单端输入电路与双端输入电路的区别在于:在输入差模信号的同时,伴随着共模信号的输入。因此,在共模放大倍数 A_c 不为零时,输出端不仅有差模信号作用而得到的差模输出电压,而且还有共模信号作用而得到的共模输出电压,即输出电压为

$$u_o = A_d u_1 + A_c \cdot \frac{u_1}{2} \tag{5.3.23}$$

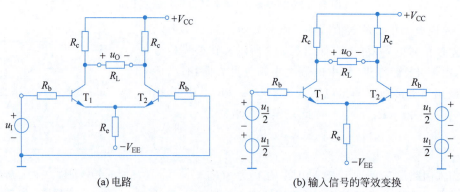

(a) 电路　　　　　　　　　　　　　(b) 输入信号的等效变换

图 5.3.8　单端输入、双端输出电路

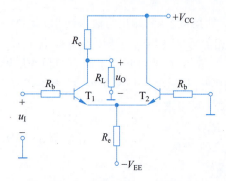

图 5.3.9　单端输入、单端输出电路

当然,若电路参数理想对称,则 $A_c = 0$,即式中的第二项为 0,此时 K_{CMR} 将为无穷大。单端输入、双端输出电路与双端输入、双端输出电路的静态工作点以及动态参数的分析完全相同,此处不再赘述。

3. 单端输入、单端输出电路

图 5.3.9 所示为单端输入、单端输出电路,对于单端输出电路,常将不输出信号一边的 R_c 省掉。该电路对 Q 点、A_d、A_c、R_i 和 R_o 的分析与如图 5.3.5 所示电路相同,对输入信号作用的分析与如图 5.3.8 所示电路相同。

现将 4 种接法的动态参数归纳如表 5.3.1 所示,便于对比。

表 5.3.1　差分放大电路 4 种接法动态参数

输入输出方式	差模电压放大倍数	差模输入电阻	差模输出电阻	共模抑制比
双入双出	$-\dfrac{\beta\left(R_c /\!/ \dfrac{R_L}{2}\right)}{R_b + r_{be}}$	$2(R_b + r_{be})$	$2R_c$	∞
单入双出				
双入单出	$-\dfrac{\beta(R_c /\!/ R_L)}{2(R_b + r_{be})}$	$2(R_b + r_{be})$	R_c	很大
单入单出				

5.3.4　具有恒流源的差分放大电路

在如图 5.3.5 所示的差分放大电路中,电阻 R_e 越大,抑制零点漂移的能力越强,共模抑制比越高,但在集成电路中很难集成大电阻,并且 R_e 太大,如果电源电压不加大,则三极管 T_1

和 T_2 的动态范围会减小。为了克服上述弊端,采用恒流源电路替代射极电阻 R_e,既能设置合适的静态工作点,又能对共模信号呈现很大的等效电阻。具有恒流源的差分放大电路如图 5.3.10 所示。

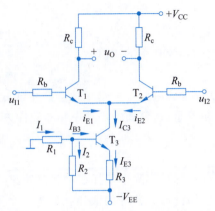

图 5.3.10　具有恒流源的差分放大电路

电阻 R_1、R_2、R_3 和 T_3 组成工作点稳定电路。当 T_3 工作在放大区时,其集电极电流基本决定于基极电流,而与压降无关。若电阻 R_2 中的电流远远大于 T_3 的基极电流时,电阻 R_2 的电压为

$$U_{R_2} \approx \frac{R_2}{R_1+R_2} V_{EE} \quad (5.3.24)$$

T_3 管的集电极电流为

$$I_{C3} \approx I_{E3} = \frac{U_{R_2} - U_{BE3}}{R_3} \quad (5.3.25)$$

所以 T_3 管的集电极电流在温度变化时基本不变,可将其视为恒流源。T_3 表现出很大的动态电阻,对共模信号起到负反馈作用,可以抑制共模信号的放大。但对差模信号不起作用,因而恒流源式差动放大电路的交流电阻与带 R_e 电阻的差分放大电路完全相同,电路交流参数的计算也相同。

讨论:
(1) 什么是差模信号和共模信号?
(2) 放大电路产生共模信号的主要原因是什么?请举例说明。
(3) 差分放大电路共有几种输入/输出方式?

5.4　功率放大电路

5.4.1　功率放大电路概述

1. 功率放大电路的特点及主要研究对象

集成运放及多级放大电路的输出级要直接驱动负载,能够为负载提供足够大功率的电路称为功率放大电路。功率放大电路从结构、工作原理、能量关系等方面都不同于电压放大电路,要求获得一定的不失真(或失真较小)的输出功率,因此功率放大电路包含着一系列在电压放大电路中没有出现过的特殊问题,具体如下。

1）输出功率大

为了获得大的输出功率，器件往往在接近极限运用状态下工作，这样功率放大电路的电压和电流才能有足够大的输出幅度。

2）效率更高

输出功率大，直流电源消耗的功率也大，这就要考虑效率的问题。所谓效率，就是负载得到的有用信号功率和电源提供的直流功率的比值。

3）非线性失真要小

工作在大信号状态下的功率放大电路不可避免地会产生非线性失真，而且同一功放管输出功率越大，非线性失真往往越严重，这就使输出功率和非线性失真成为一对主要矛盾。要根据不同场合进行取舍。

4）功率器件的散热问题

在功率放大电路中，电源提供的功率除了消耗在负载上外，其余的功率消耗在管子的集电结上，使结温和管壳温度升高。因此放大器件的散热就成为一个重要问题。还要注意功率管的损坏与保护问题。

视频 27
功率放大电路

由于功放管在大信号状态下工作，需要同时考虑直流和交流对管子工作状态的影响，故通常采用图解法。

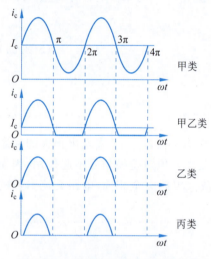

图 5.4.1　低频功率放大电路的分类

2. 功率放大电路提高效率的主要途径

根据放大管在输入正弦波时导通角的不同可将其分为甲类、甲乙类、乙类及丙类。如图 5.4.1 所示，输入信号在整个周期内，功放管都导通，导通角 $\theta=360°$，$i_C>0$，这种工作方式通常称为甲类放大；输入信号在大于半个周期内 $i_C>0$，$\theta>180°$，称为甲乙类功率放大；输入信号只在半个周期内 $i_C>0$，$\theta=180°$，称为乙类放大。丙类导通角 $\theta<90°$，输入信号只在小半周期内有电流通过。

甲类放大的优点是波形失真小，静态工作电流大，管耗大，放大电路效率较低。因此甲类放大电路主要用于小功率放大电路中。

怎样才能使电源供给的功率大部分转化为有用的信号功率输出呢？由甲类放大电路的特点可知，静态电流是造成管耗的主要因素。如果把静态工作点 Q 向下移动，使信号等于零时电源供给的功率也减小，甚至为零，信号增大时电源供给的功率也随之增大，这样电源供给功率及管耗都随着输出功率的大小而变，从而改变了甲类放大时效率低的问题。

虽然甲乙类和乙类放大减小了静态功耗，提高了效率，但都出现了严重的波形失真，因此，既要保持静态时管耗小，又要使失真不太严重，就需要在电路结构上采取措施。

5.4.2　甲类功率放大电路

第 3 章介绍的射极输出器的电压增益虽然近似为 1，但有较强的电流放大能力，可在负载上获得较大的功率增益。由于该电路输出电阻小，带负载能力强，因而常用作集成放大器的输出级。

1. 电路结构及工作原理

用电流源作射极偏置和负载的射极输出器简化电路如图 5.4.2 所示。下面分析其工作原理。

设 u_i 为正弦波，T 工作在放大区，其基射极间电压近似为 0.6V，因此输出电压与输入电压的关系为

$$u_o \approx u_i - 0.6\text{V} \quad (5.4.1)$$

当 u_i 为正半周，T 进入临界饱和时，u_o 正向振幅达到最大值。设 T 的饱和压降 $V_{CES} \approx 0.2\text{V}$，则有

$$V_{om+} = V_{CC} - 0.2\text{V} \quad (5.4.2)$$

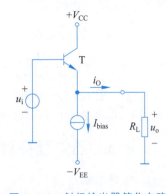

图 5.4.2 射极输出器简化电路

当 u_i 为负半周，加在 T 基射极间电压 u_{BE} 将减小，如 u_i 幅值太大，将导致 T 出现截止，u_o 出现削波。在临界截止时由于 $i_C \approx i_E = 0$，输出的（负向）电流和电压的振幅分别为

$$I_{om-} = |-I_{bias}| \quad (5.4.3)$$

和

$$V_{om-} = |-I_{bias}R_L| \quad (5.4.4)$$

2. 功率及效率的计算举例

例 5.4.1 设电路如图 5.4.2 所示。$V_{CC} = V_{EE} = 15\text{V}$，$I_{bias} = 1.85\text{A}$，$R_L = 8\Omega$。$V_{bias} = 0.6\text{V}$，$u_I = V_{bias} + u_i$，在基极回路设置一偏置电压源，当 $u_i = 0$ 时，输出电压 $u_o \approx 0$。若 u_i 为正弦信号电压，试计算最大输出功率 P_{om}、直流电源供给的功率和效率。

解：(1) 求最大输出功率 P_{om}。

由式(5.4.2)和式(5.4.4)分别可求出

$$V_{om-} \approx V_{CC} - 0.2\text{V} = 14.8\text{V}$$

和

$$V_{om-} \approx |-I_{bias}R_L| = |-1.85 \times 8| = 14.8(\text{V})$$

因此输出电压是正负最大幅值均为 $V_{om} = 14.8\text{V}$ 的正弦波，最大输出功率为

$$P_{om} = \left(\frac{V_{om}}{\sqrt{2}}\right)^2 \cdot \frac{1}{R_L} = \left(\frac{14.8}{\sqrt{2}}\right)^2 \frac{1}{8}\text{W} \approx 13.69\text{W}$$

(2) 求直流电源供给的功率。

输出电压和负载电流分别为

$$u_o = 14.8\sin(\omega t)$$

和

$$i_o = \frac{V_{om}}{R_L}\sin(\omega t) = \frac{14.8}{8}\sin(\omega t)\text{A} = 18.5\sin(\omega t)\text{A}$$

T 的集电极电流近似为

$$i_C = i_o + I_{bias} = (18.5\sin(\omega t) + 1.85)\text{A}$$

考虑到正弦信号的平均值是 0，i_C 的平均值 $I_{cav} = I_{bias} = 1.85\text{A}$。因此正电源 V_{CC} 提供的功率为

$$P_{VCC} = V_{CC}I_{cav} = 15 \times 18.5\text{W} = 27.75\text{W}$$

负电源 $-V_{EE}$ 提供的功率 P_{VEE} 也是电流源消耗的功率 P_{bias}，即

$$P_{VEE} = P_{bias} = V_{EE}I_{bias} = 27.75\text{W}$$

而直流电源供给的总功率为

$$P_V = P_{VCC} + P_{VEE}$$

(3) 求放大器的效率 η。

$$\eta = \frac{P_{om}}{P_{VCC} + P_{VEE}} \times 100\% = \frac{13.9}{27.75 + 27.75} \times 100\% \approx 24.7\%$$

可见，工作在甲类的如图 5.4.2 所示射极输出器的效率小于 25%。可以证明，即使在理想情况下，甲类放大电路的效率最高也只能达到 50%。

5.4.3 乙类互补对称功率放大电路

1. 电路组成

视频 29
甲乙类功率
放大电路

乙类的放大电路，虽然管耗小，效率高，但动态时，放大电路只工作在输入信号的正半周，使得输出信号的半个波形被削掉了，存在严重的失真。如果用两个管子，使之都工作在乙类放大状态，一个在正半周工作，另一个在负半周工作，同时使这两个输出波形都能加到负载上，从而在负载上获得一个完整的波形，这样就能解决效率与失真的矛盾。

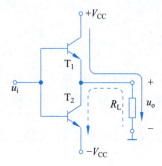

图 5.4.3 乙类互补对称功率放大电路

在如图 5.4.3(a)所示的互补对称电路中，T_1 和 T_2 分别为 NPN 型管和 PNP 型管，两管的基极、发射极分别连接在一起，信号从基极输入、从发射极输出，R_L 为负载。电路相当于由两个射极输出器组合而成。由于 BJT 发射结处于正向偏置时才导电，因此当信号处于正半周时，T_2 截止，T_1 导通，有电流自上而下流过负载 R_L，如图 5.4.3 中实线标示；而当信号处于负半周时，T_1 截止，T_2 导通，仍有电流自下而上流过负载 R_L，如图 5.4.3 中虚线标示；这样，如图 5.4.3 所示的互补对称电路实现了静态时两管不导电，而在有信号时，T_1 和 T_2 轮流导电，组成推挽式电路。在信号 u_i 变化的整个周期内，u_o 均随 u_i 变化，

在负载上获得了一个完整的正弦电压波形。两管互补对方的不足，工作性能对称，所以这种电路通常称为互补对称电路。又由于两管都为射极输出，所以也称为互补射极输出电路。

2. 主要指标计算

图 5.4.4(a)表示如图 5.4.3 所示电路在 u_i 为正半周时 T_1 的工作情况。图中假定，只要 $u_{BE} > 0$，T_1 就开始导电，则在一周期内 T_1 导电时间约为半周期。T_2 的工作情况和 T_1 相似，只是在信号的负半周导电。为了便于分析，将 T_2 的特性曲线倒置画在 T_1 的右下方，并令二者在 Q 点，即 $u_{CE1} = -u_{CE2} = V_{CC}$ 处重合（$u_i = 0$ 时两管均处于截止状态），形成 T_1 和 T_2 的所谓合成曲线，如图 5.4.4(b)所示。

工作在乙类的互补对称电路的输出功率、管耗、直流电源供给的功率和效率等主要参数计算如下：

1) 输出功率

输出功率用输出电压有效值 U_o 和输出电流有效值 I_o 的乘积来表示。设输出电压的幅值为 U_{om}，则

$$P_o = U_o I_o = \frac{U_{om}}{\sqrt{2}} \cdot \frac{U_{om}}{\sqrt{2} R_L} = \frac{1}{2} \cdot \frac{U_{om}^2}{R_L} \tag{5.4.5}$$

图 5.3.1 中的 T_1、T_2 可以看成工作在射极输出器状态，$A_V \approx 1$。当输入信号足够大，使 $U_{im} = U_{om} = V_{CC} - U_{CES} \approx V_{CC}$ 和 $I_{om} = I_{cm}$ 时，可获得最大输出功率

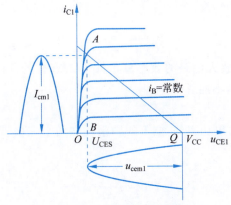

(a) u_i 为正半周时 T_1 管工作情况

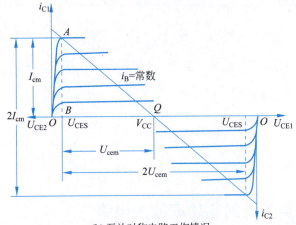

(b) 互补对称电路工作情况

图 5.4.4　互补对称电路图解分析

$$P_{om} = \frac{1}{2} \cdot \frac{U_{om}^2}{R_L} = \frac{1}{2} \cdot \frac{U_{cem}^2}{R_L} \approx \frac{1}{2} \cdot \frac{V_{CC}^2}{R_L} \qquad (5.4.6)$$

2) 直流电源供给的功率 P_V

在输出功率最大时,集电极电流最大,直流电源的输出电流也最大,因而在忽略晶体管基极电流的情况下直流电源 $+V_{CC}$ 的最大输出电流为

$$i_{Vmax} = i_{Cmax} = \frac{V_{CC} - |U_{CES}|}{R_L} \qquad (5.4.7)$$

在半个周期内提供的平均电流为 $\dfrac{i_{Cmax}}{\pi}$,因此两个电源所提供的总功率为

$$P_V = \frac{2}{\pi} V_{CC} \frac{V_{CC} - |U_{CES}|}{R_L}$$

$$\approx \frac{2V_{CC}^2}{\pi R_L} \qquad (5.4.8)$$

3) 效率 η

电源提供的直流功率转换成有用的交流信号功率的效率为

$$\eta = \frac{P_{om}}{P_V} = \frac{\pi}{4} \frac{V_{CC} - |U_{CES}|}{V_{CC}} \qquad (5.4.9)$$

忽略管子的饱和压降 U_{CES} 时,有

$$\eta = \frac{P_o}{P_V} = \frac{\pi}{4} \approx 78.5\% \qquad (5.4.10)$$

实际上,互补对称功率放大电路的效率总是低于 78.5% 的。因为功率管的忽略,管子的饱和压降 U_{CES} 常为 2～3V,不能忽略。

4) 耗散功率 P_T

电源提供的功率除了输出功率外,剩下的则消耗在两个三极管上。因此管子的耗散功率 P_T 为

$$P_T = P_V - P_o = \frac{2V_{CC}U_{om}}{\pi R_L} - \frac{1}{2} \cdot \frac{U_{om}^2}{R_L} \qquad (5.4.11)$$

由式(5.4.11)可知,耗散功率 P_T 与 U_{om} 有关,但并不是 U_{om} 越大,P_T 越大。令

$$\frac{dP_T}{dU_{om}} = \frac{1}{R_L}\left(\frac{2V_{CC}}{\pi} - U_{om}\right) = 0$$

所以当 $U_{om} = \dfrac{2V_{CC}}{\pi}$ 时,耗散功率达极大值 P_{Tm},将 $U_{om} = \dfrac{2V_{CC}}{\pi}$ 代入式(5.4.11),得两管总管耗为

$$P_{Tm} = \frac{2V_{CC}^2}{\pi^2 R_L} \approx 0.4 P_{om}$$

每个管子的管耗为

$$P_{Tm1} = P_{Tm2} \approx 0.2 P_{om} \qquad (5.4.12)$$

5.4.4 甲乙类互补对称功率放大电路

前面讨论了由两个射极输出器组成的乙类互补对称电路(见图 5.4.5(a)),实际上这种电路并不能使输出波形很好地反映输入的变化。由于没有直流偏置,功率管的 i_B 必须在 $|u_{BE}|$ 大于某一个数值(即门坎电压,NPN 型硅管约为 0.6V)时才有显著变化。当输入信号 u_i 低于这个数值时,T_1 和 T_2 都截止,i_{C1} 和 i_{C2} 基本为零,负载 R_L 上无电流通过,出现一段死区,如图 5.4.5(b)所示。这种现象称为交越失真。

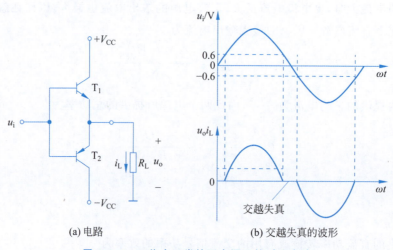

(a) 电路　　　　　(b) 交越失真的波形

图 5.4.5　工作在乙类的双电源互补对称电路

1. 甲乙类双电源互补对称电路

如图 5.4.6 所示的偏置电路是克服交越失真的一种方法。由图 5.4.6 可见，T_3 组成前置放大级（图中未画出 T_3 的直流偏置电路），只要 T_3 能正常工作，D_1、D_2 就始终处于正向导通状态，可以近似用恒压降模型代替 D_1 和 D_2 与 T_1 和 T_2 组成互补输出级。静态时，在 D_1、D_2 上产生的压降为 T_1、T_2 提供了一个适当的偏压，使之处于微导通状态。通过适当调整 R_{e3} 和 R_{c3} 可以使输出电路上下两部分达到对称，静态时 $i_{C1}=i_{C2}$，$i_L=0$，$u_o=0$。而有信号时，由于电路工作在甲乙类，所以即使输入交流信号 u_i 很小，也可产生相应的输出 u_o。另外要注意的是，D_1 和 D_2 采用恒压降模型时，T_1 和 T_2 两个基极的交流信号电压完全相同。基本上可线性地进行放大。

上述偏置方法的缺点是，T_1 和 T_2 两基极间的静态偏置电压不易调整。而在图 5.4.7 中，流入 T_4 的基极电流远小于流过 R_1、R_2 的电流，则由图 5.4.7 可求出 $V_{CE4}=V_{BE4}(R_1+R_2)/R_2$，因此，利用 T_4 管的 V_{BE4} 基本为一固定值（硅管电压为 0.6～0.7V），只要适当调节 R_1、R_2 的比值，就可改变 T_1、T_2 的偏压值。这种方法，在集成电路中经常用到。

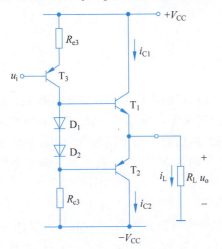

图 5.4.6 利用二极管进行偏置的互补对称电路

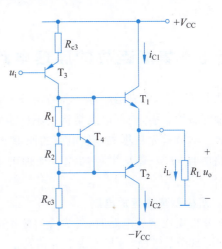

图 5.4.7 利用 V_{BE} 扩大电路进行偏置的互补对称电路

2. 甲乙类单电源互补对称电路

在图 5.4.6 的基础上，令 $-V_{CC}=0$，并在输出端与负载 R_L 之间接入一大电容 C，就得到如图 5.4.8 所示的单电源互补对称电路。由图 5.4.8 可见，在输入信号 $u_i=0$ 时，由于电路对称，$i_{C1}=i_{C2}$，$i_L=0$，$u_o=0$，从而使 K 点电位 $V_K=V_C$（电容 C 两端电压）$\approx V_{CC}/2$。

当有信号时，在信号 u_i 的负半周，T_3 集电极输出电压为正半周，T_1 导通，有电流通过负载 R_L，同时向 C 充电，负载上获得正半周信号；在信号的正半周，T_3 集电极为负半周，T_2 导通，则已充电的电容 C，通过负载 R_L 放电，负载上得到负半周信号。只要选择时间常数 $R_L C$ 足够大（比信号的最长周期还大得多），就可以认为用电容 C 和一个电源 V_{CC} 可代替原来的 $+V_{CC}$ 和 $-V_{CC}$ 两

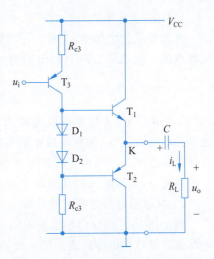

图 5.4.8 采用单电源的互补对称电路

个电源的作用。

值得注意的是,采用单电源的互补对称电路,由于每个管子的工作电压不是原来的 V_{CC},而是 $V_{CC}/2$(输出电压最大也只能达到约 $V_{CC}/2$),所以前面导出的计算 P_o、P_T、P_V 和 P_{Tm} 的公式,必须加以修正才能使用。修正的方法也很简单,只要以 $V_{CC}/2$ 代替原来的式中的 V_{CC} 即可。

> 讨论:
> (1) 如何区分甲类、甲乙类和乙类功率放大电路?每种功率放大电路各有什么优缺点?
> (2) 乙类互补对称功率放大电路的输出功率越大,功率管的损耗也越大,所以效率也越小。这种说法是否正确?为什么?
> (3) 设放大电路的输入信号为正弦波,输入信号在什么情况下,会使电路的输出出现饱和及截止的失真?在什么情况下出现交越失真?用波形示意图说明者两种失真的区别。
> (4) 在正弦输入信号作用下,互补对称电路输出波形有可能出现线性(即频率)失真吗?为什么?

5.5 集成运放的原理电路

从本质上看,集成运放是一种高增益、高输入电阻、低输出电阻的高性能直接耦合放大电路。尽管品种繁多,内部电路结构也不尽相同,但是其基本组成部分、结构形式和组成原则基本一致。本节首先从集成运放电路的原理电路谈起,然后对典型电路进行分析。分析集成运放电路的目的,一是从中更加深入地理解集成运放的性能特点,二是了解复杂电路的分析方法。

1. 双极型集成运放电路

在分析集成运放电路时,首先应将复杂电路"化整为零",分为偏置电路、输入级、中间级和输出级4部分;进而"分析原理",弄清每部分电路的结构形式和性能特点;最后"通观整体",研究各部分电路的相互联系,从而理解电路在整体中的作用,及如何实现所具有的功能。

双极型集成运放的原理电路如图 5.5.1(a)所示,首先将偏置电路分离出来,然后再对放大电路进行分析。

1) 对偏置电路进行分析

在集成运放电路中,若有一个支路的电流可以直接估算出来,通常该电流就是偏置电路的基准电流。在如图 5.5.1(a)所示的电路中,电阻 R_4 中的电流 I_{R_4} 为电流源的基准电流。

$$I_{R_4} = \frac{2V_{CC} - U_{EB10}}{R_4} \tag{5.5.1}$$

T_{11}、R_5 与 T_{10} 构成微电流源,T_{12} 与 T_{10} 构成镜像电流源,故 T_{10}、T_{11}、T_{12} 和 R_4、R_5 构成多路电流源;T_{11} 的集电极电流为输入级提供静态电流,T_{12} 的集电极电流为中间级和输出级提供静态电流。用电流源符号代替两路电流源电路,得到如图 5.5.1(b)所示的简化后的放大电路部分,差分输入电压为两个输入端的差值($u_{11} - u_{12}$)。

2) 对原理电路进行定性分析

对于如图 5.5.1(b)所示的电路,按输入信号($u_{11} - u_{12}$)传递的顺序可以看出该集成运放电路由三级放大电路构成。第一级是由 T_1 管和 T_2 管构成的双端输入、单端输出的差分放大电路,以增大共模抑制比,减小整个电路的温漂。第二级是以 T_3 和 T_4 管组成的复合管为放

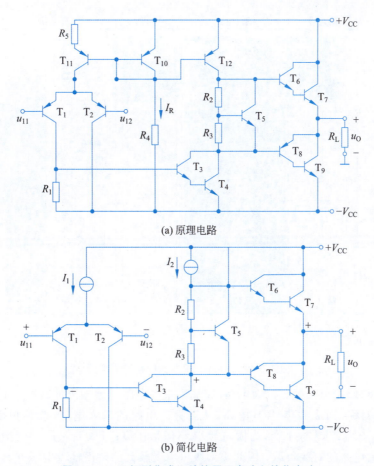

(a) 原理电路

(b) 简化电路

图 5.5.1 双极型集成运放的原理电路和简化电路

大管、以恒流源作有源负载的共射放大电路,可获得很高的电压增益。第三级是准互补电路,带负载能力强,且最大不失真输出电压幅值接近电源电压;R_2、R_3 和 T_5 组成 U_{BE} 倍增电路,用来消除交越失真。电路还采用 NPN 和 PNP 型混合使用的方法,以保证各级均有合适的静态工作点,且输入电压为零时输出电压为零。

当输入的差模信号极性 u_{11} 为正、u_{12} 为负时,T_1 管集电极动态电位的极性为负,即 T_3 管的基极动态电位为负,因而 T_3 和 T_4 管集电极动态电位为正(共射电路输出电压与输入电压极性相反),所以输出电压为正(OCL 电路是电压跟随电路)。因此,u_{11} 与 u_o 极性相同,u_{12} 与 u_o 极性相反。因此,u_{11} 为同相输入端,u_{12} 为反相输入端。

2. 通用型集成运算放大器分析

741 是通用型集成运放,其电路如图 5.5.2 所示,由 ±15V 两路电源供电。可以看出,从 $+V_{CC}$ 经 T_{12}、R_5 和 T_{11} 到 $-V_{EE}$ 构成主偏置电路,R_5 的电流为偏置电路的基准电流。NPN 管 T_{10} 与 T_{11} 构成微电流源,而且 T_{10} 的集电极电流 I_{C10} 等于 T_9 管集电极电流 I_{C9} 与 T_3、T_4 的基极电流 I_{B3}、I_{B4} 之和,即 $I_{C10} = I_{C9} + I_{B3} + I_{B4}$;PNP 管 T_8 与 T_9 为镜像关系,为第一级提供静态电流;T_{13} 与 T_{12} 构成镜像电流源,为第二、三级提供静态电流。T_{13} 为一个双集电极的可控电流增益横向 PNP 型 BJT,两管集电极并联。一路输出为 I_{C13A} 供给输出级偏置电流,另一路输出 I_{C13B} 供给中间级 T_{16}、T_{17} 的偏置电流。偏置电路如图 5.5.2 阴影部分所示。

1) 输入级

输入信号 u_1 加在 T_1 和 T_2 管的基极,而从 T_4 管(即 T_6 管)的集电极输出信号,故输入

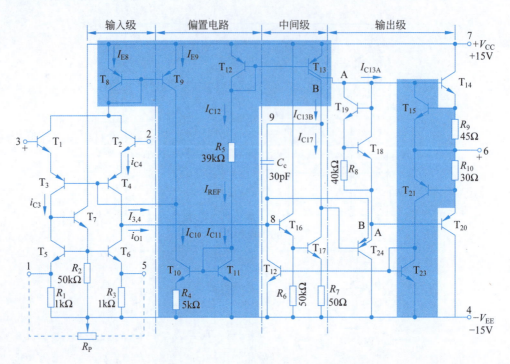

图 5.5.2 741 型运算放大器电路原理图

级是双端输入、单端输出的差分放大电路,完成了整个电路对地输出的转换。T_1 与 T_2、T_3 与 T_4 管两两特性对称,构成共集-共基电路,从而提高电路的输入电阻,改善频率响应。T_1 与 T_2 管为纵向管,β 大;T_3 与 T_4 管为横向管,β 小但耐压高;T_5、T_6 与 T_7 管构成的电流源电路作为差分放大电路的有源负载;因此输入级可承受较高的差模输入电压并具有较强的放大能力。

2)中间级

中间级是以 T_{16} 和 T_{17} 组成的复合管为放大管,T_{16} 为共集电极电路,构成缓冲级,有很高的输入电阻,T_{17} 是以 I_{C13B} 为有源负载的共射放大电路,具有很强的放大能力,故本级具有较高的电压增益,也具有较高的输入电阻。

3)输出级

输出级是准互补电路,T_{14} 和 T_{20} 构成互补对称功率放大电路,T_{18}、T_{19} 和 R_8 组成的电路用于为 T_{14} 和 T_{20} 管提供直流偏置电压,使其工作于甲乙类状态,以克服交越失真。偏置电路由 T_{13A} 构成的电流源供给输出级恒定的工作电流,T_{24A} 为射极输出器,可以作为中间级和输出级的隔离级,减少输出级对中间级的负载效应,保证中间级的高电压增益。

为了防止输入信号过大或输出负载过小造成功放器件的损坏,在输出级采用了过流保护电路,当输出电流超过额定值时,保护电路就会启动工作限制电流,避免运放电路因过流受到损坏。

5.6 集成运算放大器的主要技术指标和种类

5.6.1 集成运放的主要技术指标

为了正确选用和安全使用运算放大电路,就应正确理解集成运放的各种参数的含义,运放的性能常用以下参数来描述。

1. 开环差模增益 A_{od}

在集成运放无外加反馈时的差模放大倍数称为开环差模增益，记作 A_{od}。$A_{od} = \Delta u_o / \Delta(u_P - u_N)$，常用分贝(dB)表示，其分贝数为 $20\lg|A_{od}|$，通用型集成运放的 A_{od} 通常在 10^5 左右，即 100dB 左右。

2. 共模抑制比 K_{CMR}

共模抑制比等于差模电压放大倍数与共模电压放大倍数之比的绝对值，即 $K_{CMR} = |A_{od}/A_{oc}|$，也常用分贝表示，其数值为 $20\lg K_{CMR}$。K_{CMR} 越大，运放抑制共模信号的能力越强。

3. 差模输入电阻 r_{id}

r_{id} 是集成运放对输入差模信号的输入电阻。r_{id} 越大，从信号源索取的电流越小。

4. 输入失调电压 U_{IO} 及其温漂 dU_{IO}/dT

由于集成运放的输入级电路参数不可能绝对对称，所以当输入电压为零时，输出电压 U_o 并不为零。U_{IO} 是使输出电压为零时在输入端所加的补偿电压，若运放工作在线性区，则 U_{IO} 的数值是 u_1 为零时输出电压折合到输入端的电压，即

$$U_{IO} = -\frac{U_o|_{u_1=0}}{A_{od}} \tag{5.6.1}$$

U_{IO} 越小，表明电路参数对称性越好。对于有外接调零电位器的运放，可以通过改变电位器滑动端的位置使得输入为零时输出为零。

dU_{IO}/dT 是 U_{IO} 的温度系数，是衡量运放温漂的重要参数，其值越小，表明运放的温漂越小。

5. 输入失调电流 I_{IO} 及其温漂 dI_{IO}/dT

$$I_{IO} = |I_{B1} - I_{B2}| \tag{5.6.2}$$

I_{IO} 反映输入级差放管输入电流的不对称程度。dI_{IO}/dT 与 dU_{IO}/dT 的含义相类似，只不过研究的对象为 I_{IO}。I_{IO} 和 dI_{IO}/dT 越小，运放的质量越好。

6. 输入偏置电流 I_{IB}

I_{IB} 是输入级差放管的基极(栅极)偏置电流的平均值，即

$$I_{IB} = \frac{1}{2}(I_{B1} + I_{B2}) \tag{5.6.3}$$

I_{IB} 越小，信号源内阻对集成运放静态工作点的影响也就越小。而通常 I_{IB} 越小，往往 I_{IO} 也越小。

7. 最大共模输入电压 U_{Icmax}

U_{Icmax} 是输入级能正常放大差模信号情况下允许输入的最大共模信号，若共模输入电压高于此值，则运放不能对差模信号进行放大。因此，在实际应用时，要特别注意输入信号中共模信号的大小。

8. 最大差模输入电压 U_{Idmax}

当集成运放所加差模信号达到一定程度时，输入级至少有一个 R_4 结承受反向电压，U_{Idmax} 是不至于使 PN 结反向击穿所允许的最大差模输入电压。当输入电压大于此值时，输入级将损坏。运放中 NPN 型管的 b-e 间耐压值只有几伏，而横向 PNP 型管的 b-e 间耐压值可达几十伏。

9. $-3dB$ 带宽 f_H

f_H 是使 A_{od} 下降 3dB(即下降到约 0.707 倍)时的信号频率。由于集成运放中晶体管(或

场效应管)数目多,因而极间电容就较多;又因为那么多元件制作在一小块硅片上,分布电容和寄生电容也较多;因此,当信号频率升高时,这些电容的容抗变小,使信号受到损失,导致 A_{od} 数值下降且产生相移。

应当指出的是,在实用电路中,因为引入负反馈,展宽了频带,所以上限频率可达数百千赫以上。

10. 单位增益带宽 f_c

f_c 是使 A_{od} 下降到 0dB(即 A_{od} 失去电压放大能力)时的信号频率,与晶体管的特征频率 f_T 相类似。

11. 转换速率 S_R

S_R 是在大信号作用下输出电压在单位时间变化量的最大值,即

$$S_R = \left| \frac{du_o}{dt} \right|_{max} \tag{5.6.4}$$

表示集成运放对信号变化速度的适应能力,是衡量运放在大幅值信号作用时工作速度的参数,常用每微秒输出电压变化多少伏来表示。当输入信号变化斜率的绝对值小于 S_R 时,输出电压才能按线性规律变化。信号幅值越大、频率越高,要求集成运放的 S_R 也就越大。

在近似分析时,常把集成运放的参数理想化,即认为 A_{od}、K_{CMR}、r_{id}、f_H 等参数值均为无穷大,而 U_{IO} 和 dU_{IO}/dT、I_{IO} 和 dI_{IO}/dT、I_{IB} 等参数值均为零。

5.6.2 集成运放的种类

集成运放种类很多,按供电方式可将运放分为双电源供电和单电源供电,在双电源供电中又分正、负电源对称型和不对称型供电。按集成度(即一个芯片上运放个数)可分为单运放、双运放和四运放,目前四运放更加常用。按内部结构和制造工艺可将运放分为双极型、CMOS型、Bi-JFET 和 Bi-MOS 型。双极型运放一般输入偏置电流及器件功耗较大,但由于采用多种改进技术,所以种类多、功能强。CMOS 型运放输入阻抗高、功耗小,可在低电源电压下工作,目前已有低失调电压、低噪声、高速度、强驱动能力的产品。Bi-JFET、Bi-MOS 型运放采用双极型管与单极型管混合搭配的生产工艺,以场效应管作输入级,使输入电阻达到 $10^{12}\Omega$ 以上;Bi-MOS 常以 CMOS 电路作输出级,可输出较大功率。目前具有各不相同电参数的产品种类繁多。

除以上几种分类方法外,还可从内部电路的工作原理、电路的可控性和电参数的特点等进行分类,按工作原理分类,可分为电压放大型、电流放大型、跨导放大型、互阻放大型;按可控性分类又可分为变增益运放、选通控制运放;按性能指标可分为通用型和专用型两类。通用型运放用于无特殊要求的电路之中,其性能指标的数值范围见表 5.6.1,少数运放可能超出表中数值范围;专用型运放为了适应各种特殊要求,某一方面性能特别突出,下面作一简单介绍。

表 5.6.1 通用型运放的性能指标

参 数	单 位	数值范围	参 数	单 位	数值范围
A_{od}	dB	65～100	K_{CMR}	dB	70～90
r_{id}	MΩ	0.5～2	单位增益带宽	MHz	0.5～2
U_{IO}	mV	2～5			
I_{IO}	μA	0.2～2	S_R	V/μs	0.5～0.7
I_{IB}	μA	0.3～7	功耗	mW	80～120

1. 高阻型

具有高输入电阻（r_{id}）的运放称为高阻型运放。输入级多采用超管或场效应管，r_{id} 大于 $10^9\Omega$，适用于测量放大电路、信号发生电路或采样-保持电路。

2. 高速型

单位增益带宽和转换速率高的运放为高速型运放。产品种类很多，增益带宽多在 10MHz 左右，有的高达千兆赫；转换速率大多在几十伏/微秒至几百伏/微秒，有的高达几千伏/微秒。适用于模数转换器、数模转换器、锁相环电路和视频放大电路。

3. 高精度型

高精度型运放具有低失调、低温漂、低噪声、高增益等特点，其失调电压和失调电流比通用型运放小两个数量级，而开环差模增益和共模抑制比均大于 100dB。适用于对微弱信号的精密测量和运算，常用于高精度的仪器设备中。

4. 低功耗型

低功耗型运放具有静态功耗低、工作电源电压低等特点，其功耗只有几毫瓦，甚至更小，电源电压为几伏，而其他方面的性能不比通用型运放差。适用于能源有严格限制的情况，例如空间技术、军事科学及工业中的遥感遥测等领域。

除了通用型和专用型运放外，还有一类运放是为完成某种特定功能而生产的，例如，仪表用放大器、隔离放大器、缓冲放大器、对数/反对数放大器等。随着 EDA 技术的发展，人们会越来越多地自己设计专用芯片。目前可编程模拟器件也在发展之中，人们可以在一块芯片上通过编程的方法实现对多路信号的各种处理，如放大、有源滤波、电压比较等。

> 讨论：
> （1）考查集成运放的性能时，常用的参数有哪些？
> （2）集成运放如何按照内部电路的工作原理、电路的可控性和电参数的特点进行分类？
> （3）通用型和专用型运放分别有什么特点？

5.7 集成运算放大器的使用注意事项

集成运算放大器的应用十分广泛，在设计电路之前，必须学会怎样合理使用，要做好筛选、调零、补偿、保护等几项工作，既要考虑运放的技术指标，又要考虑可靠性、稳定性和价格。一般先选用通用型运放，当通用型运放难以满足要求时，才考虑专用型运放，因为通用型运放各方面性能和参数比较均衡，性价比较高。专用型运放某项参数比较突出，用在对此项目标要求高的特定场合。使用时根据实际情况合理选用，力求设计出来的电路实用、合理、能较好地实现预期的效果。

5.7.1 集成运算放大器的选用

通常情况下，在设计集成运放应用电路时，根据设计需要寻求具有相应性能指标的芯片。可根据运放的类型、主要性能指标的物理意义正确选择运放。具体可根据以下几方面的要求进行选择。

1. 信号源的性质

根据信号源的类型、内阻大小、输入信号的幅值及频率的变化范围等,选择运放的差模输入电阻 r_{id}、-3dB 带宽(或单位增益带宽)、转换速率 S_R 等指标参数。

2. 负载的性质

根据负载电阻的大小,确定所需运放的输出电压和输出电流的幅值。对于容性负载或感性负载,还要考虑对频率参数的影响。

3. 精度要求

对模拟信号的处理,如放大、运算等,往往提出精度要求。对电压比较,往往提出响应时间、灵敏度要求。根据这些要求选择运放的开环增益 A_{od}、失调电压 U_{IO} 及转换速率 S_R 等指标参数。

4. 环境条件

根据环境温度的变化范围,可正确选择运放的失调电压及失调电流的温漂 $\mathrm{d}U_{IO}/\mathrm{d}T$ 等参数;根据所能提供的电源(如有些情况只能用于干电池)选择运放的电源电压。根据对能耗有无限制,选择运放的功耗等。

根据上述分析就可以通过查阅手册等手段选择某一型号的运放,必要时还可以通过各种 EDA 软件进行仿真,最终确定最满意的芯片。目前,各种专用运放和多方面性能俱佳的运放种类繁多,可大大提高电路的质量。

不过,从性能价格比方面考虑,应尽量采用通用型运放,只有在通用型运放不能满足应用要求时,才采用专用型运放。

5.7.2 集成运放的静态调试

在设计和制造集成电路时,需给输入端提供合适的电压,以满足内部各晶体管的偏置要求。因此,在线性应用时,只要按技术要求,提供合适的电源电压,运放内部各级工作点就是正常的。静态调试主要是指单电源供电时的调试和调零等内容。

单电源供电的反相交流放大电路及自举式同相交流放大电路,电路偏置电压设置原则是将 U_+、U_-、U_O 三端直流电压调至电源电压的一半。在静态调试时,若用数字万用表测 U_+、U_-、U_O 电压等于电源电压的一半,说明静态工作点适合,如果有偏差,应检查偏置电阻阻值是否相等,如果电阻阻值相等且电路装接无误,则说明运放损坏。

在电路工作正常的情况下,当输入端对地短接时,其输出端对地电压应为 0V。对于有外接调零端的运放,可通过外接调零元件进行调零。当集成运放没有调零端时,可采用外加补偿电压的方法进行调零。其基本原理是集成运放输入端施加一个补偿电压以抵消失调电压和失调电流的影响,从而使输出为零。

对于工作在弱信号状态的集成运放电路,电路的电阻应采用金属膜电阻或线绕电阻,以减少电阻本身温漂的影响。对于工作在交流信号处理状态的集成运放,因为电路中有耦合电容隔直,所以可以不进行调零,但耦合电容最好选用无极性电容或性能较好的电解电容。静态调试中可能产生以下两个问题,下面就介绍问题及其解决办法。

(1) 集成运放不能调零,即调零电位器不起作用,其常见原因如下:集成运放处于非线性应用状态,即开环状态或组成正反馈电路,输出电压为正电平或负电平,电压值接近正电源电压或负电源电压,这时调零电位器不起作用属于正常情况。如将集成运放的输出信号引回到输入端,即接成负反馈电路形式,输出电压仍为某一极限值,调零电位器不起作用,可能是接线有误,接成了正反馈电路,或是负反馈支路虚焊后呈开环状态,也有可能是集成运放组件内部损坏。

(2)"堵塞"现象。所谓"堵塞"现象,是指运放不能正常工作或者不能调零,关断电源一段时间后再重新开机,又可恢复正常工作或者可以调零。产生"堵塞"现象的原因,是输入信号幅度过大或混入干扰,使集成运放输入级晶体管饱和,则集电结由反偏变为正偏,即集电极电压变化的相位和基极电压变化的相位相同,因而使原来引入的负反馈变成正反馈,致使输入电压升至极限值,对输入信号不再响应,即使输入电压减至零,也不能使输出电压回到零,必须切断电源重新开机方能正常。严重堵塞时可能会烧毁运放组件。堵塞现象可以采用加装限幅保护电路来避免。

5.7.3 集成运放的保护电路

集成运放本身的耐功耗能力很低,当电源电压接反、输入电压过大、输出端短路或过载时,都可能造成集成运放的损坏,所以在使用时必须要加保护电路。

1. 电源的反接保护

利用二极管的单向导电性可以防止电源极性接反,在电源端串联二极管来实现保护,如图 5.7.1 所示。

2. 输入保护

一般情况下,运放工作在开环(即未引反馈)状态时,易因差模电压过大而损坏;在闭环状态时,易因共模电压超出极限值而损坏。如图 5.7.2(a)所示是防止差模电压过大的保护电路,如图 5.7.2(b)所示是防止共模电压过大的保护电路。

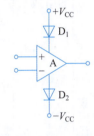

图 5.7.1 电源端保护

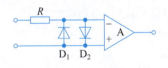
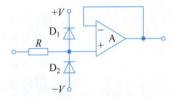

(a) 防止差模电压过大的保护电路　　(b) 防止共模电压过大的保护电路

图 5.7.2 输入保护电路

3. 输出保护

如图 5.7.3 所示为输出保护电路,稳压管 D_Z 与限流电阻 R 构成限幅电路。可将负载与集成运放输出端隔离开,限制了运放的输出电流和输出电压的幅值。

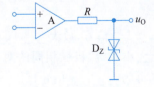

图 5.7.3 输出保护电路

讨论:

(1) 集成运放在使用中应注意哪些问题?

(2) 阐述集成运放电路的分析过程。

本章知识结构图

```
集成运算放大电路
├─ 集成运放的组成
│   ├─ 偏置电路：集成理想运放的电流源
│   │   ├─ 基本电流源
│   │   │   ├─ 镜像电流源
│   │   │   ├─ 微电流
│   │   │   └─ 比例电流源
│   │   ├─ 改进型电流源
│   │   ├─ 多路电流源
│   │   └─ 有源负载
│   ├─ 输入级：差分放大电路
│   │   ├─ 基本差分放大电路
│   │   │   ├─ 电路组成及特点
│   │   │   ├─ 静态工作点分析计算
│   │   │   └─ 动态分析
│   │   ├─ 输入/输出方式
│   │   │   ├─ 双端输入、双端输出
│   │   │   ├─ 双端输入、单端输出
│   │   │   ├─ 单端输入、单端输出
│   │   │   └─ 单端输入、单端输出
│   │   └─ 具有恒流源的差分放大电路
│   ├─ 中间级：单级或多级放大电路
│   └─ 输出级：功率放大电路
│       ├─ 功率放大电路的特点与分类
│       ├─ 甲类功率放大电路
│       ├─ 乙类功率放大电路
│       └─ 甲乙类互补对角功率放大电路（克服交越失真）
└─ 集成运放大的使用注意事项
    ├─ $A_{od}$、$K_{CMR}$、$r_{id}$、$U_{IO}$、$I_{IO}$、$f_H$……
    ├─ 按工作原理分类
    ├─ 按可控性分类
    ├─ 按性能指标分类
    ├─ 集成运放的选用
    ├─ 集成运放的静态调试
    └─ 集成运放的保护
```

自测题

1. 填空题

（1）差分放大电路能够抑制_____信号，放大_____信号。

（2）差分放大电路输入端加上大小相等、极性相同的两个信号，称为_____信号，而加上大小相等、极性相反的两个信号，称为_____信号。

（3）乙类互补功放存在_____失真，可以利用_____类互补功放来克服。

（4）功率放大器按导通角不同，分为_____、_____、_____和_____。

（5）集成运算放大电路第一级应采用_____电路，输出级采用_____电路。

2. 判断题

（1）乙类对称功率放大电路的最大功耗出现在最大不失真输出时出现。（　　）

(2) 在晶体管功率放大电路中,甲类放大电路效率最低。( )

(3) 选择集成运放时,一般先选用通用型运放,当通用型运放难以满足要求时,才考虑专用型运放,因为通用型运放各方面性能和参数比较均衡,所以性价比较高。( )

(4) 在镜像电流源和微电流源电路中,半导体管具有理想对称性。( )

(5) 要求输入电阻为 100~200kΩ,电压放大倍数数值大于 100。第一级应采用共集电极电路,第二级应采用共射电路。( )

3. 选择题

(1) 直接耦合放大电路存在零点漂移的原因是_____。
    A. 元件老化   B. 晶体管参数受温度影响
    C. 放大倍数不够稳定   D. 电源电压不稳定

(2) 集成放大电路采用直接耦合方式的原因是_____。
    A. 便于设计   B. 放大直流信号
    C. 不易制作大容量电容   D. 以上三点综合决定

(3) 差分放大电路的差模信号是两个输入端信号的,共模信号是两个输入端信号的_____。
    A. 差   B. 和   C. 平均值   D. 乘积

(4) 用恒流源取代长尾式差分放大电路中的发射极电阻,将使电路的_____。
    A. 差模输入电阻增大   B. 差模放大倍数数值增大
    C. 差模输入电阻增大   D. 抑制共模信号能力增强

(5) 甲乙类功率放大电路可以克服_____。
    A. 交越失真   B. 截止失真   C. 饱和失真   D. 频率失真

(6) 集成运放的末级采用互补输出级是为了_____。
    A. 电压放大倍数大   B. 不失真输出电压大
    C. 带负载能力强   D. 抑制温漂

(7) 功率放大电路的最大输出功率是在输入电压为正弦波时,输出基本不失真情况下,负载上可能获得的最大_____。
    A. 交流功率   B. 直流功率   C. 平均功率   D. 视在功率

(8) 功率放大电路的转换效率是指_____。
    A. 输出功率与晶体管所消耗的功率之比
    B. 最大输出功率与电源提供的平均功率之比
    C. 晶体管所消耗的功率与电源提供的平均功率之比
    D. 晶体管所消耗的功率与输出功率之比

(9) KMCR 是差分放大电路的一个主要技术指标,反映放大电路_____能力。
    A. 放大差模抑制共模   B. 输入电阻高
    C. 输出电阻低   D. 稳定 A_u

(10) 通用型集成运放的输入级多采用_____。
    A. 共基接法   B. 共集接法   C. 共射接法   D. 差分接法

第 6 章 集成运算放大器基本应用电路

CHAPTER 6

集成运放是模拟集成电路中应用十分广泛的一种器件,用于信号的放大、运算、处理、测量、变换、信号产生和电源电路。运算放大电路作为基本的电子器件,虽然本身具有非线性的特性,但在许多情况下,可作为线性器件,可构成各种实用电路。

本章重难点:同相放大电路;反相放大电路;加减法运算电路;微积分运算电路;电压比较器。

6.1 集成运算放大器的电路符号和模型

集成运算放大器(简称集成运放)是由集成工艺制成的具有高增益的直接耦合放大器。通常由输入级、中间级、输出级和偏置电路 4 部分组成,这些内容在第 5 章已经详细讲过,本章主要介绍集成运放的应用电路。本章首先简要介绍集成运算放大器的特性和电路模型。然后用线性电路理论分析由理想运放和电阻、电容等元件构成的简单应用电路,包括基本的同相比例运算电路,反相比例运算电路以及差分、求和、积分、微分电路。

在集成运算放大器的实际应用中,集成运放被看作一个独立器件,在保证集成运放正常工作的前提下,不需要太多关注其内部工作原理,而是注重各端钮与外电路的关系。因此常忽略运放的内部结构,将其抽象为一个方框(国标符号)或三角符号(国内外常用的符号),集成运算放大器的符号如图 6.1.1 所示,它有两个输入端,一个输出端。标"+"的一端称为同相输入端,用 u_P 表示,当信号从该端输入时,输出与输入的极性相同;标"-"的一端称为反相输入端,用 u_N 表示,当信号从该端输入时,输出与输入的极性相反。

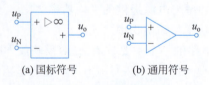

(a) 国标符号 (b) 通用符号

图 6.1.1 集成运放的符号

运算放大器看作一个简化的具有端口特性的标准器件。如图 6.1.2 所示输入端口用输入电阻 r_i 来等效,输出端口用输出电阻 r_o 和与其串联的受控电压源 $A_{vo}(u_P - u_N)$ 来等效。电压 u_P、u_N 和 u_o 都是以正、负电源 $+V_1$、$-V_2$ 的中间接点作为参考电位点,即 0 电位点。电源是运放内部电路运行所必需的。集成运放开环增益 A_{vo} 较高,至少为 10^4,通常可达 10^6。两输入电阻较大,通常为 $10^6 \Omega$;输出电阻较小,通常为 100Ω。

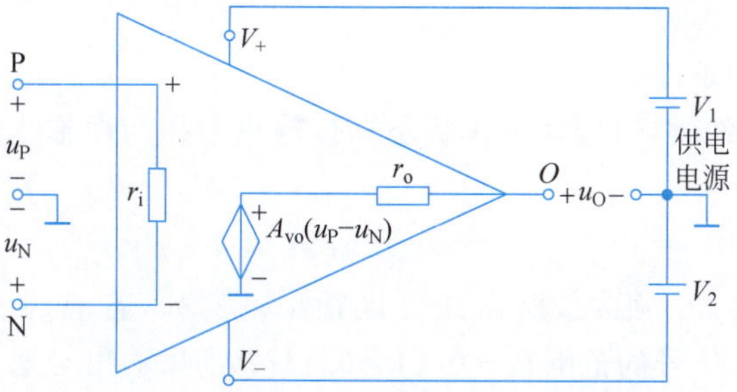

图 6.1.2 运算放大器的电路简化模型

6.2 理想运放

为了便于分析各种实用电路,在误差允许的范围内常常将集成运算放大器近似用理想器件的电路模型来取代,该器件为理想运算放大器。本节介绍理想运放的技术指标和工作特点。

6.2.1 理想运放的技术指标

在分析各种实际应用电路时,通常将实际运放看成一个理想运放,以简化电路的分析过程。理想运放的主要技术指标如下:

(1) 理想运放的开环电压增益 $A_{od} \rightarrow \infty$。
(2) 理想运放的 $r_{id} \rightarrow \infty$。
(3) 理想运放的输出电阻 $r_o = 0$。
(4) 共模抑制比 $K_{CMR} \rightarrow \infty$。
(5) 开环带宽 $BW \rightarrow \infty$。
(6) 输入失调电压、输入失调电流及零漂都为零。

实际的集成运放不可能达到上述条件,因此将实际运放等效成理想运放必然会带来误差,但由于半导体集成工艺水平日趋完善,使带来的这种误差非常小,对一般工程计算来说都可以满足要求。因此如无特别说明,本章将集成运放均视为理想运放。

6.2.2 理想运放工作在线性区和非线性区的特点

集成运放的应用电路多种多样,但就其工作区来说,只有线性区和非线性区两种。处于不同工作区时会呈现不同的特性。图 6.2.1 给出了集成运放的电压传输特性曲线。

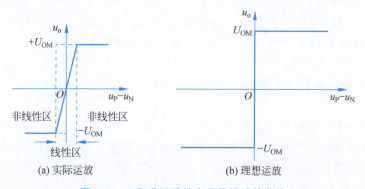

图 6.2.1 集成运放的电压传输特性曲线

1. 线性区

1) 工作于线性区的条件

当集成运放工作于线性区(线性工作状态)时,输出电压与净输入电压 $u_P - u_N$ 存在线性放大关系,即

$$u_o = A_{od}(u_P - u_N) \tag{6.2.1}$$

通常,集成运放的 A_{od} 很大,所以线性区很窄。例如,若 $A_{od} = 10^5$,最大输出电压为 $\pm 14\text{V}$,那么只有当输入信号的范围在 $-0.14 \sim 0.14\text{mV}$ 时,输出与输入才呈线性关系。在此范围之外,输出电压不是高电平 $+U_{OM}$,就是低电平 $-U_{OM}$。对于理想运放,由于 $A_{od} \to \infty$,所以线性区十分接近纵轴。

为了保证集成运放工作在线性区,电路必须引入一定深度的负反馈,以减小运放的净输入电压,保证输出电压不超出线性范围。对于理想集成运放,由于参数的理想化,引入的负反馈多数情况下均为深度负反馈。

2) 工作于线性区的特点

(1) 由于理想运放的 $A_{od} \to \infty$,u_o 为有限值,故

$$u_P = u_N \tag{6.2.2}$$

式(6.2.2)表明,理想运放的两个输入端的电压相等,净输入电压为 0,如同两输入端短路一样,但并不是真正的短路,因此称此条件为"**虚短**"。

(2) 又因为净输入电压 $u_i = u_P - u_N$ 为有限值,$r_{id} \to \infty$,故

$$i_P = i_N = 0 \tag{6.2.3}$$

式(6.2.3)表明,理想运放的两个输入端的电流均为 0,如同两输入端断开一样,但并不是真正的断路,因此称此条件为"**虚断**"。

"虚短"和"虚断"是理想运放工作在线性区的两个重要特点,也是分析工作在线性区的集成运放的应用电路的基本依据。

2. 非线性区

1) 工作于非线性区的条件

当集成运放构成的应用电路处于开环或者引入正反馈时,集成运放工作在非线性区。此时,理想集成运放的输出电压只有 $+U_{OM}$ 与 $-U_{OM}$ 两种情况,u_o 不再随着净输入电压 $u_P - u_N$ 线性增长。

2) 工作于非线性区的特点

(1) 输出电压只有两种可能的状态:不是高电平 $+U_{OM}$,就是低电平 $-U_{OM}$。

- 当 $u_P > u_N$ 时,$u_o = +U_{OM}$。
- 当 $u_P < u_N$ 时,$u_o = -U_{OM}$。

(2) 由于理想运放的 $r_{id} \to \infty$,所以 $i_P = i_N = 0$,即"虚断"仍然成立。

6.3 比例运算电路

集成运放的一个广泛应用就是实现模拟信号运算,比如,比例运算、加法和减法运算、积分和微分运算等。这些运算电路都存在负反馈,因此集成运放工作在线性区。分析此类电路就是利用集成运放工作在线性区的两个特点——"虚短""虚断"推导出相应的运算公式。本节讨论比例运算电路,分为反相比例运算电路和同相比例运算电路。许多由运放组成的功能电路都可用比例运算电路组合演变得到。

6.3.1 反相比例运算电路

1. 基本电路

反相比例运算电路如图 6.3.1 所示，输入电压 u_i 通过 R_1 作用于运放的反相输入端，R_f 跨接在运放的输出端和反相端之间，因此电路引入了负反馈，同相输入端通过电阻 R_2 接地。R_2 称为平衡电阻，通常选择 R_2 的阻值为 $R_2 = R_1 // R_f$。

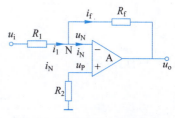

图 6.3.1 反相比例运算电路

2. 几项技术指标的近似计算

1) 闭环电压增益

根据"虚短"和"虚断"的特点，可知，$u_N = u_P = 0$，表明反相输入端的电位与地电位相等，故称"虚地"。虚地的存在说明反相比例运算电路处于闭环工作状态。

由于反相端为虚地点，即 $u_N = 0$，由 $i_P = i_N = 0$ 可知，$i_N = i_f$，故有

$$\frac{u_i - u_N}{R_1} = \frac{u_N - u_o}{R_f} \quad \text{或} \quad \frac{u_i}{R_1} = -\frac{u_o}{R_f} \tag{6.3.1}$$

由此得

$$A_{uf} = \frac{u_o}{u_i} = -\frac{R_f}{R_1} \tag{6.3.2}$$

式(6.3.2)表明，集成运放的输出电压与输入电压呈比例关系，比例系数即该电路的闭环电压增益 $A_{uf} = -\frac{R_f}{R_1}$，负号表明输出电压 u_o 与输入电压 u_i 相位相反，当 $R_f = R_1$ 时为反相电路，即 $u_o = -u_i$。

2) 输入电阻 R_i 和输出电阻 R_o

输入电阻 R_i 为从电路输入端口看进去的电阻，因 $u_N = 0$，故

$$R_i = \frac{u_i}{i_1} = \frac{u_i}{u_i / R_1} = R_1 \tag{6.3.3}$$

在实际电路中，R_1 不能选得太大。所以反相组态具有低输入电阻。

由于理想运放的输出电阻 $r_o \rightarrow 0$，因此，输出电阻 $R_o \rightarrow 0$。

6.3.2 同相比例运算电路

1. 基本电路

同相比例运算电路如图 6.3.2 所示，输入电压 u_i 通过 R_2 作用于运放的同相输入端，R_f 跨接在运放的输出端和反相端之间，因此电路引入了负反馈，R_2 为平衡电阻且 $R_2 = R_1 // R_f$。

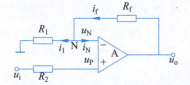

图 6.3.2 同相比例运算电路

2. 几项技术指标的近似计算

1) 闭环电压增益

根据理想运放的"虚短"条件，即 $u_P = u_N$，可知 $u_i = u_P = u_N$，由"虚断"条件，即 $i_P = i_N = 0$，可知 $i_1 = i_f = \frac{u_N}{R_1}$，有

$$\frac{u_N - 0}{R_1} = \frac{u_o - u_N}{R_f}$$

整理得

$$u_o = \left(1 + \frac{R_f}{R_1}\right) u_N$$

即

$$u_o = \left(1 + \frac{R_f}{R_1}\right) u_i \tag{6.3.4}$$

从而可得电压增益为

$$A_{uf} = \frac{u_o}{u_i} = 1 + \frac{R_f}{R_1} \tag{6.3.5}$$

由式(6.3.5)可知,集成运放的输出电压与输入电压之间仍呈比例关系,比例系数仅决定于反馈电路的电阻值 R_1、R_f,而与运放本身的参数无关。

2) 输入电阻 R_i

根据放大电路输入电阻的定义有

$$R_i = \frac{u_i}{i_i}$$

式中,$u_i = u_P$,因 $r_i \to \infty$,必有 $i_i(i_P) \to 0$,故从放大电路输入端口看进去的电阻为

$$R_i = \frac{u_i}{i_i} \to \infty \tag{6.3.6}$$

同相比例运算电路的特性是增益 A_{uf} 为正,输入电阻 $R_i \to \infty$,输出电阻 $R_o \to 0$。

3. 电压跟随器

在如图 6.3.2 所示的同相比例运算电路中,当 $R_1 \to \infty$(反相输入端电阻开路)或者 $R_f = 0$ (反馈电阻短路)时,则得如图 6.3.3 所示的电路。利用"虚短"和"虚断"的特点,得到

$$u_o = u_N = u_P = u_i \tag{6.3.7}$$

由式(6.3.7)可知,输出电压 u_o 与输入电压 u_i 大小相等,相位相同,因此该电路称为电压跟随器。虽然电压跟随器的电压增益等于1,仿照分析同相比例运算电路的方法,可知它的输入电阻 $R_i \to \infty$,输出电阻 $R_o \to 0$,故它在电路中常作为阻抗变换器(缓冲器)或功率放大器,缓冲器作为单位增益放大电路,一般接在高阻信号源和低阻负载之间。

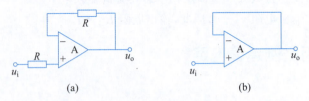

图 6.3.3 电压跟随器

讨论:

(1) 什么叫虚短、虚地?虚地和虚短的概念有何不同?在哪种运放电路中存在虚地现象?

(2) 同相比例运算电路和反相比例运算电路的主要特征是什么?两种电路有何异同?

(3) 比较同相比例运算电路和反相比例运算电路的分析方法和主要性能指标。

(4) 电压跟随器电路有什么特点?一般用于什么场合?

6.4 加减法运算电路

实现多个输入信号按各自不同的比例求和或求差的电路统称为加减运算电路。若所有输入信号均作用于集成运放的同一个输入端,则实现加法运算;若一部分输入信号作用于同相输入端,而另一部分输入信号作用于反相输入端,则实现减法运算。

6.4.1 求和运算电路

视频32 加减运算电路

1. 反相求和运算电路

如果要将3个电压u_{i1}、u_{i2}、u_{i3}相加,则可以利用图6.4.1所示的求和电路来实现。3路信号均从反相端输入,因此是3路输入的反相求和运算电路。

为了保证集成运放两个输入端对地的电阻平衡,同相输入端电阻R_4的阻值为

$$R_4 = R_1 // R_2 // R_3 // R_f$$

利用"虚短"和"虚断"的特点,可得

$$u_P = u_N = 0 \quad (6.4.1)$$

对反相输入节点,可列写KCL方程:

$$i_1 + i_2 + i_3 = i_f$$

即

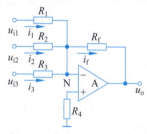

图6.4.1 反相求和运算电路

$$\frac{u_{i1}}{R_1} + \frac{u_{i2}}{R_2} + \frac{u_{i3}}{R_3} = \frac{u_o}{R_f} \quad (6.4.2)$$

整理可得

$$u_o = -\left(\frac{R_f}{R_1}u_{i1} + \frac{R_f}{R_2}u_{i2} + \frac{R_f}{R_3}u_{i3}\right) \quad (6.4.3)$$

这就是求和运算的表达式,即输出电压等于各输入电压按不同比例相加之和,式中负号是因反相输入所引起的。若$R_1 = R_2 = R_3 = R_f$,则式(6.4.3)变为

$$u_o = -(u_{i1} + u_{i2} + u_{i3}) \quad (6.4.4)$$

如图6.4.1所示的求和电路可以扩展到多个输入电压相加。如在图6.4.1的输出端再接一级反相电路,则可消去负号,实现完全符合常规的算术加法。

2. 同相求和运算电路

将多个输入电压同时加到集成运放的同相输入端时,输出电压实现了对多个输入电压按不同比例的同相求和运算。将这种电路称为同相求和运算电路,如图6.4.2所示。

为了保证集成运放两个输入端对地的电阻平衡,应有$R_5 // R_F = R_1 // R_2 // R_3 // R_f$。

由于"虚断",条件$i_N = i_P = 0$成立,因此有$i_1 + i_2 + i_3 = i_4$,即

$$\frac{u_{i1} - u_P}{R_1} + \frac{u_{i2} - u_P}{R_2} + \frac{u_{i3} - u_P}{R_3} = \frac{u_P}{R_4} \quad (6.4.5)$$

图6.4.2 同相求和运算电路

整理可得

$$u_P = R_P \left(\frac{u_{i1}}{R_1} + \frac{u_{i2}}{R_2} + \frac{u_{i3}}{R_3} \right) \tag{6.4.6}$$

其中，$R_P = R_1 // R_2 // R_3 // R_4 = R_5 // R_f$。又因为 $u_o = \left(1 + \dfrac{R_f}{R_5}\right) u_P$，所以输出电压为

$$u_o = \left(1 + \frac{R_f}{R_5}\right) R_P \left(\frac{u_{i1}}{R_1} + \frac{u_{i2}}{R_2} + \frac{u_{i3}}{R_3} \right)$$

$$= \left(\frac{R_5 + R_f}{R_5} \right) R_P \left(\frac{u_{i1}}{R_1} + \frac{u_{i2}}{R_2} + \frac{u_{i3}}{R_3} \right)$$

而

$$R_P = R_5 // R_f = \frac{R_5 R_f}{R_5 + R_f}$$

所以

$$u_o = \left(\frac{R_5 + R_f}{R_5} \right) \left(\frac{R_5 R_f}{R_5 + R_f} \right) \left(\frac{u_{i1}}{R_1} + \frac{u_{i2}}{R_2} + \frac{u_{i3}}{R_3} \right)$$

$$u_o = R_f \left(\frac{u_{i1}}{R_1} + \frac{u_{i2}}{R_2} + \frac{u_{i3}}{R_3} \right) \tag{6.4.7}$$

式(6.4.7)就是同相求和运算的表达式，它与式(6.4.3)只相差一个负号，表示输出电压等于各输入电压按不同比例相加之和，必须注意，式(6.4.7)只有在满足 $R_5 // R_f = R_1 // R_2 // R_3 // R_4$ 的条件下才成立。

例 6.4.1 电路如图 6.4.3 所示，当电阻 $R_1 = R_2 = R_3$ 时，试求输出电压 u_o 的表达式。

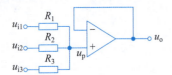

图 6.4.3 例 6.4.1 电路

解： 利用理想运放的"虚断"的特点，即 $i_N = 0$，写出输入端的节点电流方程为

$$\frac{u_{i1} - u_P}{R_1} + \frac{u_{i2} - u_P}{R_2} + \frac{u_{i3} - u_P}{R_3} = 0$$

而根据运放的"虚短"的特点，得

$$u_P = u_N = u_o$$

$$\frac{u_{i1} - u_o}{R_1} + \frac{u_{i2} - u_o}{R_2} + \frac{u_{i3} - u_o}{R_3} = 0$$

$$u_o = \frac{R_2 R_3 u_{i1} + R_1 R_3 u_{i2} + R_1 R_1 u_{i3}}{R_1 R_2 + R_2 R_3 + R_3 R_1}$$

当电阻 $R_1 = R_2 = R_3$ 时，有

$$u_o = \frac{1}{3}(u_{i1} + u_{i2} + u_{i3})$$

视频 33
集成运放
放大电路
仿真实验

6.4.2 减法运算电路

如图 6.4.4 所示的电路是用来实现两个电压 u_{i1}、u_{i2} 相减的差分比例电路，又称减法运算电路。从电路结构上来看，它是反相输入和同相输入相叠加的电路。

为了保证集成运放两个输入端对地的电阻平衡，应有 $R_1 // R_f = R_2 // R_3$。下面利用叠加原理计算输出电压 u_o。

由"虚断"条件可知，同相输入端的电位为

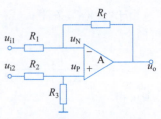

图 6.4.4 减法运算电路

$$u_P = \frac{R_3}{R_2+R_3}u_{i2} \qquad (6.4.8)$$

令 u_{i1} 单独作用,此时电路为反相比例运算电路,输出电压为

$$u'_o = -\frac{R_f}{R_1}u_{i1} \qquad (6.4.9)$$

令 u_{i2} 单独作用,此时电路为同相比例运算电路,输出电压为

$$u''_o = \left(1+\frac{R_f}{R_1}\right)u_P \qquad (6.4.10)$$

则总的输出电压为各输入信号单独作用时的输出电压之和,即

$$u_o = u'_o + u''_o = -\frac{R_f}{R_1}u_{i1} + \left(1+\frac{R_f}{R_1}\right)\left(\frac{R_3}{R_2+R_3}\right)u_{i2} \qquad (6.4.11)$$

若取 $R_1=R_2$,$R_3=R_f$,则

$$u_o = \frac{R_f}{R_1}(u_{i2}-u_{i1}) \qquad (6.4.12)$$

例 6.4.2 高输入电阻的减法电路如图 6.4.5 所示,求输出电压 u_{o2} 的表达式,并说明该电路的特点。

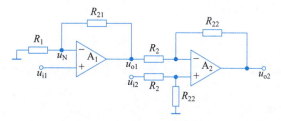

图 6.4.5　例 6.4.2 的电路

解:该电路第一级 A_1 为同相比例运算放大电路,它的输出电压为

$$u_{o1} = \left(1+\frac{R_{21}}{R_1}\right)u_{i1}$$

第二级 A_2 为减法运算电路,可利用叠加原理求输出电压 u_{o2}。当 $u_{i2}=0$ 时,A_2 为反相比例运算电路,由 u_{o1} 产生的输出电压

$$u'_{o2} = -\frac{R_{22}}{R_2}u_{o1} = -\frac{R_{22}}{R_2}\left(1+\frac{R_{21}}{R_1}\right)u_{i1}$$

若令 $u_{o1}=0$,A_2 为同相比例运算电路,由 u_{i2} 产生的输出电压为

$$u''_{o2} = \left(1+\frac{R_{22}}{R_2}\right)\left(\frac{R_{22}}{R_2+R_{22}}\right)u_{i2} = \frac{R_{22}}{R_2}u_{i2}$$

电路的总输出电压 $u_{o2}=u'_{o2}+u''_{o2}$,当电路中 $R_1=R_{21}$ 时,则

$$u_{o2} = \frac{R_{22}}{R_2}(u_{i2}-2u_{i1})$$

由于电路中第一级 A_1 为同相比例运算电路。电路的输入电阻为无穷大。

6.5　微积分运算电路

积分运算和微分运算互为逆运算。在自控系统中,常用积分电路和微分电路作为调节环

节。此外,它们还被广泛应用于波形的产生和变换以及仪器仪表之中。以集成运放作为放大电路,利用电阻和电容作为反馈网络,可以实现这两种运算电路。

6.5.1 积分运算电路

积分是一种常见的数学运算,这里所讨论的是模拟积分。积分运算电路如图 6.5.1 所示,由于输入信号通过反向输入端加入,因此如图 6.5.1 所示电路为反相积分运算电路。集成运放的同相输入端通过 R' 接地,且根据"虚短"和"虚断"条件可得 $u_P = u_N = 0$,即反相积分运算电路的反相端"虚地"。

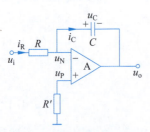

图 6.5.1 积分运算电路

电路中,电容 C 中的电流等于电阻 R 中的电流,即

$$i_C = i_R = \frac{u_i}{R}$$

输出电压与电容上电压的关系为

$$u_o = -u_C$$

而电容上电压等于其电流的积分,故

$$u_o = -\frac{1}{C}\int i_C \mathrm{d}t = -\frac{1}{RC}\int u_i \mathrm{d}t \tag{6.5.1}$$

求解 t_1 到 t_2 时间段的积分值,有

$$u_o = -\frac{1}{RC}\int_{t_1}^{t_2} u_i \mathrm{d}t + u_o(t_1)$$

式中,$u_o(t_1)$ 为积分起始时刻的输出电压,即积分运算的起始值,积分的终值是 t_2 时刻的输出电压。

当 u_i 为常量时,输出电压为

$$u_o = -\frac{1}{RC}u_i(t_2 - t_1) + u_o(t_1) \tag{6.5.2}$$

当输入为方波和正弦波时,输出电压波形分别如图 6.5.2(a)、(b)所示。可见,利用积分运算电路可以实现方波-三角波的波形变换和正弦-余弦的移相功能。

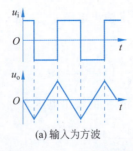
(a) 输入为方波

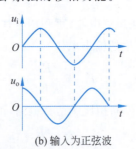
(b) 输入为正弦波

图 6.5.2 积分运算电路在不同输入情况下的波形

例 6.5.1 积分电路如图 6.5.1 所示,设运放是理想的,已知初始状态时 $u_C(0) = 0$,试回答下列问题:

(1) 当 $R = 100\text{k}\Omega$、$C = 2\mu\text{F}$ 时,若突然加入 $u_i(t) = 1\text{V}$ 的阶跃电压,求 $t = 1\text{s}$ 后输出电压 u_o 的值;

(2) 当 $R = 100\text{k}\Omega$、$C = 0.47\mu\text{F}$,输入电压波形如图 6.5.3(b)所示,试画出 u_o 的波形,并标出 u_o 的幅值和回零时间。

解:(1) 当输入电压为 $u_i(t) = 1\text{V}$ 的阶跃电压,$t = 1\text{s}$ 时,输出电压 u_o 的波形如图 6.5.3(a)

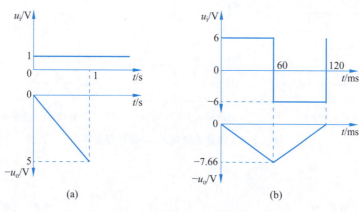

图 6.5.3 例 6.5.1 电路图

所示,u_o 的幅值为

$$u_o = -\int_0^1 \frac{u_1(t)}{R_1 C} dt = -\frac{1}{100\times 10^3 \times 2\times 10^{-6}} \times 1\text{V} = -5\text{V}$$

(2) 当 $R=100\text{k}\Omega$,$C=0.47\mu\text{F}$,$u_i(t)$ 如图 6.5.3(b)所示,u_o 的波形如图 6.5.3(b)所示。当 $t_1=60\text{ms}$ 时,u_o 的幅值为

$$u_o(60) = -\frac{u_1}{R_1 C} t_1 = -\frac{+6}{100\times 10^3 \times 0.47\times 10^{-6}} \times 60\times 10^{-3}\text{V} \approx -7.66\text{V}$$

而当 $t_2=120\text{ms}$ 时,u_o 的幅值为

$$u_o(120) = u_o(60) - \frac{-6}{100\times 10^3 \times 0.47\times 10^{-6}}(120-60)\times 10^{-3}\text{V}$$
$$= (-7.66 + 7.66)\text{V} = 0\text{V}$$

6.5.2 微分运算电路

对于如图 6.5.4 所示电路,根据"虚短"和"虚断"条件,可知 $u_P = u_N = 0$,反相端为"虚地",电容两端电压 $u = u_i$,因而

$$i_R = i_C = C\frac{du_i}{dt} \qquad (6.5.3)$$

输出电压为

$$u_o = -i_R R = -RC\frac{du_i}{dt} \qquad (6.5.4)$$

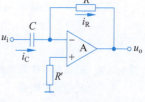

图 6.5.4 反相微分运算电路

输出电压与输入电压的变化率成比例。

利用微分电路可以实现波形变换和正弦-余弦的移相功能,当输入为方波时,输出为尖脉冲,如图 6.5.5(a)所示。当输入信号为三角波时,输出为方波,如图 6.5.5(b)所示,输入为正弦波时,输出电压波形为负的余弦波,图 6.5.5(c)所示。

例 6.5.2 电路如图 6.5.6 所示,$C_1=C_2=C$,试求出 u_o 与 u_i 的运算关系式。

解:根据"虚短"和"虚断"条件,可知在节点 N 上,电流方程为

$$i_1 = i_{C_1}$$

$$-\frac{u_N}{R} = C\frac{d(u_N - u_o)}{dt} = C\frac{du_N}{dt} - C\frac{du_o}{dt}$$

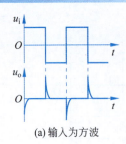
(a) 输入为方波

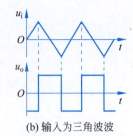
(b) 输入为三角波波

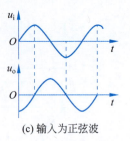
(c) 输入为正弦波

图 6.5.5 微分电路输入、输出波形分析

$$C\frac{\mathrm{d}u_\mathrm{o}}{\mathrm{d}t} = C\frac{\mathrm{d}u_\mathrm{N}}{\mathrm{d}t} + \frac{u_\mathrm{N}}{R}$$

在节点 P 上,电流方程为

$$i_2 = i_{C_2}$$

$$\frac{u_\mathrm{i} - u_\mathrm{P}}{R} = C\frac{\mathrm{d}u_\mathrm{P}}{\mathrm{d}t}$$

$$\frac{u_\mathrm{i}}{R} = C\frac{\mathrm{d}u_\mathrm{P}}{\mathrm{d}t} + \frac{u_\mathrm{P}}{R}$$

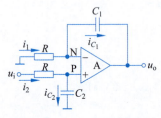

图 6.5.6 例 6.5.2 电路图

因为 $u_\mathrm{P} = u_\mathrm{N}$,所以

$$C\frac{\mathrm{d}u_\mathrm{o}}{\mathrm{d}t} = \frac{u_\mathrm{i}}{R}$$

$$u_\mathrm{o} = \frac{1}{RC}\int u_\mathrm{i}\mathrm{d}t$$

在 $t_1 \sim t_2$ 时间段中,u_o 的表达式为

$$u_\mathrm{o} = \frac{1}{RC}\int_{t_1}^{t_2} u_\mathrm{i}\mathrm{d}t + u_\mathrm{O}(t_1)$$

电路实现了同相积分运算。

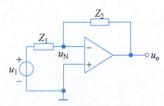

图 6.5.7 用通用阻抗表示的反相运算电路

归纳分析

以上分析了求和、积分、微分等反相输入的运算电路。在这些电路中可用通用阻抗 Z_1 和 Z_2 代替 R、C 元件组成,如图 6.5.7 所示。一般来说,阻抗可以是 R、L、C 元件的串联或并联组合(在实际电路的连接中运放反相输入端必须对地有直流通路,图中略)。应用拉普拉斯变换,将 Z_1 和 Z_2 写成运算阻抗的形式 $Z_1(s)$、$Z_2(s)$,其中,s 为复频率变量。这样,电流的表达式就成为 $I(s) = \dfrac{U(s)}{Z(s)}$,而输出电压为

$$U_\mathrm{o}(s) = -\frac{Z_2(s)}{Z_1(s)}U_\mathrm{i}(s) \tag{6.5.5}$$

这是反相运算电路的一般数学表达式。改变 $Z_1(s)$ 和 $Z_2(s)$ 的形式,即可实现各种不同的数学运算。如图 6.5.8(a)所示是一种比较复杂的运算电路。

它的频域传递函数为

$$A(s) = \frac{U_\mathrm{o}(s)}{U_\mathrm{i}(s)} = -\frac{R_2 + \dfrac{1}{sC_2}}{\dfrac{R_1}{sC_1} \Big/ \left(R_1 + \dfrac{1}{sC_1}\right)} = -\left(\frac{R_2}{R_1} + \frac{C_1}{C_2} + sR_2C_1 + \frac{1}{sR_1C_2}\right) \tag{6.5.6}$$

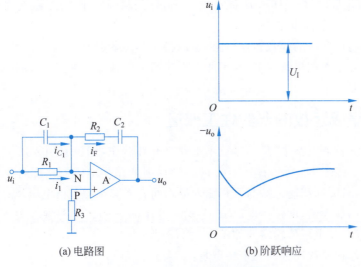

(a) 电路图　　　　　　(b) 阶跃响应

图 6.5.8　比例-积分-微分运算

式(6.5.6)右侧括号内第一、二两项表示比例运算；第三项表示微分运算，第四项表示积分运算。图 6.5.8(b)表示阶跃信号 u_i 作用下 u_o 响应的波形。

在自动控制系统中，比例-积分-微分运算经常用来实现 PID(Proportional-Integral-Differential)调节器。在常规调节中，比例运算常用作放大，积分运算常用来提高调节精度，而微分运算则用来加速过渡过程。

用 $j\omega$ 代替 s 就可以得到实际频率的传输函数，在输入角频率为 ω 的正弦信号情况下，输出为随输入信号频率连续变化的稳态响应，包括传输幅度和相位。

> **讨论：**
>
> (1) 试画出反相求和、反相积分和微分电路，利用理想运放的特性求每个电路输出电压 u_o 和输入电压 u_i 的关系并说明各种电路的性能。
>
> (2) 如果想将三角波转换成方波，选择何种运算电路？若想将方波转换成三角波呢？

6.6　电压比较器

电压比较器是对输入信号进行鉴幅与比较的电路，是组成非正弦波发生电路的基本单元电路，在测量和控制系统中有着相当广泛的应用。在本节主要讲述各种电压比较器的特点、电路结构及电压传输特性，同时阐明电压比较器的组成特点和分析方法。

6.6.1　电压比较器的电压传输特性

电压比较器的输出电压 u_o 与输入电压 u_i 的函数关系 $u_o = f(u_i)$ 一般用曲线来描述，称为电压传输特性。输入电压 u_i 是模拟信号，而输出电压 u_o 只有两种可能的状态，即高电平 U_{OH} 和低电平 U_{OL}，用来表示比较的结果。使 u_o 从 U_{OH} 跃变为 U_{OL}，或者从 U_{OL} 跃变为 U_{OH} 的输入电压称为阈值电压或转折电压，记作 U_T。

为了正确画出电压传输特性，必须求出以下 3 个要素：

(1) 输出电压高电平 U_{OH} 和低电平 U_{OL}；

(2) 门限电压或阈值电压的数值 U_T；

(3) 当 u_i 变化且经过 U_T 时，u_o 跃变的方向，即是从高电平 U_{OH} 跃变为低电平 U_{OL}，还是从低电平 U_{OL} 跃变为高电平 U_{OH}。

电压比较器是最简单的模数转换电路，即从模拟信号转换成一位二值信号的电路。它的输出表明模拟信号是否超出预定范围，因此广泛应用于各种报警电路、自动控制、电子测量、波形产生和转换电路中。

6.6.2 集成运放的非线性工作区

通常在电压比较器电路中，集成运放不是处于开环状态（即没有引入反馈）或者只引入了正反馈，如图 6.6.1(a)、(b)所示；图 6.6.1(b)中反馈通路为电阻网络。对于理想运放，由于差模增益无穷大，只要同相输入端与反相输入端之间有无穷小的差值电压，输出电压就将达到正的最大值或负的最大值，即输出电压 u_o 与输入电压 $(u_P - u_N)$ 不是线性关系，称集成运放工作在非线性工作区，其电压传输特性如图 6.6.1(c)所示。

理想运放工作在非线性区的两个特点是：

(1) 当集成运放的输出电压 u_o 的幅值为 $\pm U_{OM}$ 时，若 $u_P > u_N$，则 $u_o = +U_{OM}$；若 $u_N > u_P$，则 $u_o = -U_{OM}$。

(2) 由于理想运放的差模输入电阻无穷大，故净输入电流为零，即 $i_P = i_N = 0$。

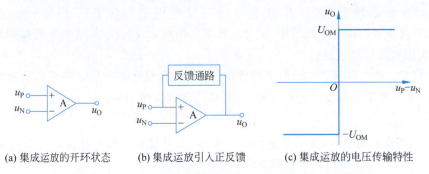

(a) 集成运放的开环状态   (b) 集成运放引入正反馈   (c) 集成运放的电压传输特性

图 6.6.1　集成运放工作在非线性区的电路特点及其电压传输特性

需要注意的是，由于运放工作在非线性状态，虚短不再成立，$u_P = u_N$ 仅限于翻转时刻。但运放输入电阻较大，在分析比较器时，虚断仍然可以采用。

6.6.3 单限电压比较器

单门限比较器只有一个阈值电压，输入电压 u_i 逐渐增大或减小过程中，当通过 U_T 时，输出电压 u_o 产生跃变，从高电平 U_{OH} 跃变为低电平 U_{OL}，或者从低电平 U_{OL} 跃变为高电平 U_{OH}。

1. 过零比较器

将集成运放的一输入端输入信号，另一端接"地"，就构成过零比较器，其电路如图 6.6.2(a)所示，集成运放工作在开环状态，其输出电压为 $+U_{OM}$ 或 $-U_{OM}$。当输入电压 $u_i < 0V$ 时，$u_o = +U_{OM}$；当 $u_i > 0V$ 时，$u_o = -U_{OM}$。电压传输特性如图 6.6.2(b)所示。若在图 6.6.2(a)所示的电路中将反相输入端接"地"，而将同相输入端接输入电压，可获得 u_o 跃变方向相反的电压传输特性。

为了避免内部管子进入深度饱和区，提高响应速度，可加二极管限幅电路，如图 6.6.3 所示。

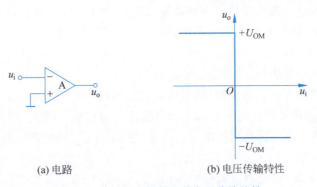

(a) 电路　　　　　　　　(b) 电压传输特性

图 6.6.2　过零比较器及其电压传输特性

在实际电路中，为了满足负载的需要，常在集成运放的输出端加稳压管限幅电路，从而获得合适的高低电平 U_{OL} 和 U_{OH}，如图 6.6.4(a) 所示。图中 R 为限流电阻，两只稳压管的稳定电压均应小于集成运放的最大输出电压 U_{OM}。D_{Z1} 和 D_{Z2} 的正向导通电压均为 U_D。当输入电压 $u_i < 0V$ 时，由于集成运放的输出电压 $u'_o = +U_{OM}$，使 D_{Z1} 工作于稳压状态，D_{Z2} 工作于正向导通状态，所以输出电压 $u_o = U_{OH} = +(U_{Z1} + U_D)$。当 $u_i > 0V$ 时，由于集成运放的输出电压 $u'_o = -U_{OM}$，使 D_{Z2} 工作在稳压状态，D_{Z1} 工作在正向导通状态，所以输出电压 $u_o = U_{OL} = -(U_{Z2} + U_D)$。若要求 $U_{Z1} = U_{Z2}$，则可以采用两只特性相同而又制作在一起的稳压管，其符号如图 6.6.4(b) 所示，导通时的端电压标为 $\pm U_Z$。当输入电压 $u_i < 0V$ 时，$u_o = U_{OH} = +U_Z$；当 $u_i > 0V$ 时，$u_o = U_{OL} = -U_Z$。

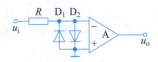

图 6.6.3　电压比较器输入级的保护电路

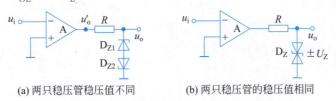

(a) 两只稳压管稳压值不同　　　(b) 两只稳压管的稳压值相同

图 6.6.4　电压比较器的输出限幅电路

应当指出的是，在图 6.6.4 中，需根据稳压管的稳定电流和最大稳定电流选取限流电阻 R 的阻值，使稳压管既工作在稳压状态又不至于因电流过大而损坏。

2. 一般单限比较器

令 $u_N = u_P = 0$，输出电压 u_o 发生跃变，可求出阈值电压为

$$U_T = U_{REF} \tag{6.6.1}$$

当 $u_i < U_T$ 时，$u_P > u_N$，$u_o = +U_{OM}$；当 $u_i > U_T$ 时，$u_P < u_N$，$u_o = +U_{OM}$。反相单限比较器电压传输特性如图 6.6.5(b) 所示。

(a) 电路　　(b) 反相单限比较器电压传输特性　　(c) 同相单限比较器电压传输特性

图 6.6.5　一般单限比较器及其电压传输特性

若将运放的同相输入端和反相输入端调换,即参考电压 U_{REF} 加在运放的反相端,输入电压加在运放的同相端,就得到同相单门限比较器,其电压传输特性如图 6.6.5(c)所示。

由式(6.6.1)可知,通过调节参考电压 U_{REF} 的大小和极性以及电阻 R_1 和 R_2 的阻值,可以改变阈值电压的大小和极性。要想改变 u_i 过 U_T 时 u_o 的跃变方向,可将集成运放的同相端和反相端所接外电路互换。综上所述,集成运放输出端所接的限幅电路可以确定电压比较器的输出低电平 U_{OL} 和输出高电平 U_{OH};令集成运放同相输入端 u_P 和反相输入端 u_N 电位 $u_P = u_N$,可解得的输入电压就是阈值电压 U_T;u_o 在 u_i 过 U_T 时的跃变方向决定于 u_i 作用于集成运放的哪个输入端。

当 u_i 从反相输入端(或通过电阻)输入时,$u_i < U_T$, $u_o = U_{OH}$, $u_i > U_T$, $u_o = U_{OL}$。当 u_i 从同相输入端(或通过电阻)输入时,$u_i < U_T$, $u_o = U_{OL}$, $u_i > U_T$, $u_o = U_{OH}$。

例 6.6.1 如图 6.6.6(a)所示为另一种形式的单门限比较器,设运放的高低电平分别为 U_{OL} 和 U_{OH},试求出其门限电压 U_T,画出传输特性曲线。

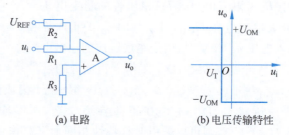

(a) 电路　　　　　　(b) 电压传输特性

图 6.6.6　例 6.6.1 电路和解答

解: 根据叠加原理,集成运放反相输入端的电位为

$$u_N = \frac{R_1}{R_1 + R_2} U_{REF} + \frac{R_2}{R_1 + R_2} u_i$$

令 $u_N = u_P = 0$,则求出阈值电压为

$$U_T = -\frac{R_1}{R_2} U_{REF} \tag{6.6.2}$$

其传输特性曲线如图 6.6.6(b)所示。

6.6.4　滞回电压比较器

视频 34
一般单限
比较器实验

单门限比较器电路简单,灵敏度高,但其抗干扰能力较差,例如,在如图 6.6.7 所示的单门限比较器中,当输入信号 u_i 中含有噪声或干扰时,阈值电压附近的任何微小变化都将引起输出电压的跃变,导致输出信号不稳定,有时还会出现错误电平,因此工程中常采用滞回电压比较器。

电路有两个阈值电压,输入电压 u_i 从小变大过程中使输出电压 u_o 产生跃变的阈值电压 U_{T1},不等于从大变小过程中使输出电压 u_o 产生跃变的阈值电压 U_{T2},电路具有滞回特性。它与单门限比较器的相同之处在于:当输入电压向单一方向变化时,输出电压只跃变一次。滞回比较器具有滞回特性,即具有惯性,因而也就具有一定的抗干扰能力。从反相输入端输入的滞回比较器电路如图 6.6.8(a)所示,滞回比较器电路中引入了正反馈。从集成运放输出端的限幅电路可以看

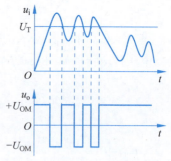

图 6.6.7　单门限比较器在 u_i 有干扰时的输出波形

出，$u_o = \pm U_Z$。集成运放反相输入端电位 $u_N = u_i$，同相输入端电位

$$u_P = \frac{R_1}{R_1 + R_2} \cdot U_Z$$

令 $u_N = u_P$，求出的 u_i 就是阈值电压，因此得出

$$\pm U_T = \pm \frac{R_1}{R_1 + R_2} \cdot U_Z$$

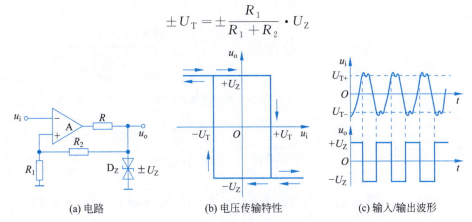

(a) 电路　　　　　　(b) 电压传输特性　　　　　(c) 输入/输出波形

图 6.6.8　滞回比较器及其电压传输特性和输入输出波形

假设 $u_i < -U_T$，那么 u_N 一定小于 u_P，因而 $u_o = +U_Z$，所以 $u_P = +U_T$。只有当输入电压 u_i 增大到 $+U_T$ 时，输出电压 u_o 才会从 $+U_Z$ 跃变为 $-U_Z$。同理，假设 $u_i > +U_T$，那么 u_N 一定大于 u_P，因而 $u_o = -U_Z$，$u_P = -U_T$。只有当输入电压 u_i 减小到 $-U_T$，输出电压 u_o 才会从 $-U_Z$ 跃变为 $+U_Z$。可见，u_o 从 $+U_Z$ 跃变为 $-U_Z$ 和 u_o 从 $-U_Z$ 跃变为 $+U_Z$ 的阈值电压是不同的，电压传输特性如图 6.6.8(b) 所示。

从电压传输特性曲线可以看出，如果输入信号 u_i 是从小于阈值 $-U_T$ 的值逐渐增大到 $-U_T < u_i < +U_T$，那么 u_o 应为 $+U_Z$；如果输入信号 u_i 是从大于阈值 $+U_T$ 的值逐渐减小到 $-U_T < u_i < +U_T$，那么 u_o 应为 $-U_Z$；曲线具有方向性，如图 6.6.8(b) 中所标注；因此可以看出，在 $-U_T < u_i < +U_T$ 范围内，u_i 的变化不影响 u_o，电路具有抗干扰能力。从图 6.6.8(c) 的输入信号 u_i 和输出信号 u_o 的波形也可以看出，滞回比较器将具有噪声和干扰的输入信号转换成较"整齐"的矩形波。

两个阈值电压差值的绝对值称为回差电压 ΔU，ΔU 越大，抗干扰能力越强，但灵敏度越差，应根据应用场合合理设定。

为使滞回比较器的电压传输特性曲线向左或向右平移，需将两个阈值电压叠加相同的正电压或负电压。把电阻 R_1 的接地端接参考电压 U_{REF}，可达到此目的，如图 6.6.9(a) 所示。图中同相输入端的电位

$$u_P = \frac{R_2}{R_1 + R_2} U_{REF} \pm \frac{R_1}{R_1 + R_2} U_Z \tag{6.6.3a}$$

令 $u_N = u_P$，求出的 u_i 就是阈值电压，因此得出

$$U_T = \frac{R_2}{R_1 + R_2} U_{REF} \pm \frac{R_1}{R_1 + R_2} U_Z \tag{6.6.3b}$$

式 (6.6.3a) 和式 (6.6.3b) 中第一项是曲线在横轴左移或右移的距离，当 $U_{REF} > 0V$ 时，如图 6.6.9(a) 所示电路的电压传输特性如图 6.6.9(b) 所示，改变 U_{REF} 的极性即可改变曲线平移的方向。

为使电压传输特性曲线上、下平移，则应改变稳压管的稳定电压。

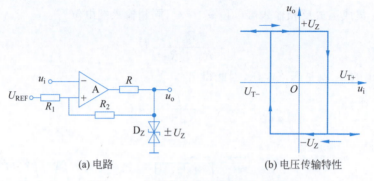

(a) 电路 (b) 电压传输特性

图 6.6.9 加了参考电压的滞回比较器

$$U_{T+}=\frac{R_1 U_{REF}}{R_1+R_2}+\frac{R_2 U_{OH}}{R_1+R_2} \tag{6.6.4}$$

$$U_{T-}=\frac{R_1 U_{REF}}{R_1+R_2}+\frac{R_2 U_{OL}}{R_1+R_2} \tag{6.6.5}$$

迟滞比较器可用于波形整形,具有迟滞性的比较器在控制系统,信号甄别和波形产生电路中广泛应用。

例 6.6.2 一比较电路如图 6.6.10(a)所示。设运放是理想的,且 $U_{REF}=-1\text{V}, U_Z=5\text{V}$,试求门限电压值 U_T,画出比较器的传输特性 $u_o=f(u_i)$。

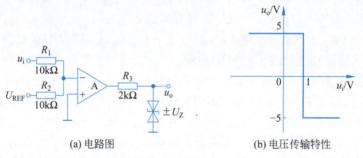

(a) 电路图 (b) 电压传输特性

图 6.6.10 例 6.6.2 图

解:(1) 求 U_T。

$$u_N=\frac{R_1}{R_1+R_2}U_{REF}+\frac{u_i R_2}{R_1+R_2}$$

当 $u_N=u_p=0$ 时,比较器输出电压 u_o 处于临界翻转状态,由此可求出

$$U_T=u_i=-\frac{R_1}{R_2}U_{REF}=1\text{V}$$

(2) 比较器的传输特性如图 6.6.10(b)所示。

例 6.6.3 已知电压比较器如图 6.6.11(a)所示,使其电压传输特性如图 6.6.11(b)所示,试求电阻 R_1、R_2 的比值。

解:由图 6.6.11(a)可知,输入电压作用于同相输入端,电路没有外加基准电压,由如图 6.6.11(b)所示的电压传输特性可知,$u_o=\pm U_Z=\pm 6\text{V}, U_{T1}=-U_{T1}=3\text{V}$,求解阈值电压的表达式:

$$u_p=\frac{R_2}{R_1+R_2}u_i+\frac{R_1}{R_1+R_2}u_o=u_N=0$$

$$\pm U_T=\pm\frac{R_1}{R_2}U_Z=\left(\frac{R_1}{R_2}\times 6\right)\text{V}=\pm 3\text{V}$$

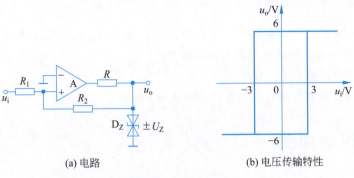

(a) 电路　　　　　　　　(b) 电压传输特性

图 6.6.11　例 6.6.3 图

解得 $R_2=2R_1$，故 R_1 与 R_2 的比值为 1∶2。

例 6.6.4　电路如图 6.6.12(a)所示。设运放是理想的，已知 $R_1=R_2=10\text{k}\Omega$，$R_3=20\text{k}\Omega$，$R_4=2\text{k}\Omega$，$U_Z=\pm 8\text{V}$，试画出输出电压 u_o 的波形。

解：由 $V_{\text{REF}}=0$，$u_o=U_Z=\pm 8\text{V}$，有

$$U_{\text{T+}}=\frac{R_1 U_{\text{REF}}}{R_1+R_2}+\frac{R_2 U_{\text{OH}}}{R_1+R_2}=\frac{10\times 8}{10+10}=4\text{V}$$

$$U_{\text{T-}}=\frac{R_1 U_{\text{REF}}}{R_1+R_2}+\frac{R_2 V_{\text{OL}}}{R_1+R_2}=\frac{10\times(-8)}{10+10}=-4\text{V}$$

当 $t=0$ 时，由于 $u_i<U_{\text{T-}}=-4\text{V}$，$u_o=8\text{V}$，$u_P=4\text{V}$，之后 u_i 在 $u_P=U_{\text{T-}}=4\text{V}$ 内变化，u_o 保持 8V 不变。

当 $t=t_1$ 时，由于 $u_i\geqslant u_P=U_{\text{T+}}=4\text{V}$，$u_o$ 由 8V 下跳到 -8V，u_P 由 $U_{\text{T+}}=4\text{V}$ 变为 $u_P=U_{\text{T-}}=-4\text{V}$，之后 u_i 在 $u_i>-4\text{V}$ 范围内变化，u_o 保持 -8V 不变。

当 $t=t_2$ 时，由于 $u_i\leqslant -4\text{V}$，u_o 又由 -8V 下跳到 8V，u_P 由 $U_{\text{T-}}=-4\text{V}$ 变为 $u_P=U_{\text{T+}}=4\text{V}$。输出电压波形如图 6.6.13 所示。

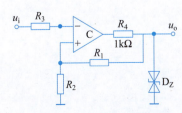

图 6.6.12　例 6.6.4 电路图

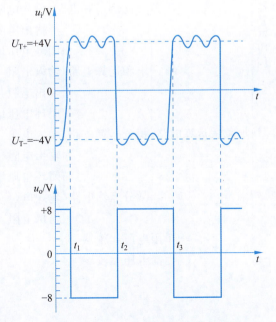

图 6.6.13　例 6.6.4 电路输入/输出波形

> **讨论：**
> （1）电压比较器中的运放通常工作在什么状态（负反馈、正反馈或开环）？一般它的输出电压是否只有高电平和低电平两个稳定状态？
> （2）迟滞比较器有几个门限电压值？
> （3）迟滞比较器的传输特性为什么具有迟滞特性？

本章知识结构图

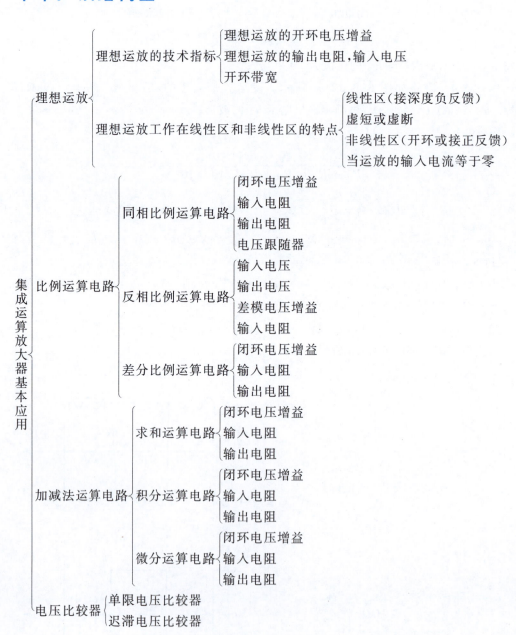

自测题

1. 填空题

（1）理想运放的参数特点：差模输入电阻 r_{id} 为_____、输出电阻 r_o 为_____、开环差模增益 A_{od} 为_____、共模抑制比 K_{CMR} 为_____。

（2）_____运算电路可实现 $A_u<0$ 的放大器。

（3）欲将方波电压转换成三角波电压，应选用_____运算电路。

（4）_____运算电路可实现函数 $Y=aX_1+bX_2+cX_3$，a、b 和 c 均大于零。

（5）作为运算电路中的集成运算放大器工作在_____区，作为电压比较器中的集成运算放大器工作在_____区。

（6）若信号电压 $u_s=1V$，内阻 $R_{si}=1MΩ$，直接连接负载电阻 $R_l=1kΩ$ 时，负载电压 $u_o=$_____，若中间接一电压跟随器，则输出电压 $u_o=$_____。

（7）欲将正弦波电压移相 $+90°$，应选用_____运算电路。

2. 判断题

（1）要想实现 $A_u=-100$ 的放大电路，应选用同相比例放大电路。（　　）

（2）运算电路中的运放一般工作在线性区。（　　）

（3）虚断是指集成运放两个输入端开路。（　　）

（4）单门限比较器的抗干扰能力比迟滞比较器强。（　　）

（5）在迟滞比较器中，输入信号的变化方向与其阈值没有关系。（　　）

（6）集成运放在开环情况下一般工作在非线性区。（　　）

（7）电压比较器电路中，集成运放的净输入电流为0。（　　）

3. 选择题

（1）要实现 $A_u=1$ 的放大器，应选用_____。

  A. 反相比例运算电路　　　　　　　B. 同相比例运算电路

  C. 差分比例运算电路　　　　　　　D. 电压跟随器

（2）将三角波电压转换成方波电压，应选用_____。

  A. 反相比例运算电路　　　　　　　B. 微分运算电路

  C. 差分比例运算电路　　　　　　　D. 积分运算电路

（3）集成运算放大器工作在线性放大区，由理想工作条件得出两个重要规律是_____。

  A. $u_N=u_P=0, i_P=i_N$

  B. $u_N=u_P=0, i_P=i_N=0$

  C. $u_N=u_P, i_P=i_N=0$

  D. $u_N=u_P, i_P=i_N$

（4）要实现 $u_o=-(3u_{i1}+5u_{i2})$ 可采用（　　）电路进行设计。

  A. 比例运算　　　　　　　　　　　B. 减法运算

  C. 加法运算　　　　　　　　　　　D. 差分运算

（5）若希望输入电压 $u_i<3V$ 时，输出电压 u_o 为低电平，输入电压 $u_i>3V$ 时，输出电压 u_o 低电平，可用_____电压比较器。

  A. 过零　　　　　　　　　　　　　B. 单限

C. 迟滞 D. 窗口

(6) 积分电路如果输入是矩形波，其输出就是_____。

A. 三角波 B. 尖顶波

C. 方波 D. 正弦波

第6章 自测题答案 　　第6章 习题

第 7 章 放大电路中的反馈

CHAPTER 7

反馈放大电路广泛应用于诸多实用电路，根据极性不同，反馈可分为正反馈和负反馈，负反馈可以改善放大电路的性能指标，而正反馈容易造成放大电路工作不稳定，因此在放大电路中通常引入负反馈，而避免正反馈。但正反馈可以构成正弦波振荡电路（见第 8 章）。

本章重难点：反馈的基本概念和分类；负反馈放大电路增益的一般表达式；负反馈对放大电路性能的影响；负反馈放大电路自激振荡及消除方法。

7.1 反馈的基本概念和分类

在实用电子电路中，为了改变放大电路的各种性能，会在电路中引入不同形式的反馈，直流反馈可以稳定放大电路的静态工作点；负反馈可以改善放大电路的一些性能指标，例如提高增益的稳定性、减小非线性失真、抑制噪声和干扰、拓展通频带、改变输入输出电阻等。正反馈会使放大电路的工作不稳定，在放大电路中应尽可能避免，但在波形产生电路中，当满足一定的幅度和相位条件时，可以产生频率稳定的正弦波信号。

7.1.1 反馈的基本概念

电子电路中的反馈是指将输出信号（电压或电流）的一部分或全部通过反馈网络，用一定的方式送回到输入回路的过程。反馈体现了输出信号对输入信号的控制作用。

在本书前面各章节中虽然没有具体介绍反馈，但在有些电路中已经引入了反馈。例如，在晶体管混合参数小信号等效模型电路中，如图 7.1.1 所示，输入回路中 $h_{re}v_{ce}$ 就反映了 BJT 的输出电压对 v_{ce} 的控制作用，这种存在器件内部的反馈称为内部反馈。又如，在共集电极放大电路中，是通过射极电阻 R_e 引入负反馈，这是放大电路外部的反馈，如图 7.1.2 所示，另外在运算放大电路中也都有反馈网络存在。内部反馈也叫作寄生反馈，其作用很小，本章主要讨论外部反馈。

视频 35 反馈的基本概念

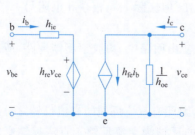

图 7.1.1 BJT 内部的反馈

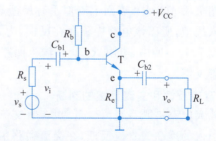

图 7.1.2 BJT 外部的反馈

引入反馈的放大电路称为反馈放大电路,根据各部分电路的主要功能可将其分为基本放大电路 A 和反馈网络 F,可以用如图 7.1.3 所示的结构框图来抽象概括,x_I 是整个反馈放大电路的输入信号,x_O 是整个反馈放大电路的输出信号,也是反馈网络 F 的输入信号,x_F 是反馈网络 F 的输出信号,x_{ID} 是基本放大电路 A 的净输入信号,对于负反馈而言,x_{ID} 是输入信号 x_I 与反馈信号 x_F 之差,对于正反馈而言,x_{ID} 是输入信号 x_I 与反馈信号 x_F 之和。

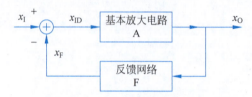

图 7.1.3 反馈放大电路的结构框图

以上这些信号既可以是电压信号,也可以是电流信号,但 x_I、x_F、x_{ID} 必然是同一种电信号,即要么同为电压信号,要么同为电流信号。

从图 7.1.3 中的箭头可以看出,在反馈放大电路中有两种不同的信号流向:一种是从基本放大电路的输入端到输出端的正向放大信号流向,只经过基本放大电路;另一种是从放大电路的输出端到输入端的反向反馈信号流向,只经过反馈网络。基本放大电路的正向增益为 $A = x_O / x_{ID}$(称为开环增益),反向传输系数 $F = x_F / x_O$(称为反馈系数)。

7.1.2 反馈的判断方法

1. 有无反馈的判断

判断放大电路中是否存在反馈,就是看该电路的输出与输入回路之间是否存在反馈网络,即反馈通路。没有反馈网络,就不能形成反馈,这种情况称为开环;有反馈网络,则形成闭合环路,称为闭环。

例 7.1.1 试判断图 7.1.4 所示各电路中是否存在反馈。

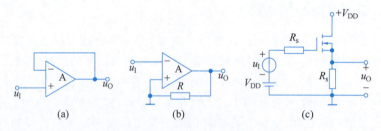

图 7.1.4 例 7.1.1 电路图

解:在图 7.1.4(a)中,有反馈通路存在,并且将输出电压全部反馈回去,所以该电路中存在反馈。

在图 7.1.4(b)中,表面上看似乎有反馈通路存在,但实际上同相端和电阻另一端都接地,没有引入反馈,所以该电路中不存在反馈,为开环状态。

在图 7.1.4(c)中,电阻 R_s 既在输入回路,又在输出回路中,构成了反馈通路,所以该电路中存在着反馈。

2. 直流反馈和交流反馈的判断

在放大电路中既有直流分量,也含有交流分量,因此有直流反馈与交流反馈之分。在直流通路中引入的反馈为直流反馈,在交流通路中引入的反馈为交流反馈。直流反馈影响放大电路的静态工作点等直流特性,交流反馈影响放大电路的诸如增益、输入/输出电阻和带宽等交

视频 36 直流反馈与交流反馈

流性能。在放大和反馈通路都能同时通过交、直流信号的情况下,反馈对电路的交流和直流性能都有影响。

判断是直流反馈还是交流反馈的方法就是分别画出直流通路和交流通路,需要特别注意的是,耦合电容和旁路电容对直流通路和交流通路的不同影响。本章主要讨论交流反馈。

例 7.1.2 试判断如图 7.1.5(a)所示电路中引入的是直流反馈还是交流反馈。

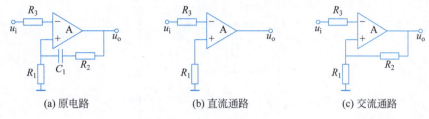

(a) 原电路　　　　　　(b) 直流通路　　　　　　(c) 交流通路

图 7.1.5　例 7.1.2 电路图

解:画出图 7.1.5(a)的直流通路如图 7.1.5(b)所示,由于电容 C_1 在直流通路中开路,输出回路与输入回路无反馈通路,因此电路中没有直流反馈。交流通路如图 7.1.5(c)所示,由于电容 C_1 短路,电阻 R_2 形成反馈通路,因此电路中引入了交流反馈。

3. 正反馈和负反馈的判断

按反馈的极性不同,可将反馈分为正反馈和负反馈。若引入反馈后,将输出量送回到输入回路影响净输入量,从而影响输出量。可以从输入端看,如果引入反馈使净输入量减小则为负反馈,反之为正反馈;也可以从输出端看,在输入量不变的情况下引入反馈使输出量减小的为负反馈,否则为正反馈。

视频 37
正反馈与
负反馈

可以通过判断反馈极性的方法来判断反馈是正反馈还是负反馈,这个方法被称为瞬时变化极性法,简称瞬时极性法。

具体方法是:先假设输入信号 u_i 在某一瞬时的极性为正(相对于共同端"地"而言),用(+)号标出,并设 u_i 的频率在放大电路的通带内,然后沿着信号正向传输的路径,根据各种基本放大电路的输出信号与输入信号间的相位关系,从输入到输出逐级标出放大电路中各点电位的瞬时极性,或支路电流的瞬时流向,再经过反馈通路,确定从输出回路到输入回路的反馈信号的瞬时极性,最后判断反馈信号是削弱还是增强了净输入信号,如果是削弱,则为负反馈,反之则为正反馈。

例 7.1.3 试判断如图 7.1.6 所示电路中级间交流反馈引入的是正反馈还是负反馈?

解:在如图 7.1.6(a)所示的电路中,设输入信号 u_i 瞬时极性为(+),则运放 A 的反向端电位也为(+),则运放输出电压 u_o 极性为(−),经电阻 R_2 反馈到运放的同相端依然为(−),净输入信号比没有反馈时增加了,因此该电路中引入了正反馈。

图 7.1.6(b)所示电路中,电阻 R_2 引入了级间交流反馈通路。假设输入信号 u_i 瞬时极性为(+),则运放 A_1 的同相端电位为(+),由运放 A_1 组成的电压跟随器的输出端电压也为(+),这个极性为(+)的信号加到运放 A_2 的反向端,则运放 A_2 的输出电压 u_o 的极性为(−),输出信号通过反馈电阻 R_2 送到运放 A_1 的同相端,因而净输入电流 $i_{id}=i_i-i_f$ 比没有反馈时减小了,所以该电路通过 R_2 引入了负反馈。

如图 7.1.6(c) 所示电路是两级放大电路:第一级是由 T_1 和 T_2 组成的单端输入-单端输出的差分放大电路,第二级是由 T_3 组成的共射放大电路。在第二级的输出回路和第一级的输入回路之间由电阻 R_f 与 R_{b2} 构成了级间交流反馈通路。R_{b2} 上的交流电压是反馈信号 u_f,T_1 和 T_2 两个基极间的差分电压信号是该电路的净输入信号。

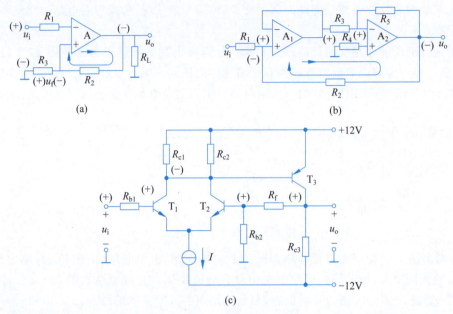

图 7.1.6 例 7.1.3 电路图

如图 7.1.6 所示,设输入信号 u_i 的瞬时极性为(+),则 T_1 的基极的交流电位 u_{b1} 也为(+),而 BJT 的集电极电位与基极相反,因此 T_1 的集电极电位 u_{c1} 瞬时极性为(-),这个信号作为第二级的输入信号从 T_3 管的基极输入,集电极输出,输出信号 u_{c3} 极性为(+),经反馈通路 R_f 与 R_{b2} 反馈到 T_2 的基极,该电路的净输入信号 $u_{id} = u_{b1} - u_{b2}$,比没有反馈时减小了,所以 R_f 与 R_{b2} 引入的级间交流反馈是负反馈。

4. 串联反馈和并联反馈的判断

视频 38
串联反馈与
并联反馈

根据反馈量与输入量在放大电路输入端口的连接方式的不同,可分为串联反馈和并联反馈。在反馈放大电路的输入回路,如果反馈网络的输出端口与基本放大电路的输入端口串联连接,则称为串联反馈,如图 7.1.7(a)所示。这时,输入回路的信号 x_i、x_f 及 x_{id} 分别以电压 u_i、u_f 及 u_{id} 出现,并满足 KVL 方程,实现了电压比较。对于串联负反馈,有 $u_{id} = u_i - u_f$。如果反馈网络的输出端口与基本放大电路的输入端口并联连接,称为并联反馈,如图 7.1.7(b)所示。此时,输入回路的信号 x_i、x_f 及 x_{id};分别以电流 i_i、i_f 及 i_{id} 出现,并满足 KCL 方程,实现了电流比较。对于并联负反馈,有 $i_{id} = i_i - i_f$,所以图 7.1.7(a)中引入的是串联负反馈,图 7.1.7(b)中引入的是并联负反馈。

实际上,由图 7.1.7 可以总结出判断串联反馈、并联反馈的更快捷有效的方法:当反馈信号与输入信号分别接到基本放大电路的不同输入端时,则引入的是串联反馈;当反馈信号与输入信号接到基本放大电路的同一个输入端时,则引入的是并联反馈。

信号源内阻 R_s 的大小,会影响串联负反馈和并联负反馈的效果。由如图 7.1.7(a)所示的串联负反馈框图可以看出,基本放大电路的净输入电压 $u_{id} = u_i - u_f$,要使串联负反馈的效果最佳,即反馈电压 u_f 对净输入电压 u_{id} 的调节作用最强,则要求输入电压 u_i 最好固定不变,而这只有在信号的内阻 $R_s = 0$ 时才能实现,此时有 $u_i = u_s$。如果信号源内阻 $R_s \to \infty$,则反馈信号 u_f 的变化对净输入信号 u_{id} 就没有影响,负反馈不起作用。所以串联负反馈要求信号源内阻越小越好。相反,对于如图 7.1.7(b)所示的并联负反馈而言,为增强负反馈效果,则要求信号源内阻越大越好。信号源内阻 $R_s \to \infty$ 时,有 $i_i = i_s$,固定不变,净输入电流 $i_{id} = i_i - i_f$,反馈电流 i_f 对净输入电流 i_{id} 的调节作用最强,并联负反馈的效果最佳。若 $R_s = 0$,则负反馈不

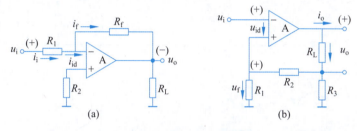

图 7.1.7　串联反馈与并联反馈

起作用。

例 7.1.4　试判断如图 7.1.8 所示电路中引入的反馈是串联反馈还是并联反馈。

解： 图 7.1.8(a)中的反馈信号和输入信号都接至放大电路的同一个输入端(运放的反相输入端)，电流满足 $i_{id}=i_i-i_f$，显然输入端以电流形式求和，满足 KCL 方程，因此该电路引入的是并联反馈。

图 7.1.8　例 7.1.4 电路图

在如图 7.1.8(b)所示的电路中，反馈信号接在运放的反相输入端，而输入信号接在运放的同相输入端。电压满足 $u_{id}=u_i-u_f$，显然输入端以电压形式求和，满足 KVL 方程，因此该电路引入的是串联反馈。

5. 电压反馈和电流反馈的判断

反馈放大电路中反馈电路是从输出回路取出信号，再送入到输入回路，是电压反馈还是电流反馈由反馈网络的输入端口在放大电路输出端口的取样对象来决定。如果反馈信号取样于输出电压，则称为电压反馈。此时反馈信号 x_f 和输出电压 u_o 成比例，即 $x_f=Fu_o$，如图 7.1.9(a)所示，电压反馈时反馈网络的输入端口并联于放大电路的输出端口。如果反馈信号取样于输出电流，则称为电流反馈，当反馈信号 x_f 与输出电流 i_o 成比例，即 $x_f=Fi_o$ 时，则为电流反馈。如图 7.1.9(b)所示，反馈网络的输入端口串联于放大电路输出端口。需要强调的是，是电压反馈还是电流反馈只取决于输出端口，与输入端的连接方式无关。

视频 39 电压反馈与电流反馈 1

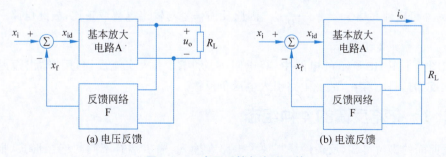

图 7.1.9　电压反馈与电流反馈

"输出短路法"是判断电压与电流反馈的常用方法。假设输出电压 $u_o=0$(即令负载电阻 $R_L=0$),观察反馈信号是否还存在,若反馈信号不存在了($x_f=0$),则说明反馈信号与输出电压成正比,为电压反馈;若反馈信号依然存在($x_f \neq 0$),则说明反馈信号与输出电流 i_o 成正比,为电流反馈。

电压负反馈能够稳定输出电压。当输出电压不变时,如负载电阻 R_L 增大时,输出电压增大,通过反馈网络使反馈电压增大,因此净输入信号减小,又迫使输出电压减小,从而稳定了输出电压,因此电压负反馈具有恒压输出特性。电流负反馈则稳定输出电流,因而电流负反馈放大电路具有恒流输出特性。

例 7.1.5 试判断如图 7.1.10 所示电路中引入的反馈是电压反馈还是电流反馈?

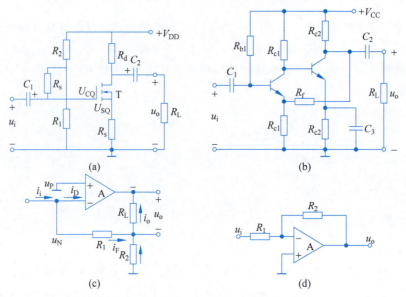

图 7.1.10 例 7.1.5 电路图

解:在如图 7.1.10(a)所示的电路中,R_s 既在输入回路,又在输出回路,因此 R_s 上的电压就是反馈电压,令 $R_L=0$,即 $u_o=0$,反馈信号依然存在,$u_f=R_s i_s \approx R_s i_d$($i_d$ 是场效应管的漏极电流),故此电路引入电流负反馈。

在如图 7.1.10(b)所示的电路中,有电阻 R_f 和 R_{e1} 引入级间交流反馈,用"输出短路法"令 $R_L=0$,即 $u_o=0$,则反馈信号 u_f 不存在,另外可定性写出 $u_f = \dfrac{R_{e1}}{R_f+R_{e1}} u_o$,因此反馈信号与输出电压 u_o 成正比,故此电路引入电压负反馈。

在如图 7.1.10(c)所示的电路中,用"输出短路法"令 $R_L=0$,即 $u_o=0$,则反馈信号 i_f 依然存在,另外可定性写出 $i_f = \dfrac{R_2}{R_1+R_2} i_o$,因此反馈信号与输出电流成正比,故此电路引入电流负反馈。

在如图 7.1.10(d)所示的电路中,有电阻 R_1 和 R_2 引入交流反馈,用"输出短路法",令 $u_o=0$,则反馈信号不存在,故此电路引入电压负反馈。

7.1.3 交流反馈的 4 种组态

根据前面的讲解可知,反馈网络与放大电路在输入、输出端有不同的连接形式,根据输入端连接方式的不同分为串联反馈和并联反馈;根据输出端连接方式的不同分为电压反馈和电

视频 40
负反馈的
4 种组态

流反馈。因此,负反馈放大电路有 4 种不同的组态,即电压串联负反馈、电压并联负反馈、电流串联负反馈、电流并联负反馈。

1. 电压串联负反馈

如果反馈网络与基本放大电路在输入端口串联连接,在输出端口并联连接,则构成电压串联反馈,图 7.1.11(a)为其结构框图,在输入端反馈信号使净输入信号减小,故为负反馈,因此构成电压串联负反馈组态。在如图 7.1.11(b)所示的电路中,电阻 R_1 和 R_2 引入交流反馈,输入端反馈信号与输入信号不在运放的同一个端口,满足 KVL 方程,为串联反馈。由"瞬时极性法"可判断出该反馈为负反馈,用"输出短路法"令 $R_L=0$,即 $u_o=0$,则反馈信号 u_f 不存在,另外可定性写出 $u_f = \dfrac{R_1}{R_1+R_2} u_o$,因此,反馈信号与输出电压成正比,为电压反馈,故此电路引入电压串联负反馈。

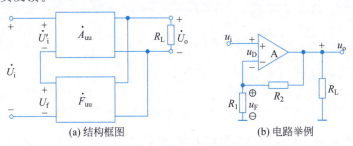

图 7.1.11 电压串联负反馈

电压串联负反馈输入端和输出端的变量都是以电压形式出现,具有稳定输出电压的作用,可以看成电压控制的电压源,可以实现电压-电压的转换。

2. 电压并联负反馈

如果反馈网络与基本放大电路在输入端口并联连接,在输出端口也并联连接,则构成电压并联反馈,图 7.1.12(a)为其结构框图,在输入端反馈信号使净输入信号减小,故为负反馈,因此构成电压并联负反馈组态。在如图 7.1.12(b)所示的电路中,电阻 R_1 和 R_2 引入交流反馈,输入端反馈信号与输入信号在运放的同一个端口,满足 KCL 方程,为并联反馈。用"输出短路法"令 $R_L=0$,即 $u_o=0$,则反馈信号 u_f 不存在,另外可定性写出 $i_f = \dfrac{-u_o}{R_2}$,因此,反馈信号与输出电压成正比,是电压反馈,由"瞬时极性法"可判断出该反馈为负反馈,故此电路引入电压并联负反馈。

电压并联负反馈输入端是以电流形式求和,而输出端的变量是以电压形式出现,具有稳定输出电压的作用,可以看成电流控制的电压源,可以实现电流-电压的转换。

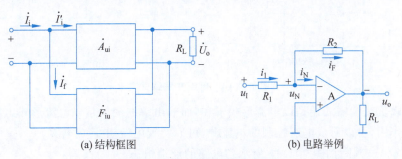

图 7.1.12 电压并联负反馈

3. 电流串联负反馈

如果反馈网络与基本放大电路在输入端口串联连接,在输出端口也串联连接,则构成电流串联反馈,图 7.1.13(a)为其结构框图,在输入端反馈信号使净输入信号减小,故为负反馈,因此构成电流串联负反馈组态。在如图 7.1.13(b)所示的电路中,根据"瞬时极性法"可判断出该电路引入负反馈,电阻 R_1 上的电压就是反馈电压,输入端反馈信号与输入信号不在运放的同一个端口,满足 KVL 方程,为串联反馈。用"输出短路法"令 $R_L=0$,即 $u_o=0$,则反馈信号 u_f 依然存在,且可定性写出 $u_f=R_1 i_o$,因此,反馈信号与输出电流成正比,为电流反馈,综合以上分析,此电路引入电流串联负反馈。

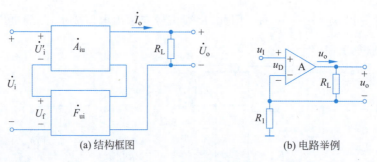

图 7.1.13 电流串联负反馈

电流串联负反馈输入端是以电压形式求和,而输出端的变量是以电流形式出现,具有稳定输出电流的作用,可以看成电压控制的电流源,可以实现电压-电流的转换。

4. 电流并联负反馈

如果反馈网络与基本放大电路在输入端口并联连接,在输出端口串联连接,则构成电流并联反馈,图 7.1.14(a)为其结构框图,在输入端反馈信号使净输入信号减小,故为负反馈,因此构成电流并联负反馈组态。在如图 7.1.14(b)所示的电路中,根据"瞬时极性法"可判断出该电路引入负反馈,电阻 R_1 上的电流就是反馈电流,输入端反馈信号与输入信号在运放的同一个端口,满足 KCL 方程,为并联反馈。用"输出短路法"令 $R_L=0$,即 $u_o=0$,则反馈信号 i_f 依然存在,且可定性写出 $i_f=\dfrac{R_2}{R_2+R_1}i_o$,因此,反馈信号与输出电流成正比,为电流反馈,综合以上分析,此电路引入电流并联负反馈。

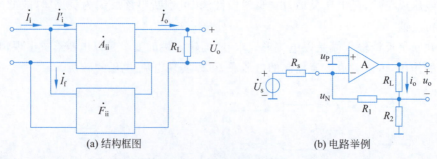

图 7.1.14 电流并联负反馈

电流并联负反馈输入端是以电流形式求和,而输出端的变量是以电流形式出现,具有稳定输出电流的作用,可以看成电流控制的电流源,可以实现电流-电流的转换。

例 7.1.6 试判断如图 7.1.15 所示各电路的反馈组态。

解:在如图 7.1.15(a)所示的电路中,电阻 R_f 和 R_{e1} 构成级间交流反馈通路。在放大电路的输入端口,反馈电阻 R_f 接三极管 T_3 的发射极,而输入信号 u_i 接三极管 T_1 的基极,不在同一个端口,因此是串联反馈,净输入信号为 u_{be},反馈信号是电压 u_f,令 $u_o=0$ 时,$u_f\neq 0$,所以是电流反馈。用瞬时极性法判断该反馈极性:设 u_i 瞬时极性为(+),则经 T_1 构成的共射电路放大后,T_1 集电极的交流电位为(−),由 T_2 组成共射电路,其输出信号与输入信号反相,T_2 基极的交流电位为(−),集电极也为(+),T_3 基极为(+),发射极也为(+),所以 u_f 为(+),结果使基本放大电路的净输入电压 $u_{be}(=u_i-u_f)$,减小了,所以是负反馈。综上所述,该电路由 R_f 和 R_{e1} 引入了电流串联负反馈。

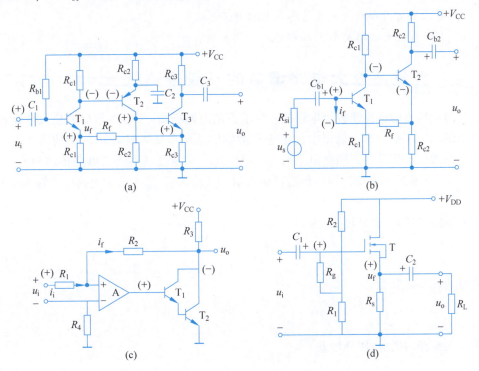

图 7.1.15 例 7.1.6 电路图

在如图 7.1.15(b)所示的电路中,电阻 R_f 构成级间交流反馈通路。在放大电路的输入端口,反馈信号与输入信号都接在三极管 T_1 的基极,满足 KCL 方程,因此是并联反馈,反馈信号是电流 i_f,令 $u_o=0$ 时,$i_f\neq 0$,所以是电流反馈。用瞬时极性法判断该反馈极性:设 u_i 瞬时极性为(+),T_1 基极的交流电位为(+),T_1 的集电极电位为(−),T_2 的基极为(−),则 T_2 的发射极输出为(−),结果使基本放大电路的净输入电流减小了,所以是负反馈。综上所述,该电路由 R_f 引入了电流并联负反馈。

在如图 7.1.15(c)所示的电路中,电阻 R_2 构成级间交流反馈通路。在放大电路的输入端口,反馈信号与输入信号都接在运放的同相输入端,满足 KCL 方程,因此是并联反馈,反馈信号是电流 i_f,令 $u_o=0$ 时,$i_f=0$,所以是电压反馈。用瞬时极性法判断该反馈极性:设 u_i 瞬时极性为(+),因为输入信号加在运放的同相端,则输出依然为(+),T_1 基极的交流电位为(+),T_1 的集电极电位为(−),所以 i_f 的方向如图 7.1.15(c)所示,结果使基本放大电路的净输入电流减小了,所以是负反馈。综上所述,该电路由 R_2 引入了电压并联负反馈。

在图 7.1.15(d)中,R_s 既在输出回路又在输入回路中,因此 R_s 就是反馈电阻,从输入端口看出,反馈信号接在场效应管的源极,而输入信号接在栅极,不在同一个端口,因此引入的是串联反馈,令 $u_o=0$ 时,$u_f=0$,所以是电压反馈,用瞬时极性法判断该反馈极性:设输入信号

u_i 极性为(+),则源极极性也为(+),净输入信号 $u_{gs}(=u_i-u_f)$,所以该反馈为负反馈,综上所述,该电路引入了电压串联负反馈。

> **讨论:**
> (1) 简述反馈的概念。如何判断电路中有无反馈?
> (2) 如何判断直流反馈和交流反馈? 引入直流负反馈的作用是什么?
> (3) 什么叫正反馈和负反馈? 如何判断引入的反馈是正反馈还是负反馈?
> (4) 什么叫串联反馈和并联反馈? 如何判断串联反馈与并联反馈?
> (5) 电压负反馈和电流负反馈各有什么特点?
> (6) 负反馈放大电路有哪几种组态? 如何判断?

7.2 负反馈放大电路增益的一般表达式

综合前面所讲的负反馈放大电路的 4 种组态的电路框图,可以将负反馈放大电路各部分的关系用图 7.2.1 来表示。框图中包含基本放大电路 A 和反馈网络 F,图中的箭头表示信号的流向。框图中的信号的流向是单向的,输入信号 x_i 只通过基本放大电路传递到输出端,而输出信号 x_o 只通过基本反馈网络传递到输入端。在输入端,基本放大电路的净输入信号为

$$x_{id}=x_i-x_f \tag{7.2.1}$$

基本放大电路的增益(开环增益)为

$$A=\frac{x_o}{x_{id}} \tag{7.2.2}$$

反馈网络的反馈系数为

$$F=\frac{x_f}{x_o} \tag{7.2.3}$$

负反馈放大电路的增益(闭环增益)

$$A_f=\frac{x_o}{x_i} \tag{7.2.4}$$

由式(7.2.2)和式(7.2.3),可得

$$AF=\frac{x_f}{x_{id}} \tag{7.2.5}$$

AF 称为电路的环路增益。

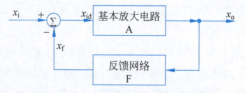

图 7.2.1 负反馈放大电路的组成框图

7.2.1 负反馈放大电路的一般表达式

由式(7.2.2)~式(7.2.5),可得

$$A_f=\frac{x_o}{x_i}=\frac{x_o}{x_{id}+x_f}=\frac{x_o}{\frac{x_o}{A}+Fx_o}=\frac{A}{1+AF} \tag{7.2.6}$$

由式(7.2.6)可以看出,引入负反馈后,放大电路的闭环增益 A_f 减小了,减小的程度与 $(1+AF)$ 有关。$(1+AF)$ 是衡量反馈程度的重要指标,负反馈放大电路性能的改变程度都与 $(1+AF)$ 有关。通常把 $(1+AF)$ 称为反馈深度。由于在一般情况下,A 和 F 都是频率的函数,当考虑信号频率的影响时,A_f、A、F 分别用 $\dot{A}_f$、$\dot{A}$、$\dot{F}$ 表示。

(1) 当 $|1+\dot{A}\dot{F}|>1$ 时,则 $|\dot{A}_f|<|\dot{A}|$,即引入反馈后,增益减小了,引入反馈是负反馈。$|1+\dot{A}\dot{F}|\gg 1$ 时,引入深度负反馈,此时

$$|\dot{A}_f| \approx \frac{1}{|\dot{F}|} \tag{7.2.7}$$

说明在深度负反馈条件下,闭环增益几乎只取决于反馈网络,而与基本放大电路无关。反馈网络一般为无源网络,不易受环境温度影响,增益稳定性高。

(2) 当 $|1+\dot{A}\dot{F}|<1$ 时,则 $|\dot{A}_f|>|\dot{A}|$,说明引入了正反馈。

(3) 当 $|1+\dot{A}\dot{F}|=0$ 时,则 $|\dot{A}_f|\to\infty$,放大电路在没有输入信号时,也会有输出信号,产生自激振荡,使放大电路无法正常工作。在负反馈放大电路中,自激振荡现象必须设法避免。

7.2.2 负反馈放大电路的放大倍数和反馈系数的量纲

对于不同的反馈组态,x_i、x_o、x_f 及 x_{id} 所代表的电量不同,物理含义和量纲也不同。现归纳如表 7.2.1 所示,其中,A_{uu}、A_{ii} 分别表示电压增益和电流增益(无量纲);A_{ui}、A_{iu} 分别表示互阻增益(电阻量纲)和互导增益(电导量纲),相应的反馈系数 F_{uu}、F_{ii}、F_{iu} 及 F_{ui} 的量纲也各不相同,但环路增益 AF 为常数。

表 7.2.1 负反馈放大电路中 4 种组态的比较

反馈组态	$\dot{A}$(量纲)	$\dot{F}$(量纲)	$\dot{A}_f$(量纲)	功　能
电压串联	$\dot{A}_{uu}=\dfrac{\dot{U}_o}{\dot{U}_{id}}$(无)	$\dot{F}_{uu}=\dfrac{\dot{U}_f}{\dot{U}_o}$(无)	$\dot{A}_{uuf}=\dfrac{\dot{U}_o}{\dot{U}_i}$(无)	$\dot{U}_i$ 控制 $\dot{U}_o$,电压放大
电流串联	$\dot{A}_{iu}=\dfrac{\dot{I}_o}{\dot{U}_{id}}$(电导 S)	$\dot{F}_{ui}=\dfrac{\dot{U}_f}{\dot{I}_o}$(电阻 Ω)	$\dot{A}_{iuf}=\dfrac{\dot{I}_o}{\dot{U}_i}$(电导 S)	$\dot{U}_i$ 控制 $\dot{I}_o$,电压转换成电流
电压并联	$\dot{A}_{ui}=\dfrac{\dot{U}_o}{\dot{I}_{id}}$(电阻 Ω)	$\dot{F}_{iu}=\dfrac{\dot{I}_f}{\dot{U}_o}$(电导 S)	$\dot{A}_{uif}=\dfrac{\dot{U}_o}{\dot{I}_i}$(电阻 Ω)	$\dot{I}_i$ 控制 $\dot{U}_o$,电流转换成电压
电流并联	$\dot{A}_{ii}=\dfrac{\dot{I}_o}{\dot{I}_{id}}$(无)	$\dot{F}_{ii}=\dfrac{\dot{I}_f}{\dot{I}_o}$(无)	$\dot{A}_{iif}=\dfrac{\dot{I}_o}{\dot{I}_i}$(无)	$\dot{I}_i$ 控制 $\dot{I}_o$,电流放大

不同的反馈组态实现了不同的控制关系,电压串联负反馈实现了输入电压对输出电压的控制,为电压放大器;电流串联负反馈实现了输入电压对输出电流的控制,为电压控制电流源;电压并联负反馈电路实现了输入电流对输出电压的控制,为电流控制电压源;电流并联负反馈则实现了输入电流对输出电流的控制,为电流放大器。

> **讨论:**
> (1) 简述开环增益、闭环增益、反馈系数、反馈深度、环路增益的概念。
> (2) 说明符号 x_i、x_o、x_f 及 x_{id} 的含义及其关系。

(3) 什么是深度负反馈，深度负反馈条件下的闭环增益如何求解？
(4) 什么是反馈深度？如何根据反馈深度判断反馈类型？
(5) 如果输入为电压信号，输出需要稳定输出电压，采用哪种组态的负反馈？
(6) 输入为电流信号，输出驱动电流表，采用哪种组态的负反馈？

7.3 负反馈对放大电路性能的影响

实用电路引入负反馈后，使电路的增益减小，但使放大电路的一些性能得到了不同程度的改善，比如使增益的稳定性提高，反馈环内的噪声和干扰及非线性失真减小，拓展通频带，对输入/输出电阻也会造成影响，本节将对这些性能影响逐一分析。

7.3.1 提高放大倍数的稳定性

视频41
负反馈对
放大电路
性能的影响

实用放大电路具有足够的稳定性才有应用价值，但放大电路在未引入反馈前，其增益可能由于各种原因，比如元器件参数的变化、环境温度的改变、电源电压的扰动、所驱动负载的变化等因素的影响而不稳定，引入合适的负反馈后，可提高闭环增益的稳定性。

当负反馈很深，即 $(1+AF) \gg 1$ 时，由式(7.2.6)得

$$A_f = \frac{A}{1+AF} \approx \frac{1}{F} \tag{7.3.1}$$

这就是说，引入深度负反馈后，放大电路的增益决定于反馈网络的反馈系数，而与基本放大电路几乎无关。反馈网络一般由性能稳定的无源线性元件组成，因此，闭环增益是比较稳定的。在一般情况下，增益的稳定性常用有、无反馈时增益的相对变化量之比来衡量。用 dA/A 和 dA_f/A_f 分别表示开环和闭环增益的相对变化量。将 $A_f = \frac{A}{1+AF}$ 对 A 求导数得

$$\frac{dA_f}{dA} = \frac{(1+AF)-AF}{(1+AF)^2} = \frac{1}{(1+AF)^2} \tag{7.3.2}$$

即

$$dA_f = \frac{dA}{(1+AF)^2}$$

将式(7.3.2)两边分别除以 $A_f = \frac{A}{1+AF}$，得

$$\frac{dA_f}{A_f} = \frac{1}{1+AF} \cdot \frac{dA}{A} \tag{7.3.3}$$

式(7.3.3)表明，引入负反馈后，闭环增益的相对变化量为开环增益相对变化量的 $\frac{1}{1+AF}$，即闭环增益的相对稳定度提高了，$(1+AF)$ 越大，即负反馈越深，dA_f/A_f 越小，闭环增益的稳定性越好。

例 7.3.1 设某放大电路的开环增益 $A=1000$，由于环境因素的变化，引入负反馈后，反馈深度 $1+AF=100$，求：

(1) 反馈系数；
(2) 闭环增益；
(3) 开环增益 A 变化 1% 时，闭环增益的相对变化量。

解：(1) 反馈深度为

$$1 + AF = 100$$

$$F = \frac{100-1}{A} = \frac{99}{1000} = 0.099$$

(2) 闭环增益

$$A_f = \frac{A}{1+AF} = \frac{1000}{100} = 10$$

(3) 闭环增益的相对变化量

$$\frac{dA_f}{A_f} = \frac{1}{1+AF} \frac{dA}{A} = \frac{1}{100} \times 1\% \approx 0.01\%$$

即当基本放大电路的增益变化1%，负反馈放大电路的增益仅变化万分之一。显而易见，引入负反馈后，以降低闭环增益为代价，换取了增益稳定性度的提高。在实际应用中要注意以下两点。

(1) 负反馈不能使输出量保持不变，只能使输出量趋于不变。而且只能减小由开环增益变化而引起的闭环增益的变化，而对反馈系数变化引起闭环增益变化是无能为力的。因此，反馈网络一般都由无源元件组成。

(2) 不同组态的负反馈稳定的增益也不同，如电压串联负反馈只能稳定闭环电压增益，而电流串联负反馈只能稳定闭环互导增益。

7.3.2 减小非线性失真

由于放大电路中的晶体管、场效应管等器件输入特性的非线性，多级放大电路中输出级的输入信号幅度较大，在动态过程中，放大器件可能工作在其传输特性的非线性部分，因而会引起输出信号非线性失真。比如当在晶体管的 b-e 间加较大的正弦波信号电压时，由于共射极增益 β 会随着集电极电流的增大而减小，所以当静态工作点过高或过低时，会引起叠加在直流信号上的交流信号的上、下半周期的增益发生不同，输出将会产生非线性失真。如图 7.3.1(a) 所示为晶体管中的基极电流的非线性失真。为了消除失真，b-e 间的电压正半周幅值应大于负半周的幅值，如图 7.3.1(b) 所示。

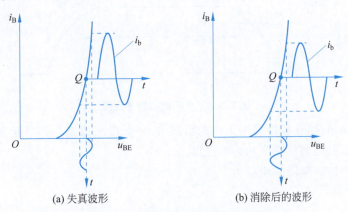

图 7.3.1 晶体管中的非线性失真

为进一步说明负反馈对放大电路非线性失真的抑制，再来看一个更具一般性的电路框图，基本放大电路由于某种原因产生了失真，输入正弦信号时，输出波形上半周增益大，下半周增益小，如图 7.3.2(a) 所示。

引入负反馈后非线性失真的抑制过程如图 7.3.2(b) 所示,输入正弦信号时,输出波形产生了非线性失真,其正半周的增益明显大于负半周,反馈信号正比于输出信号,因此产生同样的失真,而 $x_{id}=x_i-x_f$,导致净输入信号的正半周幅值小于负半周幅值,而输出信号与净输入信号成正比,使得输出信号正负半周趋于对称,非线性失真得以抑制。

需要注意的是,负反馈只能减小放大电路的反馈环内的失真,而对于输入波形固有的失真是无能为力的。另外,负反馈只能减小失真,而不能消除失真。

在引入负反馈前后输出量基波幅值相同的情况下,非线性失真减小到基本放大电路的 $1/(1+AF)$。

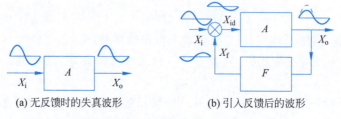

(a) 无反馈时的失真波形　　(b) 引入反馈后的波形

图 7.3.2　负反馈减小非线性失真

7.3.3　扩展通频带

由于电路中电抗性元件及半导体器件内部结电容的存在,任何放大电路的增益都是信号频率的函数,增益的大小和相移都随频率的变化而变化,因此放大电路引入交流反馈后,放大电路的通频带也会发生变化。

在如图 7.3.3 所示的电路中,$\dot{A}_m$、f_H、f_L、BW 和 $\dot{A}_{mf}$、f_{Hf}、f_{Lf}、BW_f 分别为无反馈和有反馈时的中频放大倍数、上限截止频率、下限截止频率、通频带宽度。

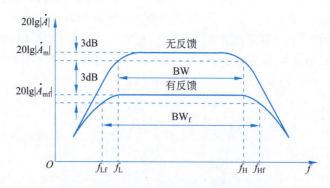

图 7.3.3　负反馈拓展通频带

为了使问题简单化,设反馈网络为纯电阻网络,即反馈系数是与信号频率无关的实数,而且设放大电路在高频区和低频区均为单极点。

基本放大电路的高频段的增益为

$$\dot{A}_H = \frac{\dot{A}_m}{1+\mathrm{j}\dfrac{f}{f_H}} \tag{7.3.4}$$

引入反馈后,放大电路在高频段的增益为

$$\dot{A}_{Hf} = \frac{\dot{A}_H}{1+\dot{A}_H F} = \frac{\dfrac{\dot{A}_m}{1+j\dfrac{f}{f_H}}}{1+F\dfrac{\dot{A}_m}{1+j\dfrac{f}{f_H}}} = \frac{\dfrac{\dot{A}_m}{1+\dot{A}_m F}}{1+j\dfrac{f}{f_H(1+\dot{A}_m F)}} = \frac{\dot{A}_{mf}}{1+j\dfrac{f}{f_{Hf}}} \tag{7.3.5}$$

由式(7.3.5)可以看出,闭环上限截止频率 $f_{Hf}=(1+\dot{A}_m F)f_H$,增大为开环上限截止频率 f_H 的 $(1+\dot{A}_m F)$ 倍。

利用上述推导方法,可以得到负反馈放大电路的在低频段的增益为

$$\dot{A}_{Lf} = \frac{\dot{A}_L}{1+\dot{A}_L F} = \frac{\dfrac{\dot{A}_m}{1+\dot{A}_m F}}{1-j\dfrac{f_L}{f(1+\dot{A}_m F)}} = \frac{\dot{A}_{mf}}{1-j\dfrac{f_{Lf}}{f}} \tag{7.3.6}$$

由式(7.3.6)可以看出,闭环下限截止频率 $f_{Lf}=\dfrac{f_L}{1+\dot{A}_m F}$,减小为开环下限截止频率 f_L 的 $\dfrac{1}{1+\dot{A}_m F}$。

所以,引入负反馈后,上限截止频率 f_{Hf} 增大 $(1+\dot{A}_m F)$ 倍,向频率高端移动,下限截止频率 f_{Lf} 减小为原来的 $\dfrac{1}{1+\dot{A}_m F}$,向频率低端移动,因此通频带展宽。

又由于 $BW=f_H-f_L\approx f_H$,所以

$$BW_f = f_{Hf} = f_H(1+\dot{A}_m F) = BW(1+\dot{A}_m F) \tag{7.3.7}$$

即引入负反馈后电路的通频带扩展了 $(1+\dot{A}_m F)$ 倍。

需要注意的是,对于不同组态的放大电路,增益的物理含义不同,$f_{Hf}=(1+\dot{A}_m F)f_H$ 的含义也不同。但通频带展宽的趋势不变。如果将放大电路的开环通带增益 A 乘以带宽 BW ($\approx f_H$),则得 Af_H,称其为开环增益-带宽积。引入负反馈后,放大电路的增益-带宽积

$$A_{f_f} f_{Hf} = \frac{A}{1+AF} \times [(1+AF)f_H] = Af_H \tag{7.3.8}$$

式(7.3.8)表明,放大电路的开环增益-带宽积与闭环增益-带宽积相等,即放大电路的增益-带宽积近似是一个常量。在实际应用中,对于给定的放大电路,要么降低带宽来提高增益,要么降低增益来增加带宽,高增益和宽通带鱼与熊掌不可兼得,应视具体情况取舍。

7.3.4　对输入输出电阻的影响

负反馈会影响到放大电路的输入输出电阻,并且电路中引入的交流负反馈的类型不同,则对输入电阻和输出电阻的影响也就不同,下面分别进行分析。

1. 对输入电阻的影响

负反馈对放大电路输入电阻的影响取决于放大电路输入端口的反馈类型,即取决于是串联还是并联负反馈,与输出回路中反馈的取样方式无关。因此,分析负反馈对输入电阻的影响

时，只需画出输入回路的连接方式，如图 7.3.4 所示。其中，R_i 是基本放大电路的输入电阻，也就是开环输入电阻，R_{if} 是负反馈放大电路的输入电阻，也就是闭环输入电阻。

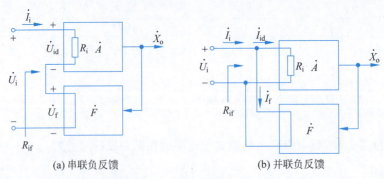

(a) 串联负反馈　　　　　　　　　(b) 并联负反馈

图 7.3.4　负反馈对输入电阻的影响

1) 串联负反馈对输入电阻的影响

由图 7.3.4(a) 可知，开环输入电阻为

$$R_i = \frac{\dot{U}_{id}}{\dot{I}_i} \tag{7.3.9}$$

有负反馈时的闭环输入电阻为

$$R_{if} = \frac{\dot{U}_i}{\dot{I}_i} \tag{7.3.10}$$

而

$$\dot{U}_i = \dot{U}_{id} + \dot{U}_f = (1+AF)\dot{U}_{id} \tag{7.3.11}$$

所以

$$R_{if} = (1+AF)\frac{\dot{U}_{id}}{\dot{I}_i} = (1+AF)R_i \tag{7.3.12}$$

式(7.3.12)表明，引入串联负反馈后，输入电阻增加了。闭环输入电阻是开环输入电阻的 $(1+AF)$ 倍。当引入电压串联负反馈时，$R_{if}=(1+A_uF_u)R_i$。当引入电流串联负反馈时，$R_{if}=(1+A_gF_r)R_i$。

2) 并联负反馈对输入电阻的影响

由图 7.3.4(b) 可见，在并联负反馈放大电路中，反馈网络的输出端口与基本放大电路的输入电阻并联，因此闭环输入电阻 R_{if} 小于开环输入电阻 R_i。由于

$$R_i = \frac{\dot{U}_i}{\dot{I}_{id}} \tag{7.3.13}$$

$$R_{if} = \frac{\dot{U}_i}{\dot{I}_i} \tag{7.3.14}$$

而

$$\dot{I}_i = \dot{I}_{id} + \dot{i}_f = (1+AF)\dot{I}_{id}$$

所以

$$R_{if} = \frac{\dot{U}_i}{(1+AF)\dot{I}_{id}} = \frac{R_i}{1+AF} \tag{7.3.15}$$

式(7.3.15)表明,引入并联负反馈后,输入电阻减小了。闭环输入电阻是开环输入电阻的 $1/(1+AF)$ 倍。引入电压并联负反馈时,闭环输入电阻 $R_{if} = \dfrac{R_i}{1+A_r F_g}$。引入电流并联负反馈时,$R_{if} = \dfrac{R_i}{1+A_i F_i}$。

2. 对输出电阻的影响

负反馈对输出电阻的影响取决于放大电路输出回路的取样方式,是电压还是电流负反馈,与放大电路输入回路的连接方式无关。

1) 电压负反馈对输出电阻的影响

电压负反馈能够稳定放大电路的输出电压,从电压负反馈放大电路的输出端口看进去相当于一个内阻很小的电压源,因此电压负反馈可使放大电路的输出电阻减小。图 7.3.5 是求电压负反馈放大电路输出电阻的框图。其中,R_o 是基本放大电路的输出电阻,也就是开环输出电阻,A_o 是基本放大电路在负载 R_L 开路时的增益。

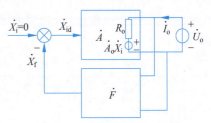

图 7.3.5 电压负反馈对输出电阻的影响

$$R_{of} = \frac{\dot{U}_o}{\dot{I}_o} \tag{7.3.16}$$

为简化分析,假设反馈网络的输入电阻为无穷大,这样,反馈网络对放大电路输出端没有负载效应。

由图 7.3.5 可得

$$\dot{U}_o = \dot{I}_o R_o + A_o \dot{X}_{id} \tag{7.3.17}$$

$$\dot{X}_{id} = -F\dot{U}_o \tag{7.3.18}$$

将式(7.3.18)代入式(7.3.17),得

$$\dot{U}_o = \dot{I}_o R_o - A_o F \dot{U}_o \tag{7.3.19}$$

得

$$R_{of} = \frac{\dot{U}_o}{\dot{I}_o} = \frac{R_o}{1+A_o F} \tag{7.3.20}$$

式(7.3.20)表明,引入电压负反馈后,输出电阻减小了。闭环输出电阻是开环输出电阻的 $\dfrac{1}{1+A_o F}$。

2) 电流负反馈对输出电阻的影响

电流负反馈能稳定输出电流,即从电流负反馈放大电路的输出端口看进去相当于一个内阻很大的电流源,因此电流负反馈可使放大电路的输出电阻增大。图 7.3.6 是求电流负反馈放大电路输出电阻的框图。R_o 是基本放大电路的输出电阻,也就是开环

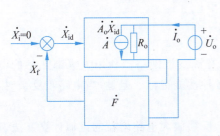

图 7.3.6 电流负反馈对输出电阻的影响

输出电阻，A_s 是基本放大电路在负载 R_L 短路时的增益。

假设反馈网络的输入电阻为零，对放大电路输出端没有负载效应。由图 7.3.6 可得

$$\dot{I}_o = \frac{\dot{U}_o}{R_o} + A_s \dot{X}_{id} = \frac{\dot{U}_o}{R_o} - A_s F \dot{I}_o$$

于是

$$R_{of} = \frac{\dot{U}_o}{\dot{I}_o} = (1 + A_s F) R_o \qquad (7.3.21)$$

式(7.3.21)表明，引入电流负反馈后，输出电阻增大了。闭环输出电阻是开环输出电阻的 $(1+A_s F)$ 倍。当引入电流串联负反馈时，$R_{of} = (1 + A_{gs} F_r) R_o$。当引入电流并联负反馈时，$R_{of} = (1 + A_{is} F_i) R_o$。

为了便于比较和应用，现将负反馈对各类放大电路输入输出电阻性能的影响归纳于表 7.3.1 中。

表 7.3.1　负反馈对放大电路性能的影响

反馈类型	电压串联	电压并联	电流串联	电流并联
输入电阻	增大	减小	增大	减小
输出电阻	减小	减小	增大	增大

必须注意，负反馈对输入电阻和输出电阻的影响，只限于反馈环内的电阻，而对反馈环外没有影响。

综上所述，可以得出结论：负反馈之所以能够改善放大电路的多方面的性能，归根结底是由于将电路的输出量（u_o 或 i_o）引回到输入端与输入量（u_i 或 i_i）进行比较，随时对输出量进行调整。增益稳定性的提高、非线性失真的减小、抑制噪声、对输入电阻和输出电阻的影响以及扩展频带，均可用自动调整作用来解释。反馈越深，即 $(1+AF)$ 的值越大，调整作用越强，对放大电路性能的影响越大，但闭环增益下降也越多。因此，负反馈对放大电路性能的影响，是以牺牲增益为代价的。另外，反馈深度 $(1+AF)$ 或环路增益 AF 的值也不能无限制增加，否则在多级放大电路中，将容易产生自激振荡，因此，这里所得的结论是在一定条件下才是成立的。

> 讨论：
> (1) 如果放大电路的输入信号是一个失真的正弦波，加入负反馈后失真能否减小？
> (2) 负反馈对放大电路的输入电阻有何影响？
> (3) 负反馈对放大电路的输出电阻有何影响？
> (4) 引入负反馈后，放大电路的上限频率、下限频率有何变化？带宽有何变化？
> (5) 为什么可以说放大电路的增益-带宽积是一个常量？

7.4　深度负反馈条件下的计算

视频 42 深度负反馈条件下的计算

从原则上来说，反馈放大电路是一个带反馈回路的有源线性网络。利用大家都熟悉的电路理论中的方法或二端口网络理论均可求解出电路的各种性能指标。但是，当电路较复杂时，这类方法使用起来很不方便。

本节从工程实际出发，讨论在深度负反馈的前提下，反馈放大电路增益的近似计算方法。

一般情况下，大多数负反馈放大电路，特别是由集成运放组成的放大电路都能满足深度

负反馈的条件。由如图 7.2.1 所示的方框图可得 $\dot{A}_f = \dfrac{\dot{X}_o}{\dot{X}_i} = = \dfrac{\dot{A}}{1+\dot{A}\dot{F}}$,在深度负反馈条件下 $|1+\dot{A}\dot{F}| \gg 1$ 下,得

$$\dot{A}_f \approx \dfrac{\dot{A}}{\dot{A}\dot{F}} = \dfrac{1}{\dot{F}} \tag{7.4.1}$$

式(7.4.1)表明,当 $(1+AF) \gg 1$ 时,反馈信号 $\dot{X}_f$ 与输入信号 $\dot{X}_i$ 相差甚微,净输入信号 $\dot{X}_{id}$ 甚小,因而有

$$\dot{X}_i \approx \dot{X}_f \tag{7.4.2}$$

$$\dot{X}_{id} = \dot{X}_i - \dot{X}_f \approx 0 \tag{7.4.3}$$

对于串联负反馈有 $\dot{U}_i = \dot{U}_f, \dot{U}_{id} \approx 0$,因而在基本放大电路输入电阻上产生的输入电流也必然趋于零,即 $\dot{I}_{id} \approx 0$。对于并联负反馈有 $\dot{I}_i \approx \dot{I}_f, \dot{I}_{id} \approx 0$,因而在基本放大电路输入电阻上产生的输入电压 $\dot{U}_{id} \approx 0$。总之,不论是串联还是并联负反馈,在深度负反馈条件下,均有 $\dot{U}_{id} \approx 0$(虚短)和 $\dot{I}_{id} \approx 0$(虚断)同时存在。利用"虚短""虚断"的概念可以快速方便地求出负反馈放大电路的闭环增益或闭环电压增益。下面举例说明。

例 7.4.1 设如图 7.4.1 所示电路满足 $(1+AF) \gg 1$ 的条件,试写出该电路闭环电压增益表达式。

解: 如图 7.4.1 所示为多级放大电路,电阻 R_2 引入级间反馈。用输出短路法判断出该反馈是电压反馈;在放大电路的输入回路,反馈信号和输入信号都接在运放的同相输入端,满足 KCL 方程,是并联反馈,采用瞬时极性法可判断该电路引入的是负反馈。因为电路满足 $(1+AF) \gg 1$,故为深度电压并联负反馈,由"虚短"和"虚断"的

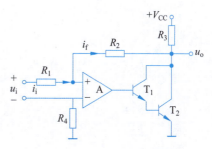

图 7.4.1 例 7.4.1 电路图

概念可知,$i_i \approx i_f$,即 $(u_i - u_+)/R_1 \approx (u_+ - u_o)/R_2$,而 $u_+ = u_- = 0$,解得 $\dot{A}_{uf} \approx -\dfrac{R_2}{R_1}$。

例 7.4.2 设如图 7.4.2 所示电路满足 $(1+AF) \gg 1$ 的条件,试写出该电路闭环电压增益表达式。

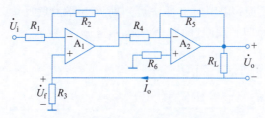

图 7.4.2 例 7.4.2 电路图

解: 如图 7.4.2 所示为多级放大电路,电阻 R_3 引入级间反馈。采用瞬时极性法可判断该电路引入的是负反馈。用输出短路法判断出该反馈是电流反馈;在放大电路的输入回路,反馈信号和输入信号接在运放的不同输入端,满足 KVL 方程,是串联反馈,因为电路满足 $(1+AF) \gg 1$,故为深度电流串联负反馈,由"虚短"和"虚断"的概念可知,$\dot{U}_i \approx \dot{U}_f$,而 $\dot{U}_f = \dot{I}_o R_3 =$

$\frac{R_3}{R_L}\dot{U}_o$,解得 $\dot{A}_{uf} \approx \frac{R_L}{R_3}$。

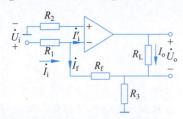

图 7.4.3 例 7.4.3 电路图

例 7.4.3 设如图 7.4.3 所示电路,试判断反馈组态,在电路满足 $(1+AF) \gg 1$ 的条件写出该电路闭环电压增益表达式。

解:如图 7.4.3 所示为多级放大电路,电阻 R_f 引入反馈。采用瞬时极性法可判断该电路引入的是负反馈。用输出短路法判断出该反馈是电流反馈;在放大电路的输入回路,反馈信号和输入信号都接在运放的反向输入端,满足 KCL,是并联反馈,因为电路满足 $(1+AF) \gg 1$,故为深度电流串联负反馈,由"虚短"和"虚断"的概念可知, $\dot{I}_i \approx \dot{I}_f$,而 $\dot{I}_f = -\dot{I}_o \frac{R_3}{R_f + R_3}$, $\frac{\dot{U}_i}{R_1} = -\frac{\dot{U}_o}{R_L} \frac{R_3}{R_f + R_3}$ 解得 $\dot{A}_{uf} = \frac{\dot{U}_o}{\dot{U}_i} \approx -\frac{R_L}{R_1}\left(1+\frac{R_f}{R_3}\right)$。

例 7.4.4 设如图 7.4.4 所示电路,试判断反馈组态,在深度负反馈的条件写出该电路闭环电压增益表达式。

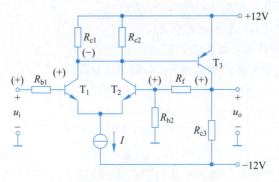

图 7.4.4 例 7.4.4 电路图

解:如图 7.4.4 所示电路为多级放大电路,电阻 R_{b2} 和 R_f 组成反馈网络。在放大电路输出回路,反馈网络接到信号输出端,将输出短路后,反馈信号不存在了,判断出该反馈是电压反馈;在放大电路的输入回路,输入信号加在 T_1 的基极,反馈信号 u_f 加在 T_2 的基极,净输入信号 $u_{id} = u_i - u_f$,为串联反馈;用瞬时极性法可判断该电路为负反馈。由于是串联反馈,又是深度电压负反馈,由"虚短"和"虚断"的概念可知, $u_i \approx u_f$, $i_{b1} = i_{b2} \approx 0$,可直接写出:

$$u_i \approx u_f = \frac{R_{b2}}{R_{b2} + R_f} u_o$$

$$A_{uf} = \frac{u_o}{u_i} \approx 1 + \frac{R_f}{R_{b2}}$$

例 7.4.5 设如图 7.4.5 所示电路,试在深度负反馈的条件下计算该电路的闭环增益,闭环电压增益表达式。

解:如图 7.4.5 所示电路引入了电流并联负反馈,由"虚短"和"虚断"的概念可知, $i_i \approx i_f$, $i_{b1} \approx 0$, $u_{b1} \approx 0$,因此闭环电流增益为

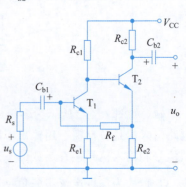

图 7.4.5 例 7.4.5 电路图

$$A_{if} = \frac{i_o}{i_i} \approx \frac{i_o}{\frac{R_{e2}}{R_f + R_{e2}} i_o} = \frac{R_f + R_{e2}}{R_{e2}}$$

闭环电压增益为

$$A_{vsf} = \frac{u_o}{u_s} \approx \frac{i_o R_{c2}}{\frac{R_{e2}}{R_f + R_{e2}} i_o R_s} = \frac{R_{c2}(R_f + R_{e2})}{R_s R_{e2}}$$

> 讨论：
> (1) 简述"虚断"和"虚短"的概念。
> (2) 负反馈放大电路的基本放大电路的输入端是否一定满足"虚断"和"虚短"条件？
> (3) 深度负反馈对放大电路有何特点？
> (4) 如何计算深度负反馈放大电路的闭环电压放大倍数？

7.5 负反馈放大电路的应用引入原则

使用放大电路引入负反馈的意义在于稳定静态工作点和改善动态性能。不同组态的交流反馈，对放大电路性能产生的影响不同，因此，在应用负反馈放大电路时，要根据实际需求和设计目标引入合适的负反馈。引入负反馈，需要解决如下问题：

(1) 如何根据使用要求选择合适的负反馈类型？
(2) 如何确定反馈系数的大小？
(3) 如何选择反馈网络中的电阻阻值？

下面就针对这些问题，讲解负反馈放大电路的应用方法。

7.5.1 负反馈放大电路的类型选择

反馈类型可依据信号源的性质、放大电路输出信号的稳定对象、信号的转换类型的不同来选择。

(1) 根据对放大电路要求稳定的变量选择负反馈的类型。如果要稳定放大电路的静态工作点，则应在电路中引入直流负反馈。如果要稳定交流量，则应引入交流反馈。要放大电路输出稳定的电压信号时，就应选择电压负反馈。而要求输出稳定的电流信号时，应选择电流负反馈。

(2) 根据信号源的性质来确定选择串联负反馈还是并联负反馈。如果信号源为恒压源或内阻很小的电流源，为了减小放大电路输入端对信号源的负载效应，减小信号源的输出电流及其内阻上的电压降，使放大电路获得尽可能大的输入电压，必须增大放大电路的输入电阻，则应选择串联负反馈。如果信号源为恒流源或内阻很大的电压源，为了使放大电路获得尽可能大的输入电流，必须减小放大电路的输入电阻，则应选择并联负反馈。

(3) 根据 4 种反馈放大电路的功能选择合适的反馈组态。例如，若要求电路接近理想的电压放大电路，则应该选择电压串联负反馈放大电路；若要求将电压信号转换为电流信号，则应该选择电流串联负反馈放大电路。

7.5.2 负反馈放大电路的元件参数确定

1. 确定反馈系数的大小

通常情况下，假设引入的是深度负反馈，由设计指标及 $A_f \approx \dfrac{1}{F}$ 的关系确定反馈系数 F 的大小。

2. 适当选择反馈网络中的电阻阻值

多数情况下,反馈网络由电阻或电阻和电容组成。一个给定的反馈系数值,往往可由不同的电阻值组合获得。例如,当电压反馈系数 $F_v = \dfrac{R_1}{R_1+R_2} = 0.1$ 时,可以取 $R_1=1\,\Omega$、$R_2=9\,\Omega$,也可以取 $R_1=0.3\,\text{k}\Omega$、$R_2=2.7\,\text{k}\Omega$ 等。为满足设计要求,必须适当选择反馈网络中的电阻值,以减小反馈网络对放大电路输入端口和输出端口的负载效应(即影响)。显然,反馈类型不同,对反馈网络中电阻值的要求也就不同。在串联负反馈中,当反馈网络输出端口的等效阻抗远小于基本放大电路的输入阻抗时,其对放大电路输入端口的负载效应才能被忽略。相反,在并联负反馈中,当反馈网络输出端口的等效阻抗远大于基本放大电路的输入阻抗时,其对放大电路输入端口的负载效应才能被忽略。为减小反馈网络输入端口对放大电路输出端口的负载效应,在电压负反馈中,反馈网络输入端口的等效阻抗应远大于基本放大电路的输出阻抗;而电流负反馈中,反馈网络输入端口的等效阻抗应远小于基本放大电路的输出阻抗。

> **讨论:**
> (1) 为减小放大电路从信号源索取的电流,增强带负载能力,应引入什么反馈?
> (2) 为了得到稳定的电流放大倍数,应引入什么反馈?
> (3) 深度负反馈对放大电路有何特点?
> (4) 为了使电流信号转换成与之成稳定关系的电压信号,应引入什么反馈?
> (5) 为了稳定放大电路的静态工作点,应引入什么反馈?

7.6 负反馈放大电路自激振荡及消除方法

在实用放大电路中引入交流负反馈可以改善放大电路性能,改善程度取决于反馈深度 $|1+\dot{A}\dot{F}|$ 的大小,其值越大,放大电路的性能改善效果越好。然而在实际放大电路中反馈深度过大时,不但不能改善放大电路的性能,反而会使电路产生自激振荡而不能稳定地工作。本节通过分析产生自激振荡的原因,研究负反馈放大电路稳定工作的条件,然后介绍消除自激振荡的方法。

7.6.1 负反馈放大电路产生自激振荡的原因

若输入信号为零,而输出端有一定幅值的交流信号,则电路产生了自激振荡。那负反馈放大电路产生自激振荡的原因是什么呢?

负反馈放大电路工作在通带内(中频区),电路中各个电抗性元件的影响均可忽略。按照定义,引入负反馈后,放大电路的净输入信号 $\dot{X}_{id}(=\dot{X}_i-\dot{X}_f)$ 将减小,$\dot{X}_f$ 与 $\dot{X}_i$ 必然是同相的,则有 $\varphi_a+\varphi_f=2n\times180°$($n$ 为整数,φ_a、φ_f 分别是 $\dot{A}$、$\dot{F}$ 的相角)。可是,在高频区或低频区,由于耦合电容、旁路电容、晶体管结电容等影响,$\dot{A}$、$\dot{F}$ 是频率的函数,幅值和相位都会随频率而变化。相位的改变,使 $\dot{X}_f$ 与 $\dot{X}_i$ 产生了附加相移,不再同相。可能在某一频率下,$\dot{A}$、$\dot{F}$ 的附加相移达到 180°,使 $\varphi_a+\varphi_f=(2n+1)\times180°$。这时,$\dot{X}_f$ 与 $\dot{X}_i$ 由中频区的同相变为反相,使放大电路的净输入信号由减小变为增大,放大电路中引入的负反馈就变成了正反馈。当正反馈较强以致 $\dot{X}_{id}=-\dot{X}_f=-\dot{A}\dot{F}\dot{X}_{id}$,也就是 $\dot{A}\dot{F}=-1$ 时,即使输入端不加输入信号,输出端也会产生输出信号,电路产生自激振荡,如图 7.6.1 所示,这时电路会失去正常的放大作用。

由上述分析可知,负反馈放大电路产生自激振荡的平衡条件为

$$\dot{A}\dot{F} = -1 \tag{7.6.1}$$

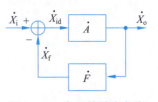

图 7.6.1 负反馈放大电路的自激振荡

写成幅值平衡条件和相位平衡条件,即

$$\begin{cases} |\dot{A}\dot{F}| = 1 \\ \varphi_a + \varphi_f = (2n+1)\pi, \quad n \text{ 为整数} \end{cases} \tag{7.6.2}$$

当幅值条件和相位条件同时满足时,负反馈放大电路就会产生自激振荡。但电路从起振到平衡需要一个正反馈过程,即输出量幅值在每一次反馈后都比原来增大,直到稳定,所以起振条件为

$$|\dot{A}\dot{F}| > 1 \tag{7.6.3}$$

$$\Delta\varphi_a + \Delta\varphi_f = \pm 180° \tag{7.6.4}$$

综合上述,只有负反馈放大电路存在附加相移为 $\pm 180°$ 的 f_0 时,且 $f=f_0$ 时 $|\dot{A}\dot{F}|>1$,才能产生自激振荡。即只有同时满足起振的幅值和相位条件电路才会自激振荡。

7.6.2 负反馈放大电路稳定性的判定

由产生自激振荡的条件可知,如果环路增益 $\dot{A}\dot{F}$ 的幅值条件和相位条件不能同时满足,负反馈放大电路就不会产生自激振荡。故负反馈放大电路稳定工作的条件是当 $|\dot{A}\dot{F}|=1$ 时,$|\varphi_a + \varphi_f| < 180°$;或当 $\varphi_a + \varphi_f = \pm 180°$ 时 $|\dot{A}\dot{F}| < 1$。为了直观地运用这个条件,工程上常用环路增益 $\dot{A}\dot{F}$ 的波特图来分析判断负反馈放大电路的稳定性。

图 7.6.2 是某负反馈放大电路环路增益的近似波特图。图中频率 f_0 是满足相位条件 $\varphi_a + \varphi_f = -180°$ 时的信号频率。$20\lg|\dot{A}\dot{F}| = 0\text{dB}$ 时的频率为 f_c,在图 7.6.2(a)中,$f_0 < f_c$,$|\dot{A}\dot{F}| > 1$,满足起振条件,则负反馈放大电路会产生自激,电路不稳定;在图 7.6.2(b)中,$f_0 > f_c$,则当 $f=f_0$ 时,$|\dot{A}\dot{F}| < 1$,不满足起振条件,电路不会产生自激振荡,负反馈放大电路是稳定的。

为使电路具有足够的稳定性,不仅要避免电路进入自激状态,还要使其远离自激状态,即要有一个稳定的裕量,称为"稳定裕度"。这样,当环境温度、电源电压、电路参数等在一定范围内变化时,电路都能稳定地工作。稳定裕度包括增益裕度和相位裕度。

定义 $f=f_0$ 时对应的 $20\lg|\dot{A}\dot{F}|$ 为增益裕度,用 G_m 表示,如图 7.6.2(b)中的标注所示。G_m 的表达式为

$$G_m = 20\lg|\dot{A}\dot{F}|\,|_{f=f_0} (\text{dB}) \tag{7.6.5}$$

稳定的负反馈放大电路的 $G_m < 0\text{dB}$,一般要求 $G_m \leqslant -10\text{dB}$,保证电路有足够的增益裕度。定义 $f=f_c$ 时,$|\varphi_a + \varphi_f|$ 与 $180°$ 的差值为相位裕度,用 φ_m 表示,如图 7.6.2(b)中的标注所示。φ_m 的表达式为

$$\varphi_m = 180° - |\varphi_a + \varphi_f|\,|_{f=f_c} \tag{7.6.6}$$

稳定的负反馈放大电路的 $\varphi_m > 0°$,一般要求 $\varphi_m \geqslant 45°$,保证电路有足够的相位裕度。

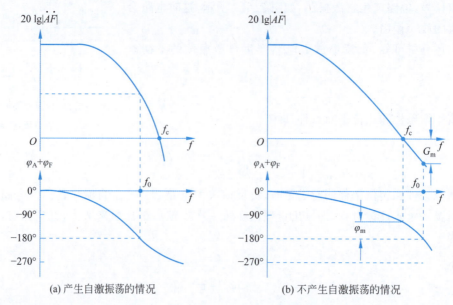

(a) 产生自激振荡的情况　　　　　(b) 不产生自激振荡的情况

图 7.6.2　负反馈放大电路的自激振荡

在工程实践中,通常要求 $G_m \leqslant -10\text{dB}$ 或 φ_m 为 $45°\sim 60°$。按此要求设计的放大电路,不仅可以在预定的工作情况下满足稳定条件,而且在环境温度、电路参数及电源电压等因素在一定范围内发生变化时,也能够满足稳定条件,使放大电路能正常工作。

7.6.3　负反馈放大电路防止及消除自激振荡的方法

1. 防止自激振荡的措施

在设计负反馈放大电路时,就要采取一些必要的措施防止自激振荡的产生,常用的措施如下:

(1) 尽可能不采用多级负反馈放大电路。负反馈产生自激振荡的可能性,$\dot{A}\dot{F}$($\dot{F}$ 为纯电阻时)必须产生 $180°$ 的附加相移,这就要求放大电路必须由 3 级或 3 级以上放大电路组成。因此在负反馈放大电路设计时,反馈环内的放大电路最好小于 3 级,从而在理论上保证电路不产生自激振荡。

(2) 各级参数尽量分散。各级放大电路的参数越接近,幅频特性下降得越快,电路越不稳定。所以采用 3 级以上的放大电路时,各级参数应尽可能分散。

(3) 限制反馈深度。减小反馈系数或反馈深度,使放大电路不满足自激振荡条件,但这种方式的缺点是不利于放大电路其他方面性能的改善。

2. 消除自激振荡的方法

消除负反馈放大电路产生自激振荡的起振和平衡条件,可知消除自激振荡的方法就是破坏产生自激振荡的幅度或相位条件,常用的方法是频率修正的方法,或称为频率补偿法。所谓的相位补偿法,就是通过在电路中增加一些元件来改变放大电路的频率特性,破坏自激振荡条件,从而满足稳定条件,即满足 $f_0 > f_c$,确保系统稳定工作。常用的相位补偿法有滞后补偿法和超前补偿法。

滞后补偿就是负反馈放大电路中加入补偿元件,图 7.6.3(a) 采用电容滞后补偿,图 7.6.3(b) 采用 RC 滞后补偿,因为电容的容抗与频率有关,在高频区会使增益改变,相位也会改变。最终使负反馈放大电路的相位裕度增加,从而破坏自激振荡条件。滞后补偿是以牺牲带宽为代价的。图 7.6.3(c)采用密勒补偿,利用密勒效应对电容的倍增作用,选用较小的电容,达到较好的消振效果。

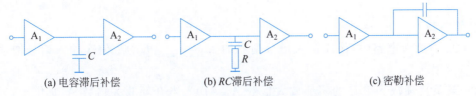

(a) 电容滞后补偿　　(b) RC滞后补偿　　(c) 密勒补偿

图 7.6.3　负反馈放大电路的自激振荡

> 讨论:
> (1) 什么是自激振荡?负反馈产生自激振荡的原因是什么?
> (2) 消除自激振荡的常用方法有哪些?
> (3) 什么是增益裕度?什么是相位裕度?
> (4) 如何理解频率补偿的含义?

本章知识结构图

反馈放大电路
- 反馈的基本概念
- 反馈的分类与判断
  - 判断有无反馈
  - 直流反馈与交流反馈
  - 正反馈与负反馈
  - 串联反馈与并联反馈
  - 电压反馈与电流
- 负反馈电路的组态
  - 电压并联负反馈
  - 电压串联负反馈
  - 电流串联负反馈
  - 电流并联负反馈
- 负反馈放大电路增益的一般表达 $A_f = \dfrac{A}{1+AF}$
- 负反馈对放大电路性能的影响
  - 直流反馈稳定静态工作点
  - 交流反馈改善放大电路性能
    - 提高增益的稳定性
    - 减小非线性失真
    - 拓展通频带
    - 改变输入输出电阻
- 深度负反馈放大电路
  - 特点:$(1+AF) \gg 1$
  - 电压增益计算:$\dot{A}_f \approx \dfrac{1}{\dot{F}}$
- 负反馈放大电路的自激振荡
  - 自激振荡条件:$\dot{A}\dot{F} = -1$
  - 消除自激振荡的方法:频率补偿法

自测题

1. 填空题

(1) 反馈放大电路中,使净输入信号削弱的为_____反馈;使净输入信号增强的为_____反馈。

(2) 某负反馈放大电路的闭环放大倍数 $A_f=100$,当开环放大倍数 A 变化 $\pm 10\%$ 时,A_f 的相对变化量在 $\pm 0.5\%$ 以内,则这个放大电路的开环放大倍数 A _____,反馈系数 F 为_____。

(3) 在放大器中为了提高输入电阻,放大电路应引入_____负反馈。要稳定输出电流,降低输入电阻,应引入_____反馈,要稳定输出电压,提高输入电阻,应引入_____反馈。

(4) 当满足_____条件时,称为深度负反馈,此时闭环放大倍数为_____。

(5) 负反馈使放大电路增益下降,但它可以_____通频带。

(6) 为了稳定三极管放大电路的静态工作点,采用_____负反馈,为了稳定放大倍数应采用_____负反馈。

(7) 负反馈放大电路的放大倍数 $A_f=$ _____,对于深度负反馈放大电路的放大倍数 $A_f=$ _____。

(8) 电压并联负反馈放大电路的放大倍数的量纲是_____,可使其输出电阻_____。

(9) 电压负反馈稳定的输出量是_____,使输出电阻_____,电流负反馈稳定的输出量是_____,使输出电阻_____。

(10) 放大电路的最大输出功率是指信号在基本不失真的情况下,向负载提供的_____。

2. 判断题

(1) 负反馈可以提高放大电路的放大倍数的稳定值。( )

(2) 负反馈放大电路的环路放大倍数越大,则闭环放大倍数越稳定。( )

(3) 放大电路级数越多,引入负反馈后越容易产生高频自激振荡。( )

(4) 电压负反馈能稳定输出电压,电流负反馈能稳定输出电流。( )

(5) 若放大电路的放大倍数 $A>0$,则接入的反馈一定是正反馈;若 $A<0$,则接入的反馈一定是负反馈。( )

(6) 输入信号受干扰而失真,引入负反馈后,输出端可减小失真。( )

(7) 负反馈只能改善环路内的电路的放大性能,对反馈环路之外的电路无效。( )

(8) 若要稳定静态工作点,应引入直流反馈。( )

(9) 电压串联负反馈实现了输入电流对输出电压的控制。( )

(10) 滞后补偿的代价是放大电路的带宽变窄。( )

3. 选择题

(1) 负反馈放大电路以降低电路的_____来提高电路的其他性能指标。

  A. 带宽   B. 稳定性   C. 增益   D. 输入电阻

(2) 在负反馈放大电路中,当要求放大电路的输入阻抗大,输出阻抗小时,应选用_____反馈。

  A. 电压串联负反馈   B. 电流串联负反馈

  C. 电压并联负反馈   D. 电流并联负反馈

(3) 为了稳定放大电路的输出电压，那么对于高内阻的信号源来说，放大电路应引入_____负反馈。

　　A. 电流串联　　　B. 电流并联　　　C. 电压串联　　　D. 电压并联

(4) 要得到一个由电流控制的电压源，应选用的反馈类型是_____。

　　A. 电压串联负反馈　　　　　　　B. 电流串联负反馈
　　C. 电压并联负反馈　　　　　　　D. 电流并联负反馈

(5) 交流负反馈在电路中的主要作用_____。

　　A. 稳定静态工作点　　　　　　　B. 防止电路产生自激振荡
　　C. 降低电路增益　　　　　　　　D. 改善电路的动态性能

(6) 某负反馈放大器 $A=10^3$，由于外部因素影响，A 的变化率为 $\pm 10\%$，要求 A_f 的变化率为 $\pm 0.1\%$，则反馈系数 $F=$_____。

　　A. 0.01　　　　　B. 0.099　　　　C. 0.1　　　　　D. 0.99

(7) 要求放大电路取用信号源的电流小，而且输出电压稳定，应选_____负反馈。

　　A. 电压并联　　　B. 电流并联　　　C. 电压串联　　　D. 电流串联

(8) 放大电路中引入负反馈后，下列说法错误的是_____。

　　A. 能提高放大倍数的稳定性　　　B. 能增大通频带
　　C. 能减小信号源的波形失真　　　D. 能改变输入输出电阻

(9) 并联负反馈，可使放大器的_____。

　　A. 输出电压稳定　　　　　　　　B. 反馈环内输入电阻增加
　　C. 反馈环内输入电阻减小　　　　D. 反馈环内输出电阻增加

(10) 图 7.7.1 为两级放大电路，接入 R_f 后引入了极间_____。

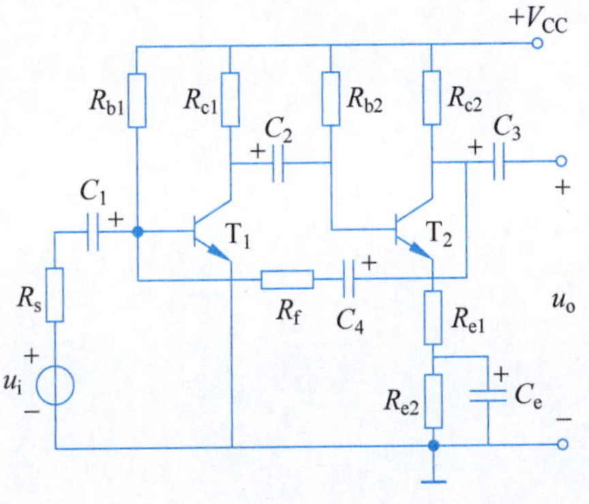

图 7.7.1

　　A. 电流并联负反馈　　　　　　　B. 电流串联负反馈
　　C. 电压并联负反馈　　　　　　　D. 电压串联负反馈

(11) 对于放大电路，所谓开环是指_____。

　　A. 无信号源　　　B. 无反馈通路　　C. 无电源　　　　D. 负载开路

(12) 如图 7.7.2 所示电路中引入了_____反馈。

　　A. 电流并联负反馈
　　B. 电压串联负反馈
　　C. 电流串联负反馈
　　D. 电压并联负反馈

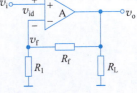

图 7.7.2

(13) 某负反馈放大电路，输出端接地时，电路中的反馈量仍然存在,则该反馈是_____。

    A. 电压   B. 并联   C. 电流   D. 串联

(14) 输出信号与输入信号极性相同的电路有_____。

    A. 单管共射放大电路   B. 单管共基放大电路

    C. 单管共源放大电路   D. 单管共漏放大电路

(15) 负反馈产生自激振荡的条件是_____。

    A. $\dot{A}\dot{F}=1$ B. $\dot{A}\dot{F}=-1$ C. $\dot{A}\dot{F}=0$ D. $\dot{A}\dot{F}\rightarrow\infty$

第 7 章　自测题答案

第 7 章　习题

第 8 章 信号的处理与产生电路

CHAPTER 8

信号的处理和产生电路广泛应用于测量、控制、通信和电视等系统中。有源滤波器是典型的信号处理电路,其主要功能是传送输入信号中有用的频率成分,衰减或抑制无用的频率成分。本章主要讨论由 R、C 和运放组成的有源滤波电路。

信号的产生电路可以产生一定频率和幅度的信号,包含正弦波振荡电路和非正弦波产生电路。正弦波振荡电路按形式分为 RC 振荡电路、LC 振荡电路、石英晶体振荡电路。非正弦波产生电路包含方波、三角波、锯齿波产生电路。

本章重难点:一阶 LPF、HPF、BPF 和 BEF 的工作原理;自激振荡的原理及振荡条件;RC 桥式振荡电路的组成、起振条件和振荡频率;LC 正弦波振荡器。

8.1 有源滤波电路

8.1.1 滤波电路基础知识

视频 43
有源低通
滤波电路
基础知识

电子电路中的输入信号一般包含许多的频率成分,其中不需要的频率分量往往对电路构成不良影响。滤波的作用是使有用频率信号通过而同时抑制无用频率信号。滤波电路在自动控制、无线通信和信号检测中应用十分广泛。

在滤波电路中,通常把能够通过的信号频率范围定义为通带,而把受阻或衰减的信号频率范围称为阻带,通带和阻带的界限频率称为截止频率。

理想滤波电路在通带内应具有零衰减的幅频响应和线性的相位响应,而在阻带内幅度衰减到零($|A(j\omega)|=0$)。按照通带和阻带所处的频率区域不同,一般将滤波电路分为低通滤波器(LPF)、高通滤波器(HPF)、带通滤波器(BPF)、带阻滤波器(BEF)、全通滤波器(APF)。

各种滤波器的幅频特性如图 8.1.1 所示。

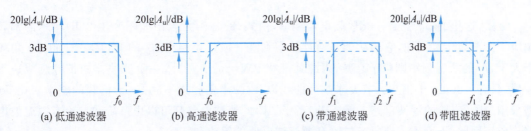

图 8.1.1 滤波器的幅频特性

8.1.2 有源低通滤波器

1. 一阶有源低通滤波器

一阶有源低通滤波电路如图 8.1.2(a)所示。图中,集成运放和 R_1、R_f 组成同相比例运算电路,RC 为无源低通滤波网络。由于电路引入了深度电压串联负反馈,因此集成运放工作在线性区。下面介绍其性能。

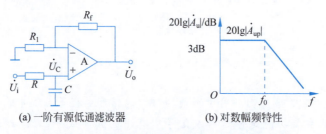

(a) 一阶有源低通滤波器　　　　(b) 对数幅频特性

图 8.1.2　一阶有源低通滤波器及其对数幅频特性

对图 8.1.2(a)来说,当 $f=0$ 时,通带内的电压增益为

$$A_{up} = 1 + \frac{R_f}{R_1} \tag{8.1.1}$$

根据"虚断"的条件可得

$$U_P(s) = \frac{1}{1+sRC} U_i(s) \tag{8.1.2}$$

因此,可推导出电路的传递函数为

$$A_u(s) = \frac{U_o(s)}{U_i(s)} = A_{up} \frac{1}{1+\frac{s}{\omega_0}} = \frac{A_{up}}{1+\frac{s}{\omega_0}} \tag{8.1.3}$$

式中,$\omega_0 = 1/(RC)$,ω_0 称为特征角频率。

由于式(8.1.3)中分母为 s 的一次幂,故式(8.1.3)所示滤波电路称为一阶低通有源滤波电路。对于实际的频率来说,式(8.1.3)中的 s 可用 $s=j\omega$ 代入,由此可得

$$A_u(j\omega) = \frac{U_o(j\omega)}{U_i(j\omega)} = \frac{A_{up}}{1+j\left(\frac{\omega}{\omega_0}\right)} \tag{8.1.4}$$

则

$$|A_u(j\omega)| = \frac{|U_o(j\omega)|}{|U_i(j\omega)|} = \frac{A_{up}}{\sqrt{1+\left(\frac{\omega}{\omega_0}\right)^2}} \tag{8.1.5}$$

显然,这里的 ω_0 就是 −3dB 截止角频率,由式(8.1.5)可画出如图 8.1.2(b)所示的幅频响应。由图 8.1.2 可知,它的功能是通过从零到某一截止角频率 ω_0 的低频信号,而对于角频率大于 ω_0 的所有频率则给予衰减,因此其带宽 BW=ω_0。另外,一阶滤波器的带外衰减速率较慢,只有 −20dB/十倍频。若要求响应曲线以 −40/十倍频或 −60dB/十倍频的斜率变化,则需采用二阶、三阶的滤波电路。实际上,高于二阶的滤波电路都可以由一阶和二阶有源滤波电路构成。因此,下面重点地研究二阶有源滤波电路的组成和特性。

2. 二阶有源滤波器

为了改善滤波效果,使滤波电路的幅频特性在高频段以更快的速率衰减,可再加 RC 低通

滤波环节,称为二阶有源低通滤波器,如图 8.1.3(a)所示,其幅频特性如图 8.1.3(b)所示。

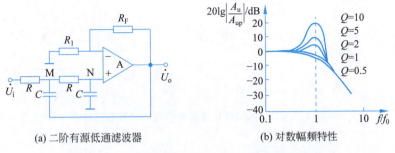

(a) 二阶有源低通滤波器　　　　(b) 对数幅频特性

图 8.1.3　二阶有源低通滤波器及其对数幅频特性

8.1.3　有源高通滤波器

高通滤波器是指高频信号能通过而低频信号不能通过的滤波器,将有源低通滤波器中的电阻 R 和电容 C 互换位置,就得到了有源高通滤波器。二阶有源高通滤波器如图 8.1.4(a)所示,其幅频特性如图 8.1.4(b)所示。

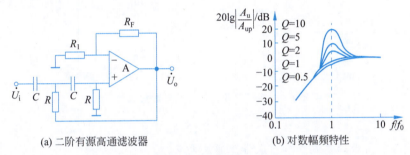

(a) 二阶有源高通滤波器　　　　(b) 对数幅频特性

图 8.1.4　二阶有源高通滤波器及其对数幅频特性

其传递函数为

$$A_u(s) = \frac{A_{up}s^2}{s^2 + \omega_0/Q + \omega_0^2} \tag{8.1.6}$$

式中,$\omega_0 = \dfrac{1}{RC}$,$Q = \dfrac{1}{3 - A_{up}}$。

可得出电压放大倍数表达式为

$$A_u = \frac{A_{up}}{1 - \left(\dfrac{f_o}{f}\right)^2 - j\dfrac{1}{Q} \cdot \dfrac{f_o}{f}} \tag{8.1.7}$$

8.1.4　有源带通滤波器

当低通滤波器的通带截止频率高于高通滤波器的通带截止频率时,将两种电路相串联,即可构成带通滤波器,带通滤波器原理示意图如图 8.1.5 所示。

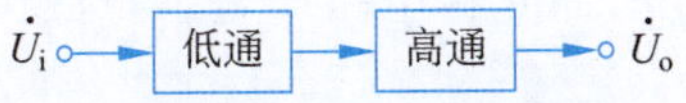

$\dot{U}_i$ → 低通 → 高通 → $\dot{U}_o$

图 8.1.5　带通滤波器原理示意图

二阶有源带通滤波器如图 8.1.6(a)所示,其幅频特性如图 8.1.6(b)所示。

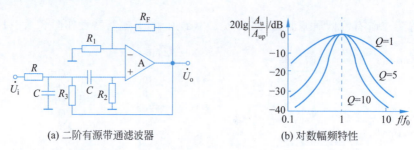

(a) 二阶有源带通滤波器   (b) 对数幅频特性

图 8.1.6 二阶有源带通滤波器及其对数幅频特性

8.1.5 有源带阻滤波器

若将一个低通滤波器与一个高通滤波器并联,只要将低通滤波器的通带截止频率设置得低于高通滤波器的通带截止频率,就能构成带阻滤波器,常用的带阻滤波器如图 8.1.7(a)所示,其幅频特性如图 8.1.7(b)所示。

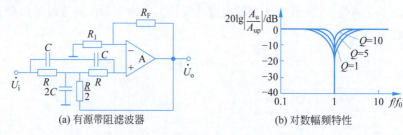

(a) 有源带阻滤波器   (b) 对数幅频特性

图 8.1.7 有源带阻滤波器及其对数幅频特性

> 讨论:
> (1) 能否利用带通滤波电路组成带阻滤波电路?
> (2) 有源滤波器与普通滤波器相比有哪些优缺点?

8.2 正弦波振荡电路

正弦波振荡电路是一种无须外加任何输入信号激励,由电路自身产生一定频率,一定幅值的正弦波输出信号的电路。因为正弦波振荡器包括了自激振荡电路,它在测量、自动控制、通信、广播等科学技术领域有着广泛的应用。

8.2.1 正弦波振荡的条件

1. 自激振荡的条件

在如图 8.2.1 所示的电路框图中,若放大电路的输入端 (1 端)外接一定频率、一定幅度的正弦波信号,并且使 $\dot{U}_f = \dot{U}_i$,待电路稳定后,将开关迅速从 1 端切换到 2 端,很显然,换接后输出电压 $\dot{U}_o$ 仍然保持不变,此时称电路产生了自激振荡。由于 $\dot{U}_f = \dot{U}_i$,便有

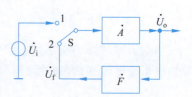

图 8.2.1 正弦波产生电路框图

$$\frac{\dot{U}_f}{\dot{U}_i} = \frac{\dot{U}_o}{\dot{U}_i} \cdot \frac{\dot{U}_f}{\dot{U}_o} = 1$$

或

$$\dot{A}\dot{F} = 1 \tag{8.2.1}$$

在式(8.2.1)中,仍设 $\dot{A} = A\angle\varphi_A$, $\dot{F} = F\angle\varphi_F$,则可得

$$\dot{A}\dot{F} = AF = 1$$

即

$$|\dot{A}\dot{F}| = |\dot{A}\dot{F}| \angle(\varphi_A + \varphi_F) = 1 \tag{8.2.2}$$

$$\varphi_A + \varphi_F = 2n\pi, \quad n = 0, \pm 1, \pm 2, \cdots \tag{8.2.3}$$

式(8.2.2)称为振幅平衡条件,而式(8.2.3)则称为相位平衡条件,这是正弦波振荡电路持续振荡的两个条件。

2. 电路组成

为了产生正弦波,必须在放大电路中加入正反馈,因此放大电路和正反馈网络是振荡电路的最主要部分。振荡电路在刚起振时,为了克服电路中的损耗,需要正反馈强一些,即 $|\dot{A}\dot{F}| > 1$,起振后就要产生增幅振荡,但是,这样两部分构成的振荡器一般得不到正弦波,这是由于很难控制正反馈的量。

如果正反馈量大,则增幅,输出幅度越来越大,最后由三极管的非线性特性限幅,这必然产生非线性失真。反之,如果正反馈量不足,则减幅,可能停振,为此振荡电路要有一个稳幅电路。

为了获得单一频率的正弦波输出,应该有选频网络,选频网络往往和正反馈网络或放大电路合二为一。选频网络由 R、C 或 L、C 等元件组成。正弦波振荡器的名称一般由选频网络来命名。

因此,正弦波振荡电路由基本放大电路、正反馈网络、选频网络和稳幅电路组成。

8.2.2 RC 正弦波振荡电路

RC 正弦波振荡电路分为 RC 串并联式正弦波振荡电路、双 T 网络式和移相式振荡电路等类型。下面主要讨论 RC 串并联式正弦波振荡电路,又称文氏桥振荡器。它由两部分组成,即放大电路和 RC 串并联选频网络,其中 RC 串并联选频网络兼具反馈网络与选频的作用。下面首先分析 RC 串并联网络的选频特性,然后根据正弦波振荡电路的振幅平衡及相位平衡条件设计合适的放大电路指标,就可以构成一个完整的振荡电路。

视频 46
RC 正弦波
振荡电路

1. RC 串并联网络的频率响应

RC 串并联网络如图 8.2.2 所示。$R_1 C_1$ 串联部分的阻抗为 Z_1,$R_2 C_2$ 并联部分的阻抗为 Z_2。其中,$R_1 = R_2 = R$,$C_1 = C_2 = C$。

其反馈网络的反馈系数 $\dot{F}$ 为

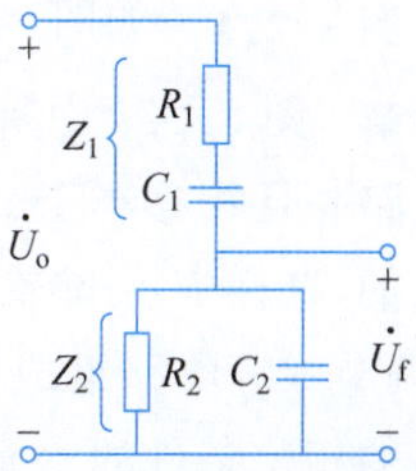

$$\dot{F} = \frac{\dot{U}_f}{\dot{U}_o} = \frac{Z_2}{Z_1 + Z_2} = \frac{R // \frac{1}{j\omega C}}{R + \frac{1}{j\omega C} + R // \frac{1}{j\omega C}} = \frac{1}{3 + j\left(\omega RC - \frac{1}{\omega RC}\right)} \tag{8.2.4}$$

图 8.2.2 RC 串并联网络

令 $f_0 = \dfrac{1}{2\pi RC}$,则

$$\dot{F} = \frac{1}{3 + \mathrm{j}\left(\dfrac{f}{f_0} - \dfrac{f_0}{f}\right)} \tag{8.2.5}$$

显然,当 $f = f_0 = \dfrac{1}{2\pi RC}$ 时,相位 $\varphi_F = 0$,即 $\dot{U}_\mathrm{f}$ 与 $\dot{U}_\mathrm{o}$ 同相位,此时,反馈系数最大,为

$$|\dot{F}|_{\max} = \frac{1}{3}$$

RC 串并联网络的频率特性如图 8.2.3 所示。

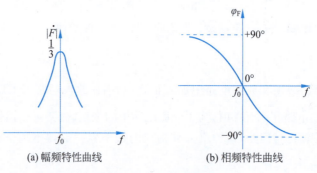

(a) 幅频特性曲线 (b) 相频特性曲线

图 8.2.3　频率特性曲线

2. RC 文氏桥振荡器

因为当 $f = f_0$ 时,反馈系数 $|\dot{F}| = \dfrac{1}{3}$,所以对放大电路的要求是输入和输出同相,且放大倍数大于或等于 3,只有这样才能保证振荡器的相位平衡条件及幅值平衡条件得到满足,顺利起振。

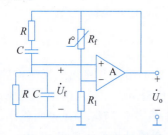

图 8.2.4　RC 文氏桥振荡器

根据这一原则,可构成如图 8.2.4 所示的 RC 文氏桥振荡器。其中,集成运放 A 采用同相比例运算电路,RC 串并联网络作为正反馈网络,另外还增加了 R_1 和 R_f 作为负反馈网络。RC 串并联网络与 R_1、R_f 负反馈正好构成一个桥路,称为文氏桥。可推导出放大倍数 $\dot{A}_\mathrm{f} = 1 + \dfrac{R_\mathrm{f}}{R_1}$ 应略大于 3,以保证可靠起振。

其中,RC 文氏桥振荡器的稳幅作用是靠电阻 R_1 实现的,R_1 是正温度系数的热敏电阻,当输出电压幅值增大时,R_1 上所加的电压升高,即温度升高时,R_1 阻值增加,负反馈增强,输出幅度下降。反之,输出幅度增加。若热敏电阻是负温度系数,则应放置在 R_f 的位置。

例 8.2.1　如图 8.2.5 所示为移相式正弦波振荡电路,试简述其工作原理。

解: 图 8.2.5 中每节 RC 电路都是高通电路,属于相位超前电路并且相移小于 90°。当相移接近 90°时,其频率必须是很低的,这样 R 两端输出电压与输入电压的幅值比接近零,所以,两节 RC 电路组成的反馈网络(兼选频网络)是不能满足振荡的相位条件的。而在图 8.2.5 中有 3 节 RC 移相电路,其最大相移可接近 270°,因此,有可能在某个特定频率时移相 180°,即 $\varphi_F = 180°$。考虑到放大电路产生的相移 $\varphi_A = 180°$,

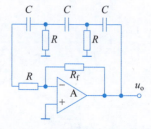

图 8.2.5　移相式正弦波振荡电路

则有 $\varphi_A + \varphi_F = 360°$ 或 $0°$。显然,只要适当调节 R_f 的值,使电压放大倍数合适,就可同时满足相位和振幅条件,产生正弦振荡。

根据上述讨论。正弦波振荡电路(含 RC 和 LC 振荡电路)的分析方法可归纳如下。

(1) 从电路组成来看,检查其是否包括放大、反馈、选频和稳幅等基本部分。

(2) 放大电路能否正常工作,即是否有合适的 Q 点,信号是否可能正常传递,没有被短路或断路。

(3) 是否满足相位条件,即是否存在 f_0,是否可能振荡。

(4) 是否满足幅值条件,即是否一定振荡。$|\dot{A}\dot{F}| < 1$ 不能振荡;$|\dot{A}\dot{F}| = 1$ 不能振荡。如果没有稳幅措施,$|\dot{A}\dot{F}| > 1$ 虽能振荡,输出波形将失真。一般应取 $|\dot{A}\dot{F}|$ 略大于 1,起振后采取稳幅措施使电路达到 $|\dot{A}\dot{F}| = 1$,产生幅度稳定、几乎不失真的正弦波。

8.2.3　LC 正弦波振荡电路

LC 正弦波振荡电路指采用 LC 谐振回路作为反馈网络与选频网络的振荡电路,它的振荡频率可高达几百兆赫兹,主要用来产生高频信号。它的构成方式与 RC 正弦波振荡电路相似,包括放大电路、选频网络、正反馈网络和稳幅电路。根据 LC 回路连接方式的不同可将 LC 正弦波振荡电路分为:变压器反馈式正弦波振荡电路、电感三点式正弦波振荡电路、电压三点式正弦波振荡电路。这三者的共同点都是依靠 LC 谐振回路进行选频。下面首先讨论 LC 谐振回路的选频特性。

1. LC 并联谐振电路的频率响应

在选频放大电路中经常用到的谐振回路是如图 8.2.6 所示的 LC 并联谐振回路,其中 R 表示回路的等效损耗电阻。

由图 8.2.6 可知,LC 并联谐振回路的等效阻抗为

$$Z = \frac{\frac{1}{j\omega C}(R + j\omega L)}{\frac{1}{j\omega C} + R + j\omega L} \qquad (8.2.6)$$

通常有 $R \ll \omega L$,所以式(8.2.6)可简化为

图 8.2.6　LC 并联谐振回路

视频 47
LC 正弦波振荡电路

$$Z \approx \frac{\frac{1}{j\omega C} \cdot j\omega L}{R + j\left(\omega L - \frac{1}{\omega C}\right)} = \frac{L/C}{R + j\left(\omega L - \frac{1}{\omega C}\right)} \qquad (8.2.7)$$

$$\omega_0 = \frac{1}{\sqrt{LC}} \quad 或 \quad f_0 = \frac{1}{2\pi\sqrt{LC}} \qquad (8.2.8)$$

由式(8.2.7)可知,LC 并联谐振回路具有如下特点。

(1) 回路的谐振频率为

$$\omega_0 = \frac{1}{\sqrt{LC}} \quad 或 \quad f_0 = \frac{1}{2\pi\sqrt{LC}}$$

(2) 谐振时,回路的等效阻抗为纯电阻性质,其值最大,即

$$Z_0 = \frac{L}{RC} = Q\omega_0 L = \frac{Q}{\omega_0 C} \qquad (8.2.9)$$

式中,$Q = \omega_0 L/R = 1/(\omega_0 CR) = (1/R)\sqrt{L/C}$,称为回路品质因数,其值在几十到几百范围

内,它是一个评价回路损耗大小的指标。Q 值越大,幅频特性曲线越尖锐,表明 LC 并联谐振回路的选频特性越好。图 8.2.7 画出来两种不同 Q 值下的并联谐振幅频特性曲线,其形象地说明了这一问题。

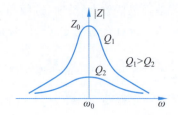

图 8.2.7　并联谐振幅频特性曲线

2. 变压器反馈式振荡器

变压器反馈式振荡器的电路图如图 8.2.8 所示。采用晶体管 T 构成共发射极放大电路,变压器中的初级线圈与电容 C 组成 LC 并联谐振回路,并作为晶体管的集电极负载。电路的反馈是通过变压器初级线圈与次级线圈之间的互感 M 实现的,所以称为变压器反馈式振荡器。

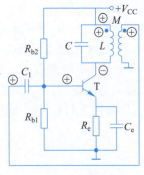

图 8.2.8　变压器反馈式振荡器

该电路能否产生自激振荡的关键在于它是否满足相位平衡条件,即能否形成正反馈,可采用瞬时极性法进行判断,具体方法为:将反馈断开,假设输入端的瞬时极性为"$+$",则 T 的集电极极性为"$-$"。根据变压器线圈同名端的规则,次级线圈同名端的极性为"$+$",该点反馈至输入端后与原来输入的瞬时极性相同,故加上反馈后就形成反馈。至于幅值平衡条件,只要选取合适的,保证恰当的变压器匝比,配置好参数,一般都可得到满足,也易实现起振。

该电路的稳幅是依靠晶体管本身的非线性实现的。当集电极电流大到一定程度后晶体管将进入饱和区与截止区,使放大倍数减小,输出幅值逐渐稳定。不过此时集电极的波形将产生较大失真,但是因为 LC 并联谐振回路具有良好的选频作用,所以在输出端得到失真很小的正弦波。

电路的振荡频率仍由式(8.2.8)给出,改变 C 或 L(如调节线圈中铁芯的位置)的值即可实现对频率的调节。由于输出电压与反馈电压靠磁路耦合,故耦合不紧密会造成损耗较大,并且振荡频率的稳定性不高。

3. 电感三点式振荡器

图 8.2.9 为典型的电感三点式振荡器,又称哈特莱振荡电路。由图 8.2.9 可见,这种电路的 LC 并联谐振电路中的电感有首端、中间抽头和尾端 3 个端点,其交流通路(图 8.2.10 所示)分别与放大电路的集电极、发射极(地)和基极相连,反馈信号取自电感 L_2 上的电压。因此,习惯上将图 8.2.9 所示电路称为电感三点式 LC 振荡电路或电感反馈式振荡电路。

在谐振时,1、3 两端近似呈现纯电阻特性。因此,当 L_1 和 L_2 的对应端如图 8.2.10 所示时,若选取中间抽头(2)为参考电位(交流地电位)点,则首(1)尾(3)两端的电位极性相反。若将反馈断开,同时输入为"$+$"的信号。由于在纯电阻负载的条件下,共射电路具有倒相作用,因而其集电极电位瞬时极性为"$-$"。又因 2 端交流接地,因此 3 端的瞬时极性为"$+$",即反馈信号(从 L_2 上取出)与输入信号同相,满足相位平衡条件。至于振幅条件,只要适当选取 L_2/L_1 的比值,就可实现起振。当加大 L_2(或减小 L_1)时,有利于起振。考虑 L_1、L_2 间的互感,电

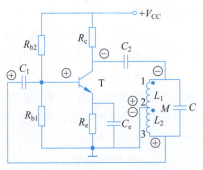

图 8.2.9 电感三点式振荡器

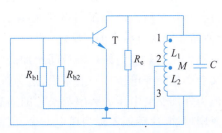

图 8.2.10 电感三点式振荡器的交流通路

路的振荡频率可近似表示为

$$\omega = \omega_0 \approx \frac{1}{\sqrt{(L_1 + L_2 + 2M)C}} \tag{8.2.10}$$

或

$$f = f_0 \approx \frac{1}{2\pi\sqrt{(L_1 + L_2 + 2M)C}} \tag{8.2.11}$$

这种振荡电路的工作频率范围可从数百千赫至数十兆赫。电感三点式 LC 振荡电路的缺点是，反馈电压取自 L_2 上，L_2 对高次谐波（相当于 f_0 而言）阻抗大，因而引起振荡回路输出谐波分量增大，输出波形不理想。

4. 电容三点式振荡器

电容三点式振荡器，又称为考毕兹振荡电路，其电路如图 8.2.11 所示，和电感三点式振荡器相比，LC 回路中的电感和电容交换了位置，反馈网络由电感分压改变为电容分压。

此电路的振荡频率为

$$\omega = \omega_0 \approx \frac{1}{\sqrt{L\left(\dfrac{C_1 C_2}{C_1 + C_2}\right)}} \tag{8.2.12}$$

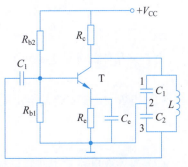

图 8.2.11 电容三点式振荡器

或

$$f = f_0 \approx \frac{1}{2\pi\sqrt{L\left(\dfrac{C_1 C_2}{C_1 + C_2}\right)}} \tag{8.2.13}$$

电容三点式电路的优点主要是：首先，输出波形较好。因为由电容分压，反馈信号取自电容 C_2，而电容对高次谐波均阻抗较小，因而输出信号的谐波分量较小。其次，振荡频率较高，因为 C_1、C_2 可以取得较小，虽然晶体管输入、输出端的极间电容分别折算到 C_2、C_1 中去，电路的振荡频率仍比电感三点式电路的高，一般可达 100MHz 或更高一些。调节频率时要求 C_1、C_2 同时可变，这在实用中不方便，因而在谐振回路中将一可调电容并联于 L 的两端，可在小范围内调频。它通常用在调幅和调频接收机中，利用同轴电容器来调节振荡频率。

8.2.4 石英晶体正弦波振荡电路

1. 石英晶体的基本特性和等效电路

石英晶体的化学成分为二氧化硅（SiO_2），它是一种各向异性的结晶体。从一块晶体上按一定的方位角切下的薄片称为晶片(可以是正方形、矩形或圆形等),然后在晶片的两个对应表面上涂敷银层并装上一对金属板,就构成了石英晶体谐振器,常简称为石英晶体或者晶体。

石英晶片之所以能作振荡电路是基于它的压电效应。如果在晶片的两个极板间加一电场,会使晶体产生机械变形;反之,若在极板间施加机械力,则会在相应的方向上产生电场,这种现象称为压电效应。如在极板间所加的是交变电压,就会产生机械变形振动,同时机械变形振动又会产生交变电压。一般来说,这种机械振动的振幅是比较小的,其振动频率则是很稳定的。但当外加交变电压的频率与晶片的固有频率(决定于晶片的尺寸)相等时,机械振动的幅度将急剧增加,这种现象称为压电谐振,因此石英晶体又称为石英晶体谐振器。

石英晶体的电路符号、等效电路、电抗频率特性如图 8.2.12 所示。其中,等效电路中的 C_0 为静电容,L 和 C 分别模拟晶体的质量(代表惯性)和弹性,L 的值为 $10^{-3} \sim 10^2 \text{H}$,$C$ 的值很小,一般为 $10^{-2} \sim 10^{-1} \text{PF}$,$R$ 为晶片振动时因摩擦而造成的损耗,其值约为 $10^2 \Omega$。石英晶体的一个可贵的特点在于它具有很高的质量与弹性的比值(等效于 L/C),因而它的品质因数 Q 高达 $10^4 \sim 10^6$。

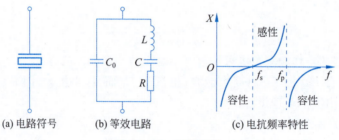

(a) 电路符号　　(b) 等效电路　　(c) 电抗频率特性

图 8.2.12　石英晶体

由石英晶体的等效电路可知,它有两个谐振频率,分别是串联谐振频率 f_s 和并联谐振频率 f_p。

(1) 当 R、L、C 支路发生串联谐振时,其串联谐振频率为

$$f_s = \frac{1}{2\pi\sqrt{LC}} \tag{8.2.14}$$

(2) 当等效电路发生并联谐振时,其并联谐振频率为

$$f_p = \frac{1}{2\pi\sqrt{L\dfrac{C \cdot C_0}{C + C_0}}} = f_s \sqrt{1 + \frac{C}{C_0}} \tag{8.2.15}$$

由于 $C \ll C_0$,因此 f_p 与 f_s 很接近。

由石英晶体的电抗频率特性(见图 8.2.12(c))可知,在 f_s 与 f_p 之间,晶体呈感性,在此频率范围之外晶体呈容性。

2. 石英晶体振荡电路

石英晶体正弦波振荡电路有两类,分别是并联型石英晶体振荡器与串联型石英晶体振荡器。

(1) 并联型石英晶体振荡器。在并联型晶体振荡电路中,晶体工作在 f_s 与 f_p 之间,它作为一个等效电感与其他元件组成电路。图 8.2.13 是并联型晶体振荡器的典型电路,晶体作为一个电感而接在晶体管的 c、b 极之间,与电容 C_1、C_2 组成电容三点式振荡电路。

(2) 串联型石英晶体振荡器。图 8.2.14 是石英晶体组成的串联型晶体振荡器,晶体接在由晶体管 T_1、T_2 组成的正反馈电路中,当频率等于晶体的串联谐振频率 f_s 时,晶体的阻抗最

小,且为纯电阻。这时正反馈最强,而且相移为零,电路满足了起振条件而自激振荡。对于 f_s 以外的其他频率,晶体的阻抗增大,且相位移不再为零,不满足起振条件。因此振荡频率等于晶体的串联谐振频率 f_s,调节可变电阻 R 可获得良好的正弦波输出。若 R 值过大,因反馈量太小不能起振。若 R 值太小,因反馈量过大,输出波形将发生失真,或输出近似的矩形波。

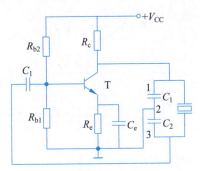

图 8.2.13 并联型石英晶体振荡器

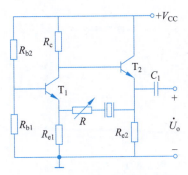

图 8.2.14 串联型石英晶体振荡器

> 讨论:
> (1) 若反馈振荡器满足起振条件和平衡条件,则必然满足稳定条件,这种说法是否正确?为什么?
> (2) 电感反馈式振荡器的输出波形通常不如电容反馈式振荡器的波形好,这是为什么?

8.3 非正弦信号产生电路

8.3.1 方波产生电路

图 8.3.1 所示为方波发生器,它由迟滞比较器与 RC 充、放电回路组成。双向稳压管 D_Z 使输出电压幅度限制在其稳压值 $\pm U_Z$ 之内。R_1 与 R_2 组成正反馈电路,R_3 和 C 组成负反馈电路,R_4 为限流电阻。

接入电源后假设输出电压为 $+U_Z$,因此,运放同相端的电位为 $U_T = U_{R_1} = \pm \dfrac{R_1}{R_1 + R_2} U_Z$,运放反向端的电位为电容两端的电压 u_C,u_C 与 U_T 相比较的结果决定着输出电压 u_o 的极性。

假设 $u_o = +U_Z$,电容 C 未充电,由于 $u_C = +U_T$,故 u_o 经 R_3 给 C 充电,u_C 升高,期间只要 $u_C < +U_T$,则输出电压维持 $+U_Z$ 不变。当充电 $u_C > +U_T$ 时,输出电压变为 $-U_Z$,电容 C 将通过 R_3 放电,u_C 降到 $-U_Z$ 以下,此时将重复充电过程。由于充电、放电都采用同一条支路,充电、放电时常数相等,如此往复将输出方波,如图 8.3.2 所示。

8.3.2 三角波产生电路

由数学知识可知,方波经过积分可得三角波。因此只要将如图 8.3.1 所示的方波产生电路输出端加一级积分运算电路,即可构成三角波产生电路。

三角波产生电路如图 8.3.3 所示。图中,A_1 构成滞回比较器,A_2 构成反向积分器。比较器的输入信号就是积分器的输出电压 u_o,而比较器的输出则接到积分器的输入端。通过比较器可产生方波,经积分器输出三角波。

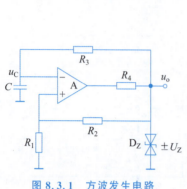

图 8.3.1 方波发生电路

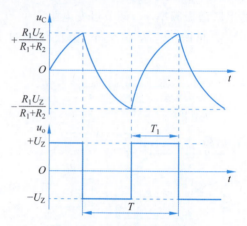

图 8.3.2 方波发生器波形图

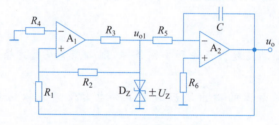

图 8.3.3 三角波发生电路

当 $u_{o1}=+U_Z$,电容 C 充电,同时 u_o 按线性规律逐渐下降。当使 A_1 的同相端电位低于反向端电位时,输出电压 u_o 变为 $-U_Z$,电容 C 将放电,u_C 按线性规律上升,当使 A_1 的同相端电位高于反向端电位时,输出电压 u_o 变为 $+U_Z$,如此往复将输出三角波,如图 8.3.4 所示。

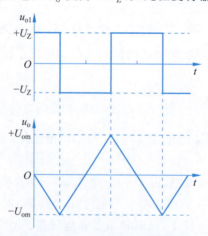

图 8.3.4 三角波发生器波形图

8.3.3 锯齿波产生电路

锯齿波实际上是上升与下降斜率不等的三角波,因此,只要改变积分器的充、放电时间常数,即可得到锯齿波。其产生电路如图 8.3.5 所示,其中二极管 VD_1 使充电时常数变为 $(R_5 /\!/ R_6)C$,而放电时常数仍为 $R_5 C$。其输出波形如图 8.3.6 所示。

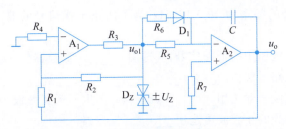

图 8.3.5 锯齿波发生电路

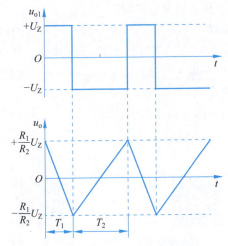

图 8.3.6 锯齿波发生器波形图

> 讨论：
> 如何调整三角波的幅值和频率？

本章知识结构图

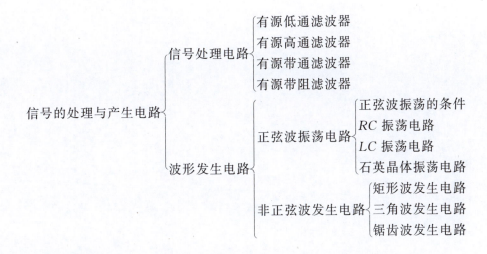

自测题

1. 填空题

(1) 为了避免 50 Hz 电网电压的干扰进入放大器，应选用_____滤波器。

(2) 已知输入信号的频率为 10～12 kHz,为了防止干扰信号的混入,应选用_____滤波器。

(3) 为了获得输入电压中的低频信号,应选用_____滤波器。

(4) 正弦波振荡电路一般由_____、_____、_____和_____4 部分组成。

(5) 产生低频正弦波一般选用_____振荡器;产生高频正弦波一般选用_____振荡器;产生频率稳定性很高的正弦波可选用_____振荡器。

2. 选择题

(1) 要将方波信号变成三角波信号,应选用_____。

  A. 反相比例运算电路   B. 同相比例运算电路

  C. 积分运算电路   D. 微分运算电路

(2) 正弦波振荡器的相位平衡条件是_____。

  A. $\varphi_A + \varphi_F = (2n+1)\pi, n = 0, \pm 1, \pm 2, \cdots$

  B. $\varphi_A + \varphi_F = 2n\pi, n = 0, \pm 1, \pm 2, \cdots$

  C. $\varphi_A = \varphi_F$

  D. $\varphi_A = -\varphi_F$

第 8 章　自测题答案   第 8 章　习题

第 9 章 直流稳压电源

CHAPTER 9

直流电源是电子系统中非常重要的单元,其性能优劣对于电子系统的总体性能来讲至关重要。电子系统所需的直流电源通常采用两种方式:一是将公共电网提供的交流电转换为直流电;二是电池供电,可以是锂电池等化学电池,也可以是太阳能电池等。本章主要介绍将公共电网交流电转换为直流电的直流电源电路的组成、工作原理及相关性能指标的计算方法。

本章重难点:单相整流滤波电路;线性稳压电路的组成、工作原理及主要性能指标;三端集成稳压器及应用电路;开关稳压电路工作原理。

9.1 直流电源概述

在电子电路中,通常都需要电压稳定的直流电源供电。小功率稳压电源的组成可以用图 9.1.1 表示,它是由电源变压器、整流电路、滤波电路和稳压电路 4 部分组成。

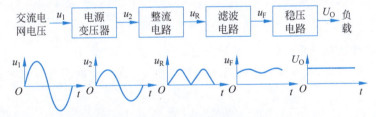

图 9.1.1 直流稳压电源结构框图

电源变压器是将交流电网 220V 的电压变为所需要的电压值,然后通过整流电路将交流电压变成脉动的直流电压。从波形上看,这种脉动直流电压还含有较大的交流分量,必须通过滤波电路加以滤除,从而输出比较平滑的直流电压。但这样的电压在电网电压波动(一般有 ±10% 左右的波动)、负载和温度的变化时将随之改变。因而在整流、滤波电路之后,还需接稳压电路。稳压电路的作用是当电网电压波动、负载和温度变化时,维持输出直流电压稳定。

视频 48 直流稳压电源组成

直流稳压电源有线性稳压电源和开关稳压电源两大类,线性稳压电源输出电压稳定、纹波小、结构简单,但功率较小、效率低;当负载要求功率较大、效率高时,常采用开关稳压电源。

9.2 单相整流电路

利用二极管的单向导电性可以组成各种整流电路。在小功率(1kW 以下)整流电路中,常见的几种整流电路有单相半波、全波、桥式和倍压整流电路。本节将介绍单相半波和桥式整流电路。

为分析问题简单起见,设二极管为理想二极管,变压器内阻忽略不计。

9.2.1 半波整流电路

1. 工作原理

在图 9.2.1(a)所示的半波整流电路中,负载为 R_L。在电源变压器二次电压 u_2 的正半周,二极管 D 导通,电流经二极管 D 流向负载 R_L,R_L 上的电压为 $u_O=u_2$;在 u_2 的负半周,D 截止,承受反向电压,负载 R_L 电流为 0,$u_O=0$。所以,在负载两端的电压 u_O 是单向的,且近似为半个周期的正弦波,如图 9.2.1(b)所示。

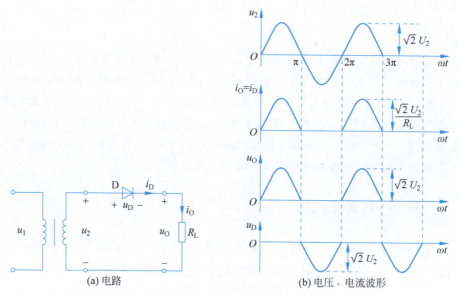

(a) 电路 (b) 电压、电流波形

图 9.2.1 半波整流电路

2. 负载上的输出电压平均值 U_O 和输出电流平均值 I_O 的计算

由图 9.2.1(b)可知,半波整流输出直流脉动电压 u_O 在一个周期内的平均值 U_O 为

$$U_O = \frac{1}{2\pi}\int_0^{\pi}\sqrt{2}U_2\sin(\omega t)\mathrm{d}(\omega t) = \frac{\sqrt{2}}{\pi}U_2 \approx 0.45U_2 \tag{9.2.1}$$

其中,U_2 为变压器二次电压的有效值,U_O 即为负载 R_L 输出电压的平均值,负载 R_L 输出电流的平均值 I_O 为

$$I_O = \frac{U_O}{R_L} \approx \frac{0.45U_2}{R_L} \tag{9.2.2}$$

3. 整流元件参数的计算

在整流电路中,根据极限参数最大整流平均电流 I_F 和最高反向工作电压 U_{RM} 来选择二极管。由图 9.2.1(b)可知,二极管的电流等于负载电阻的电流,故

$$I_D = I_O \approx \frac{0.45U_O}{R_L} \tag{9.2.3}$$

由图 9.2.1(b)可知,二极管承受最高反向电压是变压器二次电压 U_2 的峰值,即

$$U_{RM} = \sqrt{2}U_2 \tag{9.2.4}$$

一般电网电压波动范围为 ±10%。实际上二极管的最大整流电流 I_F 和最高反向电压 U_{RM} 应留有大于 10% 的余量。

半波整流电路结构简单,输出电压平均值低且波形脉动大,变压器有半个周期电流为零,利用率低。所以使用的局限性很大,只适用于输出电流较小且允许交流分量较大的场合。

9.2.2 桥式整流电路

1. 工作原理

在如图 9.2.2(a)所示的桥式整流电路中,4 只整流二极管 $D_1 \sim D_4$ 接成电桥的形式,故有桥式整流电路之称。设二极管为理想二极管,变压器内阻忽略不计。

由二极管的单向导电性可知,在电源变压器二次电压 u_2 的正半周(A 端为正,B 端为负时是正半周)内 D_1、D_3 导通,负载 R_L 上的电压 $u_O = u_2$;D_2、D_4 截止,承受反向电压为 u_2,电流通路如图 9.2.2(a)中实线箭头所示。而在 u_2 负半周(A 端为负,B 端为正时是负半周)内 D_2、D_4 导通,负载 R_L 上的电压 $u_O = -u_2$;D_1、D_3 截止,承受反向电压为 u_2,电流通路如图 9.2.2(a)中虚线箭头所示,可见流过负载 R_L 的电流始终不变。单相桥式整流电路中电压、电流波形图如图 9.2.3 所示。

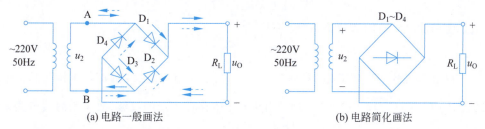

图 9.2.2 单相桥式整流电路

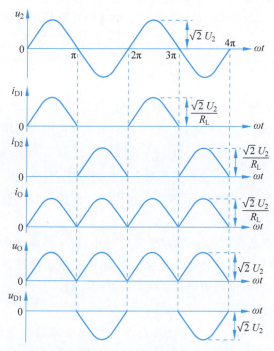

图 9.2.3 单相桥式整流电路的电压、电流波形

2. 负载上的直流电压 U_O 和直流电流 I_O 的计算

用傅里叶级数对图 9.2.3 中 u_O 的波形进行分解后可得

$$u_O = \sqrt{2}U_2 \left[\frac{2}{\pi} - \frac{4}{3\pi}\cos(2\omega t) - \frac{4}{15\pi}\cos(4\omega t) - \frac{4}{35\pi}\cos(6\omega t) \cdots \right] \qquad (9.2.5)$$

式中恒定分量即为负载电压 u_O 的平均值，因此有

$$U_O = \frac{2\sqrt{2}U_2}{\pi} \approx 0.9U_2 \qquad (9.2.6)$$

直流电流为

$$I_O = \frac{0.9U_2}{R_L} \qquad (9.2.7)$$

由式(9.2.5)可以看出，最低次谐波分量的幅值为 $4\sqrt{2}U_2/(3\pi)$，角频率为电源频率的两倍，即 2ω。其他交流分量的角频率为 4ω，6ω，…偶次谐波分量。这些谐波分量总称为纹波，它叠加于直流分量之上。常用纹波系数 K_γ 来表示直流输出电压中相对纹波电压的大小，即

$$K_\gamma = \frac{U_{O\gamma}}{U_O} = \frac{\sqrt{U_2^2 - U_O^2}}{U_O} \qquad (9.2.8)$$

式中 $U_{O\gamma}$ 为谐波电压总的有效值，它表示为

$$U_{O\gamma} = \sqrt{U_{O2}^2 + U_{O4}^2 + \cdots} = \sqrt{U_2^2 - U_O^2}$$

式中 U_{O2}、U_{O4} 为二次、四次谐波的有效值。由式(9.2.6)和式(9.2.8)可得出桥式整流电路的纹波系数 $K_\gamma = \sqrt{(1/0.9)^2 - 1} \approx 0.483$。由于 U_O 中存在一定的纹波，故需用滤波电路来滤除纹波电压。

3. 整流元件参数的计算

在桥式整流电路中，二极管 D_1、D_3 和 D_2、D_4 是两两轮流导通的，所以流经每个二极管的平均电流为

$$I_D = \frac{1}{2}I_O = \frac{0.45U_2}{R_L} \qquad (9.2.9)$$

二极管在截止时管子两端承受的最大反向电压可以从图 9.2.2(a)看出。在 u_2 正半周时，D_1、D_3 导通，D_2、D_4 截止。此时 D_2、D_4 所承受的最大反向电压电压均为 u_2 的最大值，即

$$U_{RM} = \sqrt{2}U_2 \qquad (9.2.10)$$

同理，在 u_2 的负半周，D_1、D_3 也承受了最大反向电压。

一般电网电压波动范围为 $\pm 10\%$。实际上选用的二极管的最大整流电流 I_F 和最高反向电压 U_{RM} 应留有大于 10% 的裕量。

桥式整流电路的优点是输出电压高，纹波电压较小，管子所承受的最大反向电压较低，同时因电源变压器在正、负半周内都有电流供给负载，电源变压器得到了充分的利用，效率较高。因此，这种电路在半导体整流电路中得到了颇为广泛的应用。

> **讨论：**
> (1) 整流电路有何作用？桥式整流电路如何实现整流的？它的输出电压平均值为多大？
> (2) 与半波整流电路相比较，桥式整流电路有何优点？
> (3) 桥式整流电路如图 9.2.2(a)所示，在电路中出现下列故障，会出现什么现象？
> (a) R_L 短路　　　(b) D_1 击穿短路　　　(c) D_1 开路

9.3 滤波电路

经过整流电路后的输出电压含有较大的交流分量,不能直接用于电子电路的直流电源。利用电抗元件对交直流分量呈现不同电抗的特点,可滤除整流电路输出电压中的交流成分,保留其直流出成分,使之波形变得平滑,接近直流电压。

图 9.3.1(a)是桥式整流电路,输出端与负载电阻 R_L 并联一个较大的电容 C,成为电容滤波电路。

视频 51
滤波电路

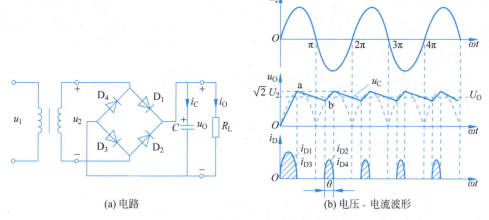

(a) 电路   (b) 电压、电流波形

图 9.3.1　桥式整流电容滤波电路

设电容两端初始电压为零,并假定在 $t=0$ 时接通电路,u_2 为正半周,当 u_2 由零上升时,D_1、D_3 导通,C 被充电,同时电流经 D_1、D_3 向负载电阻供电。如果忽略二极管正向电阻和变压器内阻,电容充电时间常数近似为零,因此,$u_O = u_C \approx u_2$,在 u_2 达到最大值时,u_C 也达到最大值,见图 9.3.1(b)中的 a 点,然后 u_2 下降,此时 $u_C > u_2$,D_1、D_3 截止,电容 C 向负载电阻 R_L 放电,由于放电时间常数 $\tau_d = R_L C$,一般较大,电容电压 u_C 按指数规律缓慢下降。当 $u_O(u_C)$ 下降到图 9.3.1(b)中 b 点后,$|u_2| > u_C$,D_2、D_4 导通,电容 C 再次被充电,输出电压增大。以后反复上述充放电过程,便可得到如图 9.3.1(b)所示的输出电压波形,它近似为一锯齿波直流电压。

由图 9.3.1(b)可见,整流电路接入滤波电容后,不仅使输出电压变得平滑、纹波显著减小,同时输出电压的平均值也增大了。输出电压的平均值 U_O 的大小与滤波电容 C 及负载电阻 R_L 的大小有关,C 的容量一定时,R_L 越大,C 的放电时间常数就越大,其放电速度越慢,输出电压就越平滑,U_O 就越大。当 R_L 开路时,$U_O \approx \sqrt{2} U_2$。为了得到平滑的负载电压,一般取

$$\tau_d = R_L C \geqslant (3 \sim 5) \frac{T}{2} \tag{9.3.1}$$

式中,T 为电源交流电压的周期。此时,输出电压的平均值近似为

$$U_O \approx 1.2 U_2 \tag{9.3.2}$$

由于电容滤波电路简单,输出电压较大,纹波电压较小,故应用很广泛。但是整流电路采用电容滤波后,只有当 $|u_2| > u_C$ 时二极管才导通,故二极管的导通时间缩短,一个周期的导通角 $\theta < \pi$,如图 9.3.1(b)所示。由于电容 C 充电的瞬时电流很大,容易损坏二极管,故在选择二极管时,必须留有足够的电流裕量。一般可按 $I_F = (2 \sim 3) I_D$ 来选择二极管。

其次,电容滤波电路输出电压平均值 U_O 会随负载电流的增加(即负载电阻 R_L 减小)而

减小,纹波电压也会跟随增大。U_O 随 I_O 变化的规律如图 9.3.2 所示,称为输出特性或外特性。由于电容滤波电路输出电压平均值及纹波电压受负载变化的影响较大,所以电容滤波电路只适用于负载电流比较小或负载电流基本不变的场合。

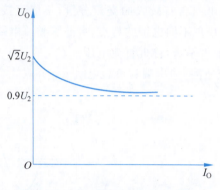

图 9.3.2　电容滤波电路的输出特性

在实际设计中,除了电容滤波电路,还可以采用其他滤波电路,如图 9.3.3 中的电感滤波电路、LC 滤波电路和 π 形滤波电路等常用滤波电路。

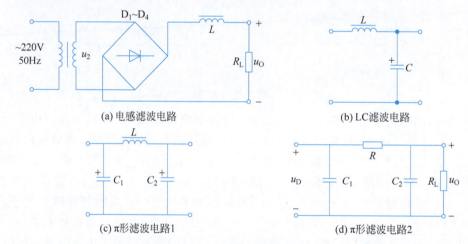

图 9.3.3　常用滤波电路

不同的滤波电路具有不同的特点和应用场合,各种滤波电路在负载为纯阻性时性能比较如表 9.3.1 所示。

表 9.3.1　各种滤波电路性能比较

性能	类型			
	电容滤波	电感滤波	LC 滤波	π 形滤波
U_O/U_2	1.2	0.9	0.9	1.2
适用场合	小电流	大电流	大、小电流	小电流
整流管的冲击电流	大	小	小	大

例 9.3.1　单相桥式整流电容滤波电路如图 9.3.1(a)所示,交流电源频率 $f=50\text{Hz}$,负载电阻 $R_L=40\Omega$,要求输出电压 $U_O=20\text{V}$。试求变压器二次电压有效值 U_2,并选择二极管和滤波电容器。

解:由式(9.3.3)可得

$$U_2 = \frac{U_O}{1.2} = \frac{20\text{V}}{1.2} \approx 17\text{V}$$

通过二极管的电流平均值为

$$I_D = \frac{I_O}{2} = \frac{U_O}{2R_L} = \frac{20\text{V}}{2 \times 40\Omega} = 0.25\text{A}$$

二极管承受最高反向电压

$$U_{RM} = \sqrt{2}U_2 = \sqrt{2} \times 17\text{V} \approx 24\text{V}$$

因此应选择 $I_F \geqslant (2 \sim 3)I_D = (0.5 \sim 0.75)\text{A}$，$U_{RM} > 24\text{V}$ 的二极管，查手册可选 4 只 2CZ55C 二极管(参数：$I_F = 1\text{A}$，$U_{RM} = 100\text{V}$)或 1A，100V 的整流桥。

根据式(9.3.1)，取 $R_L C = 4 \times \frac{T}{2}$，因 $T = \frac{1}{f} = \frac{1}{50\text{Hz}} = 0.02\text{s}$，所以

$$C = \frac{4 \times \frac{T}{2}}{R_L} = \frac{4 \times 0.02\text{s}}{2 \times 40\Omega} = 1000\mu\text{F}$$

> **讨论：**
> (1) 直流稳压电源电路中，采用滤波电路的主要目的是什么？
> (2) 试分别说明为什么在组成滤波电路时电容应并联在负载电阻两端，而电感要与负载电阻串联。
> (3) 桥式整流电容滤波电路输出电压的平均值如何估算？滤波电容如何选择？

9.4 稳压电路

9.4.1 稳压电源的主要性能指标

稳压电源的主要性能指标包括稳压系数、输出电阻及温度系数等。

由于输出直流电压 U_O 随输入直流电压 U_I、输出电流 I_O 和环境温度 $T(℃)$ 的变动而变动，即输出电压 $U_O = f(U_I, I_O, T)$，因而输出电压变化量的一般式为

$$\Delta U_O = \frac{\partial U_O}{\partial U_I}\Delta U_I + \frac{\partial U_O}{\partial I_O}\Delta I_O + \frac{\partial U_O}{\partial T}\Delta T$$

或

$$\Delta U_O = K_V \Delta U_I + R_O \Delta I_O + S_T \Delta T$$

式中的 3 个系数分别定义如下：

(1) **输入调整因数 K_U。**

$$K_U = \frac{\Delta U_O}{\Delta U_I}\bigg|_{\substack{\Delta I_D = 0 \\ \Delta T = 0}}$$

K_U 反映了输入电压波动对输出电压的影响，实用上常用输入电压变化 ΔU_I 时引起输出电压的相对变化来表示，称为**电压调整率** S_U，即

$$S_U = \frac{\Delta U_O / U_O}{\Delta U_I} \times 100\% \bigg|_{\substack{\Delta I_O = 0 \\ \Delta T = 0}} (\%/\text{V}) \qquad (9.4.1)$$

也用输出电压的相对变化和输入电压的相对变化之比来表示稳压性能，称为**稳压系数** S_γ，即

$$S_\gamma = \frac{\Delta U_O / U_O}{\Delta U_I / U_I}\bigg|_{\substack{\Delta I_O = 0 \\ \Delta T = 0}} \qquad (9.4.2)$$

(2) 输出电阻 R_O。

$$R_O = \dfrac{\Delta U_O}{\Delta I_O}\bigg|_{\substack{\Delta U_I = 0 \\ \Delta T = 0}} (\Omega) \tag{9.4.3}$$

(3) 温度系数 S_T。

$$S_T = \dfrac{\Delta U_O}{\Delta T}\bigg|_{\substack{\Delta U_I = 0 \\ \Delta I_O = 0}} (\mathrm{mV/^\circ C}) \tag{9.4.4}$$

视频 52
串联型稳
压电源

9.4.2 线性稳压电路

1. 串联型线性稳压电源的组成和工作原理

如图 9.4.1 所示是串联型线性稳压电路,图中 U_I 是整流滤波电路的输出电压,晶体管 T 为调整管,集成运放 A 为比较放大电路,稳压管 D_Z 的稳定电压 U_Z 为基准电压,它由稳压管 D_Z 与限流电阻 R 串联所构成的简单稳压电路获得,电阻 R_1、R_2 和电位器 R_W 组成反馈网络,是用来反映输出电压变化的取样环节。

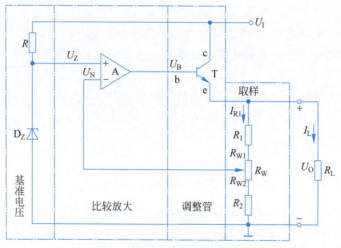

图 9.4.1 串联型反馈稳压电路

稳压电路的主回路由调整管晶体管 T 与负载 R_L 串联而成,故称为串联型稳压电路。输出电压的变化量由反馈网络(R_1、R_2 和 R_W)的取样电压 U_N 与基准电压 U_Z 比较,其差值电压($U_Z - U_N$)经比较放大电路 A 放大后去控制调整管 T 的 c-e 极间的电压降 U_{CE},从而达到稳定输出电压 U_O 目的。

稳压原理可简述如下:

当输入电压 U_I 增大或 I_O 减小(使电源内阻压降减小)时,导致输出电压 U_O 增大,随之反馈电压 $U_N = (R_{W2} + R_2)U_O/(R_1 + R_2 + R_W)$ 也增大。U_N 与基准电压 U_Z 相比较,其差值电压($U_Z - U_N$)经比较放大电路 A 放大后使调整管的基极电位 U_B 和 I_C 降低,调整管 T 的 c-e 极间电压 U_{CE} 增大,使 U_O 减小,从而维持 U_O 基本恒定。

其稳定过程可简化为

$U_I \uparrow$ 或 $I_O \downarrow \rightarrow U_O \uparrow \rightarrow U_N \uparrow \rightarrow (U_Z - U_N) \downarrow \rightarrow U_B \downarrow \rightarrow U_{CE} \uparrow$

$U_O \downarrow \longleftarrow$

同理,当输入电压 U_I 减小或 I_O 增大时,亦将使输出电压 U_O 基本保持不变。

从反馈放大电路的角度分析,当反馈越深时,调整作用越强,输出电压 U_O 也越稳定,电路的稳压性能越好。

2. 输出电压及调节范围

调整管 T、集成运放 A 和取样电阻 R_1、R_2、R_W 组成同相比例运算电路,输出电压

$$U_O = U_Z \left(1 + \frac{R_1 + R_{W1}}{R_{W2} + R_2}\right) \tag{9.4.5}$$

改变电位器 R_W 滑动端的位置可调节输出电压大小。当电位器 R_W 调到最上端时,输出电压最小,即

$$U_{Omin} = \frac{R_1 + R_2 + R_W}{R_2 + R_W} \cdot U_Z \tag{9.4.6}$$

当电位器 R_W 调到最下端时,输出电压最大,即

$$U_{Omax} = \frac{R_1 + R_2 + R_W}{R_2} \cdot U_Z \tag{9.4.7}$$

3. 调整管 T 的极限参数

调整管 T 是串联型稳压电路中的核心元件,主要考虑 3 个极限参数 I_{CM}、$U_{(BR)CEO}$ 和 P_{CM}。调整管极限参数的确定,必须考虑输入电压 U_I 的变化、输出电压 U_O 的调节和负载电流 I_O 变化的影响。

从如图 9.4.1 所示的电路可知,调整管的集电极最大电流 I_{CM} 应大于最大负载电流 I_{Omax},即为

$$I_{CM} > I_{Omax} \tag{9.4.8}$$

调整管在稳压电路输入电压最高且输出电压最低时管压降最大,其值应小于调整管的击穿电压 $V_{(BR)CEO}$,即为

$$V_{CEmax} = U_{Imax} - U_{Omin} < U_{(BR)CEO} \tag{9.4.9}$$

当调整管 T 管压降最大且负载电流也最大时,调整管管损耗最大,其值应小于最大集电极功耗 P_{CM},即为

$$P_{Cmax} \approx I_{Omax}(U_{Imax} - U_{Omin}) < P_{CM} \tag{9.4.10}$$

> 讨论:
> (1) 稳压电源的主要性能指标主要有哪些?说明其含义。
> (2) 串联型稳压电路由哪几部分组成?各组成部分的作用如何?
> (3) 在如图 9.4.1 所示的电路中,已知 $R_1 = R_2 = R_W = 1\text{k}\Omega$,$U_Z = 6\text{V}$,试给出输出电压 U_O 可调范围。

9.4.3 三端集成稳压器

1. 固定输出的三端集成稳压器

1) 概述

将串联型稳压电源和保护电路集成在一起就是集成稳压器。集成稳压器只有 3 个端:输入端、输出端和公共端,称为三端集成稳压器。它的电路符号、外形如图 9.4.2 所示。

W7800 系列是串联型直流稳压电路,其原理框图如图 9.4.3 所示。

启动电路是集成稳压器中的一个特殊环节,它的作用是在 U_I 加入后,帮助稳压器快速建立输出电压 U_O,调整电路由复合管构成。取样电路由内部电阻分压器构成,分压比为固定的,所以输出电压是固定的。CW7800 系列稳压器中设有比较完善的保护电路,主要用来保护

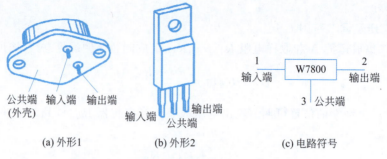

图 9.4.2 三端集成稳压器 W7800 的外形和符号

调整管。它具有过流、过压和过热保护功能。当输出过流或短路,过流保护电路动作以限制调整管电流的增加。当输入、输出压差较大,即调整管 C、E 之间的压降超过一定值后,过压保护电路动作,自动降低调整管的电流,以限制调整管的功耗,使之处于安全工作区内。过热保护电路是集成稳压器独特的保护措施,当芯片温度较低时,过热保护电路不起作用;当芯片温度上升到最大允许值时,保护电路将迫使输出电流减小,芯片功耗随之减少,从而可避免稳压器过热而损坏。

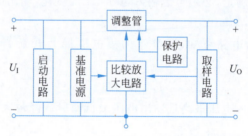

图 9.4.3 W7800 系列集成稳压器的原理框图

固定输出的集成稳压器可分为两大类:一类是 W7800 系列,78 表示为正输出电压;另一类是 W7900 系列,79 表示为负输出电压。它们的电压输出值可分为 ±5V、±6V、±8V、±9V、±12V、±15V、±18V 和 ±24V 共 8 个等级。输出电流分为 1.5A(W7800 及 W7900 系列)、500mA(W78M00 及 W79M00 系列)和 100mA(W78L00 及 W79L00 系列)3 个等级。常用的 3 端集成稳压器 7800 的参数如表 9.4.1 所示。

表 9.4.1 三端集成稳压器 78××系列主要参数

参数名称	符 号	电 位	型 号						
			7805	7806	7808	7812	7815	7818	7824
输入电压	U_I	V	10	11	14	19	23	27	33
输出电压	U_O	V	5	6	8	12	15	18	24
电压调整率(5mA≤I_O≤1.5A)	S_U	%/V	0.0076	0.0086	0.01	0.008	0.0066	0.01	0.011
电流调整率	S_I	mV	40	43	45	52	52	55	60
最小压差	U_I-U_O	V	2	2	2	2	2	2	2
输出电阻	R_O	mΩ	17	17	18	18	18	19	20
输出温漂	U_T	mV/℃	1.0	1.0	1.2	1.2	1.5	1.8	2.4

表 9.4.1 中的电压调整率是在额定负载电流且输入电压产生最大变化时,输出电压所产生的变化量 ΔU_O;电流调整率是在输入电压一定且负载电流产生最大变化时,输出电压所产

生的变化量 ΔU_O。

W7800 的基本应用如图 9.4.4 所示。输入电容 C_i 用于消除输入导线上杂质电感效应，消除自激振荡；输出电容 C_o 消除高频噪声；二极管 D 的作用是在关闭电源时，输出电容 C_o 可以通过 U_I 的回路放电，保护稳压管。

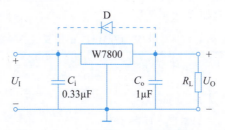

图 9.4.4 三端集成稳压器基本电路

2）输出正、反电压的电路

图 9.4.5 所示为采用 W7815 和 W7915 三端稳压器各一块组成的具有同时输出 $+15V$、$-15V$ 电压的稳压电路。

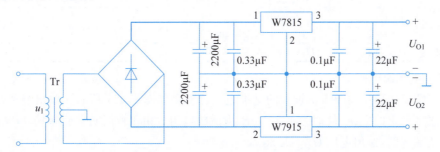

图 9.4.5 正、反输出的稳压电路

3）输出电压扩展电路

通过外接电阻，使固定输出电压稳压器 7800 输出可调的输出电压，如图 9.4.6(a) 所示。设三端稳压器公共端电流为 I_W，则输出电压为

$$U_O = \left(1 + \frac{R_2}{R_1}\right) U'_O + I_W R_2 \tag{9.4.11}$$

通常，I_W 为几毫安。由于 I_W 是稳压器自身的参数，当其变化时会影响输出电压，可用电压跟随器隔离稳压器与取样电阻，如图 9.4.6(b) 所示。此时，稳压器的输出电压 U'_O 为基准电压，等于 R_1 上的电压和 R_2 滑动端以上部分电压之和，所以输出电压为

$$\frac{R_1 + R_2 + R_3}{R_1 + R_2} \cdot U'_O \leqslant U_O \leqslant \frac{R_1 + R_2 + R_3}{R_1} \cdot U'_O \tag{9.4.12}$$

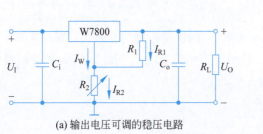

(a) 输出电压可调的稳压电路

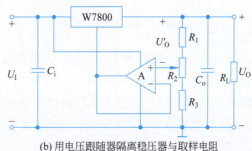

(b) 用电压跟随器隔离稳压器与取样电阻

图 9.4.6 输出电压扩展电路

2. 可调式三端集成稳压器

1) 概述

W117 系列三端集成稳压器的输出端与调整端之间的电压为 1.25V,称为基准电压。W117、W117M、W117L 的最大输出电流分别为 1.5A、500mA 和 100mA。集成稳压器 W117/W217/W317 的主要性能参数如表 9.4.2 所示。

表 9.4.2　W117/W217/W317 的主要性能参数

参数名称	符号	测试条件	单位	W117/W217	W317
输出电压	U_O	$I_o=1.5A$	V	1.2~37	1.2~37
电压调整率	S_U	$I_o=500mA$ $3V \leqslant U_I - U_O \leqslant 40V$	%/V	0.01	0.01
电流调整率	S_I	$10mA \leqslant I_o \leqslant 1.5A$	%	0.1	0.1
调整端电流	I_{Adj}		μA	50	50
调整端电流变化	ΔI_{Adj}	$3V \leqslant U_I - U_O \leqslant 40V$ $10mA \leqslant I_o \leqslant 1.5A$	μA	0.2	0.2
基准电压	U_R	$I_o=500mA$ $25V \leqslant U_I - U_O \leqslant 40V$	V	1.25	1.25
最小负载电流	I_{omin}	$U_I - U_O = 40V$	mA	3.5	3.5

2) 基准电压源电路

利用三端集成稳压器 W117 设计的基准电压源电路如图 9.4.7 所示。输出端和调整端之间电压是非常稳定的电压,其值为 1.25V,R 为泄放电阻。由于此时负载直接接在 W117 的输出端和调整端之间,输出电压 $U_O = 1.25V$。

3) 典型应用电路

利用三端集成稳压器 W117 设计的输出可调的稳压电路如图 9.4.8 所示。由于调整端电流只有几微安,可以忽略不计,故输出电压为

$$U_O = \left(1 + \frac{R_2}{R_1}\right) \times 1.25V \tag{9.4.13}$$

通过查阅芯片手册可获取 W117 等集成稳压器的输出电流范围、输入电压 U_I 与输出电压 U_O 之差的范围等。

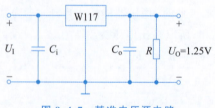

图 9.4.7　基准电压源电路

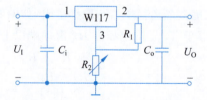

图 9.4.8　输出可调的稳压电路

例 9.4.1　电路如图 9.4.8 所示。已知输入电压 U_I 的波动范围为 ±10%;W117 正常工作时输入端与输出端之间电压 U_{12} 为 3~40 V,最小输出电流 $I_{Omin} = 5mA$,输出端与调整端之间电压 $U_{23} = 1.25V$;输出电压的最大值 $U_{Omax} = 28V$。

(1) 输出电压的最小值 U_{Omin} 为多少?

(2) R_1 的最大值 R_{1max} 为多少?

(3) 若 $R_1 = 200\Omega$,则 R_2 应取多少?

(4) 为使电路能够正常工作,U_I 的取值范围为多少?

解:(1) $R_2=0$ 时,$U_O=U_{Omin}=U_{23}=1.25V$

(2) 为保证空载时 W117 的输出电流大于 5mA,R_1 的最大值

$$R_{1max}=\frac{U_{23}}{I_{Omin}}=\frac{1.25V}{5\times 10^{-3}A}=250\Omega$$

(3) 若 $R_1=200\Omega$,根据式(9.4.12),为使 $U_{Omax}=28V$,则

$$28V=\left(1+\frac{R_2}{200\Omega}\right)\times 1.25V$$

$$R_2=4.28k\Omega$$

(4) 要电路正常工作,就应保证 W117 在 U_I 波动时 U_{12} 为 3~40V。

当 U_O 最小且 U_I 波动+10%时,U_{12} 最大,应小于 40V,即

$$U_{12max}=1.1U_I-U_{Omin}=1.1U_I-1.25V<40V$$

得到 U_I 的上限值为 37.5V。

当 U_O 最大且 U_I 波动-10%时,U_{12} 最小,应大于 3V,即

$$U_{12min}=0.9U_I-U_{Omax}=0.9U_I-28V>3V$$

得到 U_O 的下限值为 34.4V。因此,U_O 的取值范围是 34.4~37.5V。

> **讨论**:
> (1) 三端固定输出集成稳压器有何主要特点?
> (2) 比较 W117 和 W7800 系列产品,各有什么优点?

9.4.4 开关稳压电路

1. 概述

线性稳压电源结构简单,调节方便,输出电压稳定性强,纹波电压小。其缺点是调整管工作在线性放大状态,因而功耗大,效率仅为 30%~40%;需加散热器,因而设备体积大,笨重,成本高。

若调整管工作在开关状态,当其截止时,因穿透电流很小使管耗很小;当其饱和时,因管压降很小使管耗也很小,则势必大大提高效率,开关型稳压电源的效率可达 70%~95%,且体积小,重量轻。它的主要缺点是输出电压中含纹波较大,对电子设备的干扰较大,而且控制电路比较复杂,对元器件要求高。目前开关电源广泛应用于对效率、体积及重量有较高要求的场合,如笔记本电脑、手机充电器、平板电脑等。

开关稳压电源按调整管的连接方式,可分为串联型和并联型;按电路的拓扑结构,分为降压、升压和隔离等多种形式。在本节主要介绍降压型的串联型开关稳压电路。

2. 串联型开关稳压电路的组成

图 9.4.9 所示为串联型开关稳压电路原理框图。U_I 是整流滤波电路的输出直流电压;晶体管 T 是调整管,即开关管,它的基极控制信号 u_B 是一个脉冲宽度调制(Pulse Width Modulation,PWM)信号(可认为是占空比可调的矩形波);电感 L 和电容 C 组成的高频整流滤波电路;开关管的驱动电路由取样电路(R_1、R_2)、基准电压、三角波发生电路、误差放大器 A 和电压比较器 C 组成;续流二极管 D 一般选择开关性能较好的肖特基二极管。

误差放大器 A 工作在线性状态,利用虚短特性,有 $u_F=U_{REF}$;而电压比较器 C 工作在非线性状态。图 9.4.9 中取样电路(R_1、R_2)、基准电压、误差放大器 A 和调整电路结构与

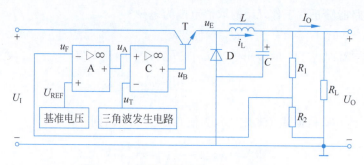

图 9.4.9 串联开关型稳压电路原理框图

图 9.4.1 串联型反馈稳压电路结构相似,输出电压为

$$U_O = \left(1 + \frac{R_1}{R_2}\right) U_{REF} \tag{9.4.14}$$

3. 串联型开关稳压电路的工作原理

串联型开关开关稳压电路的调整管与负载串联,输出电压总是小于输入电压,故称为降压型稳压电路。

将图 9.4.9 中的 $R_1 = 0\Omega$,$R_{L_1} = R_1 /\!/ R_L$,得到的简化电路如图 9.4.10 所示,此图省去了开关驱动电路,直接给出开关驱动信号 u_B。调整管 T、续流二极管 D 均工作在开关状态。

当 u_B 为高电平时,调整管 T 饱和导通,饱和压降 U_{CES} 很小,晶体管 T 的发射极电压 $u_E \approx U_I - U_{CES} \approx U_I$,二极管 D 因承受反压而截止,电感 L 的电流 i_L 逐渐增大,i_L 的变化率 $\frac{di_L}{dt} > 0$,电感电压 $u_L > 0$,电感 L 存储能量,电容 C 充电,输出电压 $U_O = U_I - u_L$。此时电路等效如图 9.4.11 所示。

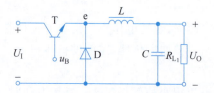

图 9.4.10 图 9.4.9 所示的电路的简化电路

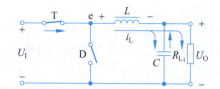

图 9.4.11 调整管 T 饱和导通时的等效电路

u_B 为低电平时,调整管 T 截止,电感 L 释放能量,电感 L 的电流 i_L 逐渐减小,i_L 的变化率 $\frac{di_L}{dt} < 0$,电感电压 $u_L < 0$,二极管 D 因承受正压而导通,$u_E = -U_D \approx 0$,电容 C 放电,输出电压 $U_O = -U_D - u_L \approx -u_L$(忽略二极管的导通压降)。负载电流方向不变,此时电路等效如图 9.4.12 所示。

根据上述分析,画出如图 9.4.10 所示电路中波形如图 9.4.13 所示。在 u_B 的一个周期内,T_{on} 为调整管导通时间,T_{off} 为调整管截止时间,开关的转换周期为 T,$T = T_{on} + T_{off}$,占空比 $q = T_{on}/T$。

虽然 u_E 为脉冲波形,但 L 和 C 越大,u_O 的波形越平滑。稳压电路输出电压 U_O 的平均值等于 u_E 的直流分量,即

$$U_O = \frac{T_{on}}{T}(U_I - U_{CES}) + \frac{T_{off}}{T}(-U_D)$$

由于晶体管 T 饱和压降 U_{CES}、二极管导通压降 U_D 都非常小,若工程分析过程中忽略不

计,则输出直流电压近似为

$$U_O \approx \frac{T_{on}}{T} U_I \approx q U_I \tag{9.4.15}$$

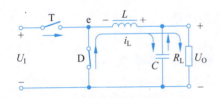

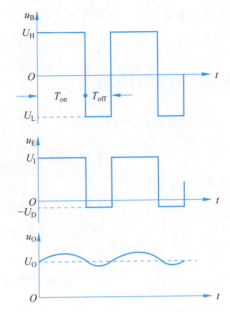

图 9.4.12　调整管 T 截止时的等效电路　　　图 9.4.13　如图 9.4.10 所示电路的波形

改变占空比 q,即可改变输出电压 U_O 的大小。

图 9.4.9 中串联型开关稳压电路引入电压串联负反馈。当输入电压 U_I 波动或负载 R_L 变化时,由于电路中引入电压负反馈,所以可以获得稳定的输出电压 U_O。

图 9.4.9 中若输出电压 U_O 增大,因 $u_F = \frac{R_2}{R_1 + R_2} U_O$,$u_F$ 增大,又因 $u_A = A_u(U_{REF} - u_F)$,所以 u_A 减小,u_B 的占空比 q 也随之减小;因为 $U_O \approx qU_I$,所以 U_O 减小,调节结果使输出电压 U_O 稳定。上述稳压调节过程如下:

$$U_O \uparrow \to u_F \uparrow \to u_A \downarrow \to u_B \text{ 的占空比 } q \downarrow$$
$$U_O \downarrow \longleftarrow$$

若输出电压 U_O 减小,则与上述调节过程相反,此处不再赘述。

在如图 9.4.9 所示的电路图中,根据三角波的 u_T 和 u_A 得到的脉冲宽度调制信号 u_B 的产生过程如图 9.4.14 所示。

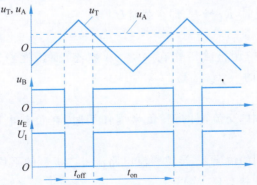

图 9.4.14　串联型开关稳压电路中脉冲宽度调制信号 u_B 的产生过程

> **讨论：**
> (1) 开关稳压电路主要由哪几部分组成？各组成部分的作用是什么？
> (2) 在城市，电子产品需要的直流电源可以利用城市供给的 220V/50Hz 的交流电通过直流稳压电路获得。请思考一下，在远离乡镇没有市电的情况下，直流稳压电源还有哪些获取方法？

本章知识结构图

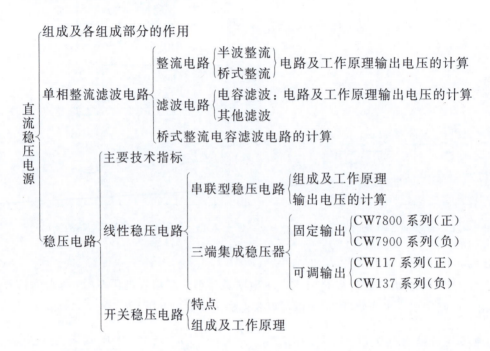

自测题

1. 填空题

(1) 小功率直流稳压电源由_____、_____、_____和_____组成。

(2) 常见的几种整流电路有_____、_____、_____和_____整流电路。

(3) 对于桥式整流电路，通常滤波电容的选择应满足_____。

(4) 在电容滤波电路中，当放电时间满足 $R_L \geq (3\sim5)\dfrac{T}{2}$ 时，可以得到输出电压平均值 U_O 为_____，当 C 值一定时，$R_L \to \infty$，即空载时 U_O 为_____；当 $C=0$，即无滤波电容时 U_O 为_____。

(5) 开关稳压电路中调整管工作在_____状态，而线性稳压电路中调整管工作在_____状态，所以前者的_____高。

2. 判断题

(1) 桥式整流电路中，交流电的正、负半周作用时，在负载电阻上得到的电压方向相反。（   ）

(2) 在电路参数相同的情况下，半波整流电路流过二极管的平均电流是桥式整流电路流过二极管的平均电流的一半。（   ）

(3) 串联型稳压电路中调整管与负载串联。（ ）

(4) 三端可调输出集成稳压器可用于构成可调稳压电路,而三端固定输出集成稳压器则不能。（ ）

(5) 三端固定输出集成稳压器通用产品有 W7800 系列、W7900 系列,通常前者用于输出负电压,后者用于输出正电压。（ ）

(6) 开关稳压电路是通过控制调整管的开闭时间来实现稳压的。（ ）

(7) 开关稳压电源的效率与输入电压的大小无关,对交流电网的要求不高,稳压很宽。（ ）

(8) 开关稳压电源在高输入电压、低输出电压、大电流应用中比线性稳压电源效率更高。（ ）

3. 选择题

(1) 在如图 9.5.1 所示的单相半波整流电路中,脉动电压 u_O 的平均值 $U_O \approx$ _____,二极管承受的最高反向电压为 _____,其中 U_2 为变压器二次侧输出 u_2 余弦波有效值。

    A. $0.9U_2, 2\sqrt{2}U_2$ B. $0.45U_2, \sqrt{2}U_2$ C. $0.9U_2, \sqrt{2}U_2$ D. $0.45U_2, 2\sqrt{2}U_2$

(2) 在如图 9.5.2 所示的单相全波整流电路中,输出电压平均值 $U_O \approx$ _____,二极管承受的最高反向电压为 _____。

    A. $0.9U_2, 2\sqrt{2}U_2$ B. $0.45U_2, \sqrt{2}U_2$ C. $0.9U_2, \sqrt{2}U_2$ D. $0.45U_2, 2\sqrt{2}U_2$

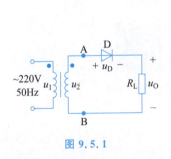

图 9.5.1

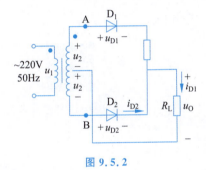

图 9.5.2

(3) 在如图 9.5.3 所示的单相桥式整流电路中,输出电压平均值 $U_O \approx$ _____,D_1、D_3 导通,D_2、D_4 截止时,D_2、D_4 承受的最大反向电压为 _____。

    A. $0.9U_2, 2\sqrt{2}U_2$ B. $0.45U_2, \sqrt{2}U_2$

    C. $0.9U_2, \sqrt{2}U_2$ D. $0.45U_2, 2\sqrt{2}U_2$

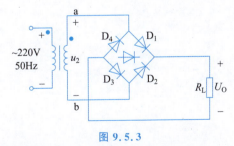

图 9.5.3

(4) 在如图 9.5.4 所示的电容滤波电路中,当 C 一定时,$R_L \to \infty$,即空载时,输出电压平均值 $U_O \approx$ _____。

    A. $1.2U_2$ B. $1.4U_2$ C. $0.9U_2$ D. $2.8U_2$

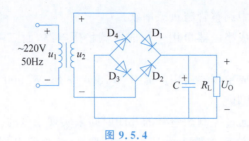

图 9.5.4

(5) 由于稳压管的功率较小,且稳压管稳压电路的稳定电压由稳压管的稳压值决定的,所以稳压管稳压电路仅适合_____的场合。

  A. 电压较大,负载电流较大

  B. 电压较小且变化不大,负载电流固定不变

  C. 电压固定不变,负载电流较大

  D. 电压固定不变,负载电流较小且变化不大

(6) 开关稳压电源比线性稳压电源效率高的主要原因是_____。

  A. 输出端有 LC 滤波器   B. 可以不用电源变压器

  C. 调整管工作在截止和饱和两种状态   D. 调整管工作在放大状态

(7) 开关稳压电路的主要缺点是_____。

  A. 功率损耗大   B. 稳压范围小

  C. 体积大   D. 输出电压纹波较大

第 9 章 自测题答案   第 9 章 习题

附录 A 常用符号说明
APPENDIX A

1. 电压和电流符号的一般规定

表示规律	含 义	示 例
变量和下标都大写	直流量	I_B：基极直流电流
变量和下标都大写,且下标有 Q	静态值	I_{BQ}：基极静态电流
变量和下标都小写	动态量（交流量）的瞬时值	i_b：基极交流电流瞬时值
变量小写,下标大写	总量的瞬时值	i_B：基极总电流瞬时值
变量大写,下标小写	交流量的有效值	I_b：基极交流电流的有效值
变量大写且上面加点,下标小写	正弦相量	$\dot{I}_b$：基极电流正弦相量
变量大写,下标小写且加 m	交流量的幅值	I_{bm}：基极交流电流的有效值
大写 V,下标双字重复且为大写	直流供电电源	V_{CC}：集电极直流供电电压 V_{DD}：漏极直流供电电压

2. 基本参数的通用符号

变量名称	电流	电压	功率	电位	放大倍数	电阻	电导	电抗	阻抗	电感	电容
通用符号	I、i	U、u	P、p	V、v	A	R、r	G、g	X	Z	L	C

变量名称	时间	周期	频率	角频率	相位	带宽	反馈系数	时间常数	效率
通用符号	t	T	f	ω	φ	BW	F	τ	η

3. 下标含义

下标符号	含 义	示 例
i、i	输入；电流	R_i：输入电阻；u_i：输入电压；i_i：输入电流；A_i：电流放大倍数
O、o	输出	R_o：输出电阻；u_o：输出电压；i_o：输出电流
u	电压	A_u：电压放大倍数
L	负载	R_L：负载电阻
F、f	反馈	A_{uf}：有反馈时的电压放大倍数；v_f：反馈电压；R_F：反馈电阻
m	振幅,最大值,中频	U_{om}：输出电压振幅；P_{om}：最大不失真输出功率；A_{um}：为中频电压放大倍数
REF	基准	I_{REF}：基准电流；U_{REF}：基准电压
B、b	基极	i_b：基极电流；R_B：基极电阻
E、e	发射极	i_e：发射极电流；R_E：发射极电阻；u_{ic}：共模输入电压
C、c	集电极	i_c：集电极电流；R_C：集电极电阻
D、d	漏极；差模；二极管	i_D：漏极电流和二极管电流；u_{id}：差模输入电压；A_{ud}：差模电压放大倍数

续表

下标符号	含 义	示 例
G、g	栅极；电导	V_G：栅极电位；A_g：互导放大倍数
S、s	源极；信号源；饱和	I_{cs}：集电极饱和电流；I_{BS}：基极临界饱和电流；U_{CES}：晶体管饱和压降
H	上限	f_H：上限截止频率；ω_H：上限截止频率；U_{TH}：上门限电压；U_{OH}：输出为高电平
L	下限	f_L：下限截止频率；ω_L：下限截止频率；U_{TL}：下门限电压；U_{OL}：输出为低电平
Z	稳压二极管	U_Z：稳压二极管的稳定电压；I_Z：稳压二极管的稳定电流；P_{ZM}：稳压二极管最大耗散功率；I_{ZM}：稳压二极管的最大工作电流
AV	平均值	$U_{O(AV)}$：输出电压平均值；$I_{D(AV)}$：二极管电流平均值
on	导通电压	U_{on}：二极管导通电压

4. 其他常用符号

符 号	含 义	符 号	含 义
U_T	温度电压当量，常温下约为 26mV	I_{CBO}	集电极-基极反向饱和电流
U_{th}	二极管死区电压	I_{CEO}	晶体管穿透电流
$U_{(BR)}$	二极管反向击穿电压	β	共射极交流电流放大系数
U_{RM}	二极管最高反向电压	$U_{(BR)CEO}$	基极开路时，集电极-发射极间的击穿电压
I_F	二极管最大整流电流	r_{be}	共发射极输入电阻
R_D	二极管的直流电阻，或漏极电阻	r_{ce}	共发射极输出电阻
r_d、r_D	二极管的交流电阻，二极管导通电阻	$R_{bb'}$	晶体管基区体电阻，对低频小功率管近似为 200Ω
$U_{GS(th)}$	场效应管开启电压	$C_{b'e}$	发射结电容
$U_{GS(off)}$	场效应管夹断电压	$C_{b'c}$	集电结电容
I_{DSS}	漏极饱和电流	f_T	晶体管特征频率
g_m	低频跨导	f_β	共发射极截止频率
r_{ds}	漏源动态电阻	f_o	振荡频率或谐振频率
K_{CMR}	共模抑制比	U_{omm}	最大不失真输出电压振幅
S_R	集成运放的转换速率	$\dot{A}_u$	考虑电抗元件影响时的电压放大倍数

参 考 文 献

[1] 康华光.电子技术基础模拟部分[M].6版.北京:高等教育出版社,2014.
[2] 华成英.模拟电子技术基本教程[M].6版.北京:高等教育出版社,2021.
[3] 华成英,童诗白.模拟电子技术基础[M].5版.北京:高等教育出版社,2015.
[4] 劳五一.模拟电子技术[M].2版(微课视频版).北京:清华大学出版社,2022.
[5] 杨凌.电路与模拟电子技术基础[M].2版.北京:清华大学出版社,2022.
[6] 李承,徐安静.模拟电子技术[M].2版.北京:清华大学出版社,2021.
[7] 刘颖.模拟电子技术基础[M].2版.北京:高等教育出版社,2021.
[8] 李宁.模拟电路[M].2版.北京:清华大学出版社,2011.
[9] 耿苏燕,周正,胡宴如.模拟电子技术基础[M].3版.北京:高等教育出版社,2021.
[10] 徐淑华.电工电子技术[M].4版.北京:电子工业出版社,2017.
[11] 焦素敏.电路与电子技术[M].北京:清华大学出版社,2015.
[12] 唐朝仁.模拟电子技术基础[M].北京:清华大学出版社,2014.
[13] 谢沅清,邓钢.电子电路基础[M].北京:电子工业出版社,2006.